21 世纪高职高专新概念规划教材

可编程序控制器应用教程

（第二版）

主　编　张明波

副主编　台　方　张子萍　耿红旗

中国水利水电出版社
www.waterpub.com.cn

内 容 提 要

本书在保持第一版编写风格的基础上，结合作者多年教学经验，并参考读者反馈信息，对各章节内容、结构等进行了修订、调整、完善和补充。全书共9章，主要内容包括：工厂电气控制初步、可编程序控制器概论、S7-200可编程序控制器、基本指令、应用指令、编程软件、顺序控制梯形图的程序设计、应用设计等。

和第一版相比，本版中加大了PLC程序设计部分内容的比重，增加了S7-200系列PLC仿真程序的使用介绍，并提供了丰富的习题。

本书以培养实际能力为目的，并引用大量现行不同工业领域中的PLC控制系统实例或较大控制系统中精选的典型控制部分，有利于学生更好地了解工程实际，以便顺利走上工作岗位从事PLC及相关工业控制系统的维护和设计开发工作。实例在保持相对完整的前提下，力求短小精悍、分析透彻，便于学生理解且灵活掌握。

本书可作为高职高专电类、机电类各专业的教材，也可供有关技术人员参考。

本书提供电子教案及相关教学资源，读者可以从中国水利水电出版社网站或万水书苑上免费下载，网址：http://www.waterpub.com.cn/softdown/或http://www.wsbookshow.com。使用本书的学校也可以与作者联系（zhang.mingbo@gc.ustb.edu.cn），索取更多相关教学资源。

图书在版编目（CIP）数据

可编程序控制器应用教程 / 张明波主编. -- 2版
. -- 北京 : 中国水利水电出版社, 2009.10（2015.6重印）

21世纪高职高专新概念规划教材
ISBN 978-7-5084-6903-4

Ⅰ. ①可… Ⅱ. ①张… Ⅲ. ①可编程序控制器－高等学校：技术学校－教材 Ⅳ. ①TM571.6

中国版本图书馆CIP数据核字(2009)第190443号

策划编辑：雷顺加　　责任编辑：张玉玲　　加工编辑：陈　欣　　封面设计：李　佳

书　　名	21世纪高职高专新概念规划教材 **可编程序控制器应用教程（第二版）**
作　　者	主　编　张明波 副主编　台　方　张子萍　耿红旗
出版发行	中国水利水电出版社 （北京市海淀区玉渊潭南路1号D座　100038） 网址：www.waterpub.com.cn E-mail：mchannel@263.net（万水） 　　　　sales@waterpub.com.cn 电话：（010）68367658（发行部）、82562819（万水）
经　　售	北京科水图书销售中心（零售） 电话：（010）88383994、63202643、68545874 全国各地新华书店和相关出版物销售网点
排　　版	北京万水电子信息有限公司
印　　刷	三河市鑫金马印装有限公司
规　　格	184mm×260mm　16开本　17印张　420千字
版　　次	2001年12月第1版 2009年10月第2版　2015年6月第11次印刷
印　　数	30201—32200册
定　　价	28.00元

21 世纪高职高专新概念规划教材
编委会名单

参 编 学 校 名 单

（按第一个字笔划排序）

万博科技职业学院
三门峡职业技术学院
三联职业技术学院
山东大学
山东交通学院
山东农业大学
山东建工学院
山东省电子工业学校
山东省农业管理干部学院
山东省教育学院
山东商业职业技术学院
山西运城学院
山西经济管理干部学院
广东技术师范学院天河学院
广东金融学院
广东科贸职业学院
广州市职工大学
广州城市职业技术学院
广州铁路职业技术学院
广州康大职业技术学院
中山火炬职业技术学院
中华女子学院山东分院
中国人民解放军军事经济学院
中国人民解放军第二炮兵学院
中国矿业大学
中南大学
中南林业科技大学
中原工学院
内蒙古工业大学职业技术学院
内蒙古民族高等专科学校
内蒙古警察职业学院
天津职业技术师范学院
太原城市职业技术学院
太原理工大学阳泉学院
长沙大学
长沙民政职业技术学院
长沙交通学院
长沙航空职业技术学院
长春汽车工业高等专科学校
兰州资源环境职业技术学院
包头轻工职业技术学院
北华航天工业学院
北京对外经济贸易大学
北京科技大学成人教育学院
北京科技大学职业技术学院
四川托普职业技术学院
宁波城市职业技术学院
石家庄学院
辽宁交通高等专科学校
辽宁经济职业技术学院
华中科技大学
华东交通大学
华北电力大学
安徽水利水电职业技术学院
安徽交通职业技术学院
安徽行政学院
安徽国防科技职业学院
安徽职业技术学院
安徽新闻出版职业技术学院
扬州江海职业技术学院
江汉大学
江西大宇职业技术学院
江西工业职业技术学院
江西服装职业技术学院
江西城市职业学院
江西渝州电子工业学院

江西赣西学院
西北大学软件职业技术学院
西安文理学院
西安外事学院
西安欧亚学院
西安铁路职业技术学院
杨陵职业技术学院
国家林业局管理干部学院
昆明冶金高等专科学校
武汉大学
武汉工业学院
武汉工程大学
武汉工程职业技术学院
武汉广播电视大学
武汉电力职业技术学院
武汉软件职业学院
武汉科技大学工贸学院
武汉科技大学外语外事职业学院
武汉铁路职业技术学院
武汉商业服务学院
河南济源职业技术学院
南昌大学共青学院
南昌工程学院
哈尔滨金融专科学校
济南大学
济南交通高等专科学校
济南铁道职业技术学院
荆门职业技术学院
贵州无线电工业学校
贵州电子信息职业技术学院
重庆工业职业技术学院
重庆正大软件职业技术学院
恩施职业技术学院
浙江工业职业技术学院
浙江水利水电高等专科学校
浙江国际海运职业技术学院
黄冈职业技术学院
黄石理工学院
湖北工业大学
湖北水利水电职业技术学院
湖北长江职业学院
湖北交通职业技术学院
湖北汽车工业学院
湖北经济学院
湖北药检高等专科学校
湖北教育学院
湖北第二师范学院
湖北职业技术学院
湖北鄂州大学
湖南大众传媒职业技术学院
湖南大学
湖南工业职业技术学院
湖南工学院
湖南信息科学职业学院
湖南涉外经济学院
湖南郴州职业技术学院
湖南商学院
湖南税务高等专科学校
黑龙江司法警官职业学院
黑龙江农业工程职业学院
福建水利电力职业技术学院
福建林业职业技术学院
蓝天学院

序

根据 1999 年 8 月教育部高教司制定的《高职高专教育基础课程教学基本要求》（以下简称《基本要求》）和《高职高专教育专业人才培养目标及规格》（以下简称《培养规格》）的精神，由中国水利水电出版社北京万水电子信息有限公司精心策划，聘请我国长期从事高职高专教学、有丰富教学经验的教师执笔，在充分汲取了高职高专和成人高等学校在探索培养技术应用性人才方面取得的成功经验和教学成果的基础上，撰写了此套《21 世纪高职高专新概念规划教材》。

为了编写本套教材，出版社进行了广泛的调研，走访了全国百余所具有代表性的高等专科学校、高等职业技术学院、成人教育高等院校以及本科院校举办的二级职业技术学院，在广泛了解情况、探讨课程设置、研究课程体系的基础上，经过学校申报、征求意见、专家评选等方式，确定了本套书的主编，并成立了编委会。每本书的编委会聘请了多所学校主要学术带头人或主要从事该课程教学的骨干，教学大纲的确定以及教材风格的定位均经过编委会多次认真讨论。

本套《21 世纪高职高专新概念规划教材》有如下特点：

（1）面向 21 世纪人才培养的需求，结合高职高专学生的培养特点，具有鲜明的高职高专特色。本套教材的作者都是长期在第一线从事高职高专教育的骨干教师，对学生的基本情况、特点和认识规律等有深入的了解，在教学实践中积累了丰富的经验。因此可以说，每一本书都是教师们长期教学经验的总结。

（2）以《基本要求》和《培养规格》为编写依据，内容全面，结构合理，文字简练，实用性强。在编写过程中，作者严格依据教育部提出的高职高专教育"以应用为目的，以必需、够用为度"的原则，力求从实际应用的需要（实例）出发，尽量减少枯燥、实用性不强的理论概念，加强了应用性和实际操作性强的内容。

（3）采用"问题（任务）驱动"的编写方式，引入案例教学和启发式教学方法，便于激发学习兴趣。本套书的编写思路与传统教材的编写思路不同：先提出问题，然后介绍解决问题的方法，最后归纳总结出一般规律或概念。我们把这个新的编写原则比喻成"一棵大树、问题驱动"的原则。即：一方面遵守先见（构建）"树"（每本书就是一棵大树），再见（构建）"枝"（书的每一章就是大树的一个分枝），最后见（构建）"叶"（每章中的若干小节及知识点）的编写原则；另一方面采用问题驱动方式，每一章都尽量用实际中的典型实例开头（提出问题、明确目标），然后逐渐展开（分析解决问题），在讲述实例的过程中将本章的知识点融入。这种精选实例，并将知识点融于实例中的编写方式，可读性、可操作性强，非常适合高职高专的学生阅读和使用。本书读者通过学习构建本书中的"树"，由"树"找"枝"，顺"枝"摸"叶"，最后达到构建自己所需要的"树"的目的。

（4）部分教材配有实验指导和实训教程，便于学生练习提高。

（5）部分教材配有动感电子教案。为顺应教育部提出的教材多元化、多媒体化发展的要求，大部分教材都配有电子教案，以满足广大教师进行多媒体教学的需要。电子教案用PowerPoint制作，教师可根据授课情况任意修改。相关教案的具体情况请到中国水利水电出版社网站www.waterpub.com.cn下载。

（6）提供相关教材中所有程序的源代码，方便教师直接切换到系统环境中教学，提高教学效果。

总之，本套教材凝聚了数百名高职高专一线教师多年的教学经验和智慧，内容新颖，结构完整，概念清晰，深入浅出，通俗易懂，可读性、可操作性和实用性强。

本套教材适用于高等职业学校、高等专科学校、成人及本科院校举办的二级职业技术学院和民办高校。

新的世纪吹响了我国高职高专教育蓬勃发展的号角，新世纪对高职教育提出了新的要求，高职教育占据了全面素质教育中所不可缺少的地位，在我国高等教育事业中占有极其重要的位置，在我国社会主义现代化建设事业中发挥着日趋显著的作用，是培养新世纪人才所不可缺少的力量。相信本套《21 世纪高职高专新概念规划教材》的出版能为高职高专的教材建设和教学改革略尽绵薄之力，因为我们提供的不仅是一套教材，更是自始至终的教育支持，无论是学校、机构培训还是个人自学，都会从中得到极大的收获。

当然，本套教材肯定会有不足之处，恳请专家和读者批评指正。

21 世纪高职高专新概念规划教材编委会

2001 年 3 月

第二版前言

本书第一版于 2001 年出版，在第一版的使用过程中取得了不少经验，同时也发现了原书中的个别错误以及叙述不清楚的地方。因此在第一版编写风格的基础上，结合作者的教学经验，并参考读者的反馈信息，对各章节内容、结构等进行了修订、调整、完善和补充。

第二版的修订继续遵循理论紧密结合实际、理论以够用为度、着重加强实践环节的原则。第二版增加了 PLC 程序设计内容的比重，根据教学需要调整了部分章节结构，增删了部分章节内容。在本版中加入了 PLC 仿真程序使用的介绍，可以在暂不具备实验条件的情况下为 PLC 编程的学习提供帮助，同时增加了练习题的类型和数量，以方便读者自测和练习。

本书以培养实际能力为目的，引用大量现行不同工业领域中的 PLC 控制系统实例或较大控制系统中精选的典型控制部分，有利于学生更好地了解工程实际，以便顺利走上工作岗位从事 PLC 及相关工业控制系统的维护和设计开发工作。实例在保持相对完整的前提下，力求短小精悍、分析透彻，便于学生理解且灵活掌握。

本书由张明波任主编，台方、张子萍、耿红旗任副主编，主要编写人员分工如下：张明波编写第 7 章、第 9 章和附录，台方编写第 1～3 章，张子萍编写第 4、5 章，吕东艳编写第 6、8 章，耿红旗负责本书所有插图和程序的编写及调试工作。另外，参与本书部分编写工作的还有姜维斌、李晓莉、姜性宁、韩爱菁和张强等。

北京科技大学管庄校区信息工程系杨崇刚教授对本书提出了许多宝贵意见，在此表示诚挚的感谢。

本书在编写过程中参考了兄弟院校的有关教材及资料，在编写和出版过程中得到了雷顺加先生的大力支持，在此一并表示感谢。

由于时间仓促及编者水平有限，书中难免存在一些缺点和错误，恳请广大读者批评指正。

编　者

2009 年 7 月

第一版前言

本书是依据教育部高职高专《可编程序控制器应用教学基本要求》编写而成。主要内容包括：继电接触器控制系统、顺序控制及布尔代数、可编程序控制器概述、西门子可编程序控制器、PLC 程序设计及应用设计、PLC 在工业控制中的应用实例、通信及网络等。

本书题材新颖，叙述简练明确，由浅入深，通俗易懂，理论紧密结合实际，理论以够用为度，着重加强实践环节。本书以培养实际能力为目的，并引用大量现行不同工业领域中的 PLC 控制系统实例，或较大控制系统中精选的典型控制部分，有利于学生更好地了解工程实际，以便顺利走上工作岗位，从事 PLC 及相关工业控制系统维护和设计开发工作。实例在保持相对完整的前提下，力求短小精悍，分析透彻，便于学生理解且灵活掌握。本书习题安排合理。

本书是高等职业学校、高等专科学校的教材，供高职高专电类、机电类各专业学生使用，也可供有关技术人员参考。

本书为任课教师配有电子教案，此教案用 PowerPoint 制作，可以任意修改。选用本教材的教师可与北京万水电子信息有限公司联系，获取该电子教案。联系电话：010-68359168-331。

本书由台方主编，耿红旗、吕冬艳、黄逵中任副主编。各章编写分工如下：第二、三、八章由吕冬艳执笔编写；第四、五、六、七章由耿红旗执笔编写；绪论、第一章及附录等由台方执笔编写。参加本书大纲讨论及部分编写工作的教师还有郑海东、李井竹、王泽生、黄国祥、李雪早等。全书由台方统稿、定稿。

北京科技大学杨崇刚教授担任本书的主审，并对本书提出了许多宝贵意见，在此表示诚挚的感谢。另外，在编写过程中还参考了兄弟院校的有关教材及资料，在此一并表示感谢。

由于作者水平所限，书中难免有错误和不妥之处，敬请广大读者批评指正。

编　者

2001 年 7 月

目　录

第 1 章　工厂电气控制初步

本章简要介绍工厂常用电器的基本知识，如继电器、接触器、按钮开关等常规控制电器的动作执行特点和一些基本继电接触控制电路（如单向旋转控制电路、可逆转动控制电路、自动往返控制电路、电机的起动和制动控制电路等），介绍继电接触控制电路和逻辑函数之间的关系，同时以卧式镗床为例介绍继电接触控制系统的应用。本章内容是学习使用可编程序控制器之前的必修内容。

- 工厂常用低压电器
- 基本控制电路
- 继电接触控制电路的数学辅助分析方法
- 继电接触控制系统实例

1.1　工厂常用电器

1.1.1　工厂电器基本知识

工厂电器种类繁多，应用面广。按适用的电压范围可以分为低压电器和高压电器。电压值的具体划分因各种不同的标准而不同，根据我国电工专业的划分范围，低压电器通常指在直流 1500V 以下或交流 1200V 以下的电路中起通断、控制、保护和调节作用的电气设备，也包括利用电能来控制、保护和调节非电过程和非电装置的用电设备；电压值超出这个范围的电器则通常称为高压电器。本章主要介绍工厂常用的低压电器。

1．低压电器分类

低压电器的应用十分广泛，在大多数用电行业及人们的日常生活中，一般都使用低压设备完成电能的输送、分配、保护，以及设备的运行和控制。因此低压电器直接影响低压供电系统和控制系统的质量。

（1）按所控制的对象分类。

根据其控制的对象分为低压配电电器和低压控制电器。低压配电电器主要用于配电系统中，为工厂用电设备提供电能，此类电器一般要求工作可靠、有较强的动稳定性和热稳定性。动稳定性和热稳定性分别是指电器承受短路电流或冲击电流的电动力作用和热效应而不致损坏的能力，这类电器如刀开关和熔断器等。低压控制电器主要用于控制系统和用电设备中，这类电器一般要求工作准确可靠、响应速度快且寿命长，如接触器、控制继电器、起动器、按钮等。

（2）按所起作用分类。

分为控制电器和保护电器。前者在系统中起通断、控制和调节作用，如刀开关、控制继电器、接触器、按钮等。随着电子技术和计算机技术的进步，近几年又出现了利用集成电路或电子元件构成的电器与 PLC 控制技术电子式电器、利用单片机构成的智能化电器，以及可以直接与现场总线连接的具有通信功能的电器。后者在系统中起保护作用，保障系统的安全运行，如熔断器、热继电器等。

（3）按动作性质分类。

分为自动控制电器和非自动控制电器。自动控制（自动）是指电器依靠自身参数或外来信号自动完成通断操作，如继电器和接触器等。非自动控制（手动）是指完全依靠手动来完成其通断操作，这类电器包括刀开关、控制按钮、组合开关等。

2．结构

不同电器的结构有很大差别，但任何电器从功能上看都是由两个基本部分组成：感受部分和执行部分。

感受部分接受外来信号，经过判断或处理后，做出反应，使执行部分发生动作；执行部分则是用以完成控制任务的一个或多个部件。对于常见的有触点的电磁式电器，如接触器，电磁机构是感受部分，触头系统是执行部分。对于常见的手动电器，如刀开关，只有执行部分，感受部分的任务是由人来完成的。

1.1.2 工厂常用电器

1．手动控制电器

任何设备都需要操纵者给予一定的指令才能完成规定的控制，手动控制电器是自动控制设备中不可缺少的器件，常用的有按钮、刀开关、转换开关、行程开关等。

（1）按钮。

按钮是手动控制电器的一种，用来发出信号和接通或断开控制电路。图 1.1 所示是按钮的结构示意图和图文符号，1、2 是动断（常闭）触点，3、4 是动合（常开）触点，5 是复位弹簧，6 是按钮帽。

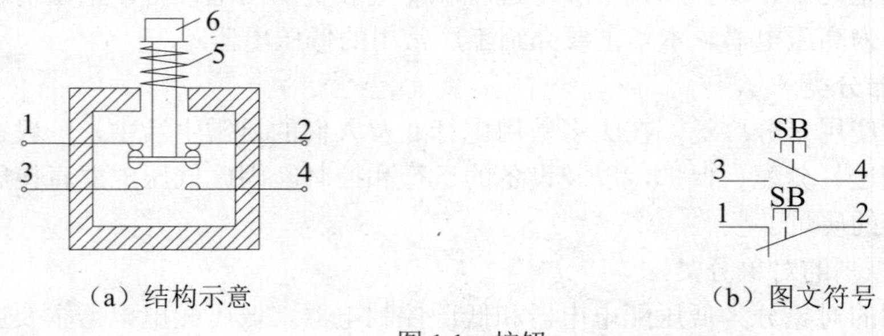

（a）结构示意　　（b）图文符号

图 1.1　按钮

触点的数目和种类以及按钮的颜色应根据使用场合而定。例如停止按钮，为了醒目，以免误动作，一般用红色；还有一种紧急式按钮，按钮帽是红色蘑菇式的，比一般的掀钮式大一些，在紧急情况下，能够很容易被看到并且按下，切断电路。

（2）万能转换开关。

万能转换开关是由多组结构相同的开关元件叠装形成的，能够控制多个回路，使用方便，是一种常用的手动控制电器。

图 1.2 所示是 LW6 型万能转换开关的图形符号和触点合断表。图形符号中有 6 个回路，3 个挡位连线下有圆圈“○”的，表示这条电路是接通的。触点合断表中，用“×”表示被接通的电路，空格表示转换开关在该位置时此路是断开的。例如，这种型号的转换开关转至“Ⅱ”位置时，所有的电路全部被接通；转至“Ⅰ”位置时，只有 1、3、5 路接通；转至“Ⅲ”位置时，1、2、4、6 路接通。

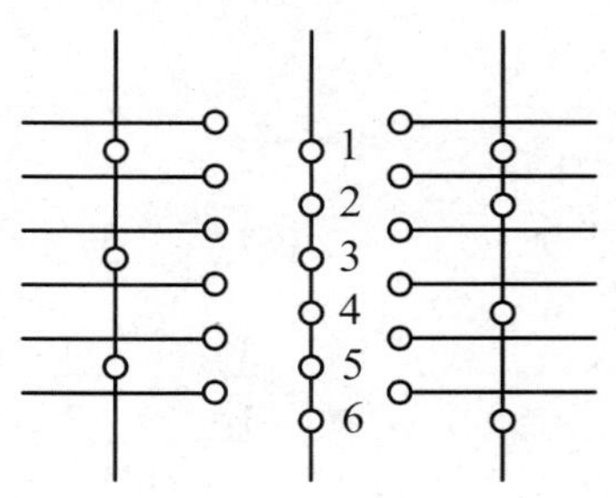

（a）图形符号

触点号	Ⅰ	Ⅱ	Ⅲ
1	×	×	×
2		×	×
3	×	×	
4		×	×
5	×	×	
6		×	×

（b）触电合断表

图 1.2　万能转换开关

2．自动控制电器

自动控制电器是控制系统中的主要部件，包括接触器、继电器（中间继电器、时间继电器、热继电器、速度继电器）等。

（1）接触器。

接触器是一种用途极为广泛的自动控制电器，主要用于接通或切断交直流电动机的主电路或大容量控制电路，也经常用于控制其他电器，其主要控制对象是电动机，也可用于电热设备、电焊机、电容器组等其他设备。接触器可以频繁地操作，而且性能比较稳定。从不同的角度分类，接触器都有多种类型。例如，按触头控制电流的性质分，有交流接触器和直流接触器；按励磁方式分，有直流励磁接触器和交流励磁接触器；按触头系统驱动动力分，有电磁接触器、液压接触器和气动接触器等。

电磁接触器是最常用的一种接触器，下面以电磁接触器为例介绍接触器的结构和工作原理。

1）电磁接触器的结构及工作原理。

电磁接触器是由电磁机构、触头系统、短路环、灭弧栅、支架、底座等部分组成。接触器是利用电磁吸力的原理工作的，主要由电磁机构和触头系统组成。电磁机构通常包括吸引线圈、铁芯和衔铁 3 部分。图 1.3 所示为接触器的结构示意图与图文符号，（a）图中，1、2、3、4 是静触点，5、6 是动触点，7、8 是吸引线圈，9、10 分别是动、静铁芯，11 是弹簧；（b）图中，1、2 之间是常闭触点，3、4 之间是常开触点，7、8 之间是线圈。

当吸引线圈通入电流后，产生磁场，电磁吸力将衔铁吸向铁芯，与衔铁连接在一起的触头系统动作。同时，衔铁还受到与电磁吸力方向相反的反作用，弹簧的拉力。当电磁吸力大于弹簧拉力时，衔铁就能可靠地被铁芯吸住。

触点系统是接触器的执行机构，用以分断或闭合电路。图 1.3（b）所示为接触器的线圈与触点的符号，分为常开触点和常闭触点。常开触点是指当衔铁释放时处于断开状态，当衔铁吸合时触点闭合接通电路的触点；常闭触点是指当衔铁释放时处于闭合状态，当衔铁吸合时触头断开切断电路的触点。

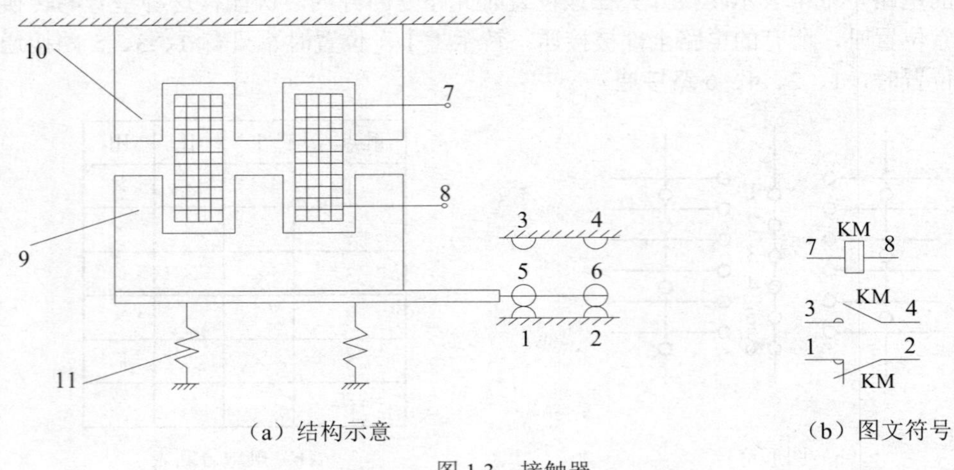

（a）结构示意　　（b）图文符号

图 1.3　接触器

2）电磁铁的特点。

根据吸引线圈通电电流的性质分类，电磁铁分为直流电磁铁和交流电磁铁。它们不仅工作性能不同，而且结构也不相同。直流电磁铁的工作性能受吸引线圈励磁电压的高低、衔铁行程的大小等因素的影响；结构上，由于直流电磁铁在稳定状态下通过恒定电流，所以磁通恒定，铁芯中没有因磁通交变而引起的磁滞损失与涡流损失，而只有线圈本身的铜损，所以直流电磁铁线圈做成没有骨架的细长形。交流电磁铁的吸力是周期性变化的，必然会在某一时刻电磁吸力小于弹簧拉力，这时衔铁被释放，而在某时刻电磁吸力大于弹簧拉力时，衔铁又被吸合，如此反复，衔铁将产生振动，这样，不仅对电器工作非常不利，而且有噪声，所以必须采取消振措施；结构上，由于铁芯中有磁滞损失和涡流损失，所以铁芯由硅钢片叠制而成，线圈形状是粗短形，而且有骨架，目的是将线圈与铁芯隔开，以免铁芯发热，热量传给线圈使其过热而烧坏。

通常采用短路环来解决交流电磁铁的振动问题。短路环的示意图如图 1.4 所示，其中 1 为短路环，2 为铁芯。短路环起到磁通分相的作用，把极面上的交变磁通分成两个交变磁通，并且使这两个磁通之间产生相位差，那么它们所产生的吸力间也有一个相位差，这样，两部分吸力就不会同时达到零值，当然合成后的吸力就不会有零值的时刻，如果使合成后的吸力在任一时刻都大于弹簧拉力，就消除了振动。

3）灭弧。

触点工作的好坏直接影响整个电路的工作性能。在触头分断过程中，会在触点之间发生电弧，阻碍电路的切断并使触点受到损害，接触器多用于通断主电路，所以需要灭弧。

常用的灭弧方法有：拉长电弧、冷却电弧、将电弧分段。

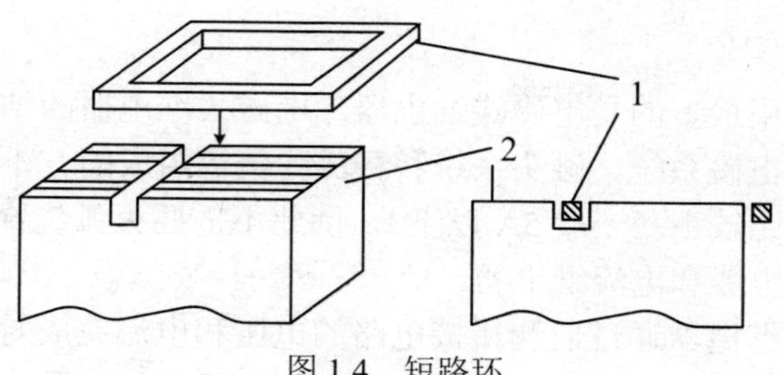

图 1.4　短路环

对于电弧较弱的接触器，只采用灭弧罩即可。电弧较强的接触器，常采用灭弧栅熄弧。图 1.5 所示是灭弧栅的结构图。图中 1 是灭弧室，2 和 5 分别为动、静触点，3 为金属栅片，4 为电弧。灭弧栅是数片钢片制成的栅状装置，当触点断开发生电弧时，电弧进入栅片内，被分割为数段，迅速熄灭。

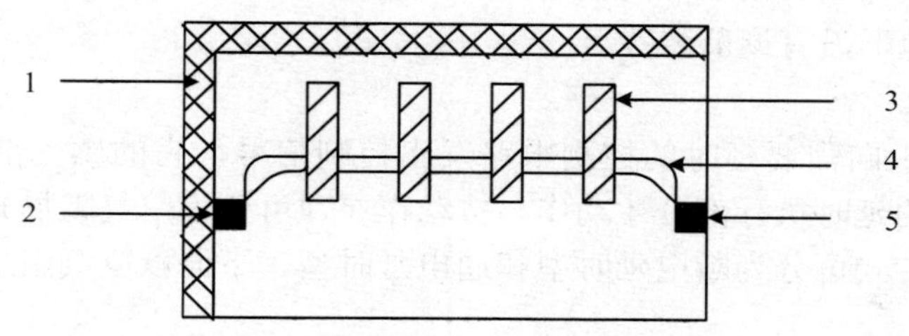

图 1.5　灭弧栅

选用接触器时，一方面要根据系统的工艺要求，另一方面要根据接触器的技术参数。电磁接触器的技术参数有：额定电流、额定电压、线圈电压、主触点通断能力等。

（2）继电器。

继电器是一种通过监测各种电或非电信号，接通或断开小电流控制电路的电器。它可以实现控制电路状态的改变。与接触器不同，继电器不能用来直接接通和分断负载电路，而主要用于电动机或线路的保护以及生产过程自动化的控制。一般来说，继电器通过测量环节输入外部信号（如电压、电流等电信号，或温度、压力、速度等非电信号）并传递给中间机构，将它与整定值（即设定值）进行比较，当达到整定值时（过量或欠量），中间机构就使执行机构产生输出动作，从而闭合或分断电路，达到控制电路的目的。

- 继电器的种类很多，根据不同的分类方法主要有以下分类：
- 按用途分为控制继电器、保护继电器。
- 按动作原理分为电磁式继电器、感应式继电器、热继电器、电动式继电器、电子继电器等。
- 按输入信号分为电压继电器、电流继电器、时间继电器、速度继电器、压力继电器、温度继电器等。
- 按动作时间分为瞬时继电器、延时继电器。

继电器的主要技术参数包括额定电压、额定电流、吸合时间和释放时间、整定参数（继电器的动作值，大部分控制继电器的动作值是可调的）、灵敏度（继电器对信号的反应能力）、触头的接通和分断能力、使用寿命等。

1）电磁式继电器。

在控制系统中，使用最多的是电磁式继电器。电磁式继电器的结构和工作原理与电磁式接触器相类似，也是由电磁系统、触头系统和释放弹簧等组成的。不过由于继电器用于控制电路，流过触头的电流比较小（一般 5A 以下），因此不需要灭弧装置。常用的电磁式继电器有电压继电器、中间继电器和电流继电器。

电压继电器和电流继电器通过监测所接电路的电压和电流完成对电路电压和电流的保护与控制。其中过压（流）继电器用于电路过电压（流）保护；欠压（流）继电器用于电路欠电压（流）保护，零压继电器则用于电路的失压保护。

中间继电器是一种传递中间信号的电磁式继电器，可以用于放大中间信号，也可以将一个信号转换成多个信号从而增加触点的数目。中间继电器实质上是一种电压继电器。它的特点是触头数量较多（可达 8 对），触头容量较大（5A～10A），动作灵敏，在电路中起增加触头数量和起中间放大作用。由于中间继电器只要求线圈电压为零时能可靠释放，对动作参数无要求，故中间继电器没有调节装置。

2）时间继电器。

时间继电器用于向需要延时的控制电路发出控制信号，它的感受部分接收到外部信号后，经过一定时间的延时执行部分才动作。按动作原理可分为空气阻尼式、电磁式、电动式及电子式；按延时方式可分为断电延时型和通电延时型。下面以空气阻尼式时间继电器为例介绍工作原理。

图 1.6 所示为空气阻尼式通电延时型时间继电器的结构示意图和图文符号。它是利用空气阻尼的原理来获得延时的，主要由电磁系统、气室及触点系统组成。

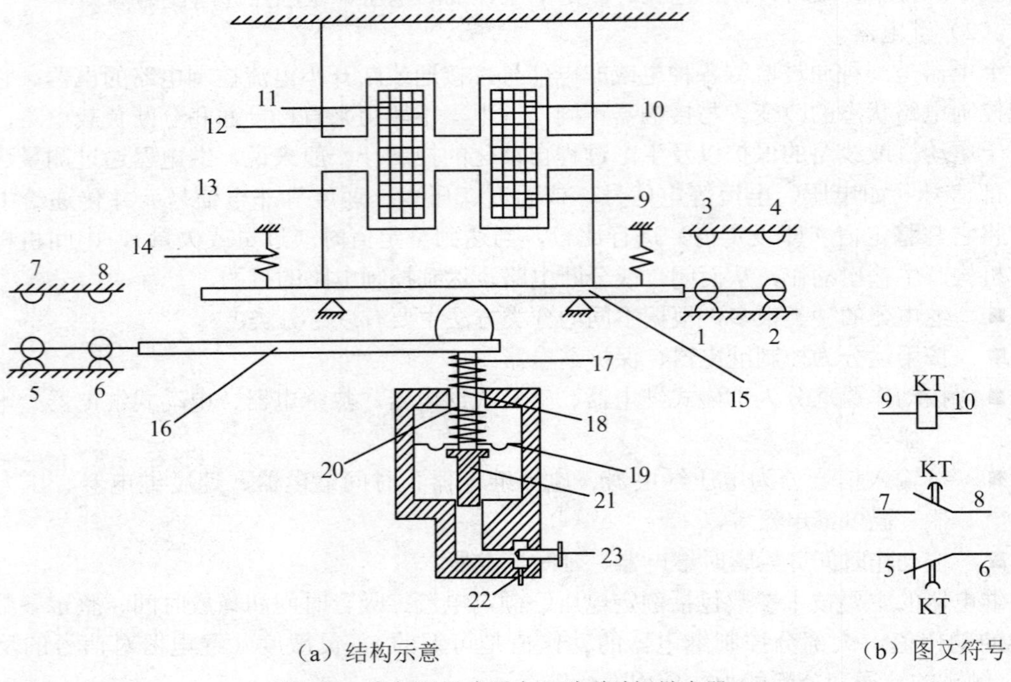

（a）结构示意　　（b）图文符号

图 1.6　空气阻尼式通电延时型时间继电器

工作原理：当线圈 11 通电时，电磁力克服弹簧 14 的反作用拉力而迅速将衔铁向上吸合，衔铁 13 带动杠杆 15 立即使 1、2 常闭触点分断，3、4 常开触点闭合。此时活塞杆 18 由于不受衔铁的压力，活塞杆在软弹簧 17 作用下开始带动活塞 21 和橡皮膜 19 向上移动。橡皮膜紧压活塞的肩部，起到密封的作用，使单向阀闭合，造成上、下气室不通。下方气室进气孔很小（大小可以调节），外界空气来不及补充到下方气室，而上方气室与外界大气相通，因此以橡皮膜为界的上、下方气室存在一定的压力差，从而限制活塞和活塞杆的上移速度。

移动的速度要视进气口 22 的节流程度而定，可以用延时调节螺钉 23 调节。经过一定的延时时间后，活塞才移到最上端，带动杠杆 16 使 5、6 常闭触点分断，7、8 常开触点闭合。当线圈 11 断电时，衔铁 13 在复位弹簧 14 的作用下，将活塞 21 迅速地推向最下端。因活塞被往下推时，橡皮膜下方气室的空气都通过橡皮膜 19、弹簧 20 和活塞 21 的肩部所形成的单向阀经上气室缝隙顺利地排掉，而弹簧 17 被压缩，延时与不延时动作相应的常开、常闭触点均瞬时分断或闭合。

调节进气孔的大小就可以调节气流进入封闭气室的快慢，从而可以调节时间继电器的延时时间。

图文符号中，1、2 和 3、4 之间分别为通电延时型常闭触点和常开触点。

空气阻尼式时间继电器在早期有广泛的应用，但由于体积庞大、精度较低，目前已经很少使用，现在使用最多的是电子式时间继电器。电子式时间继电器利用电容对电压变化的阻尼作用作为延时的基础。除了执行继电器外，均由电子元件组成，没有机械部件，因而具有寿命长、精度较高、体积小、延时范围大、调节范围宽、控制功率小等优点。

3）速度继电器。

速度继电器用来感受转速。它的感受部分主要包括转子和定子两大部分，执行机构是触头系统。当被控电机转动时，带动继电器转子以同样速度旋转而产生电磁转矩，使定子克服外界反作用力转动一定角度，转速越高角度越大。当转速高于设定值时，速度继电器的触点发生动作，当速度小于这一设定值时，触点又复原。速度继电器常用于电机的降压起动和反接制动，其图文符号如图 1.7 所示。

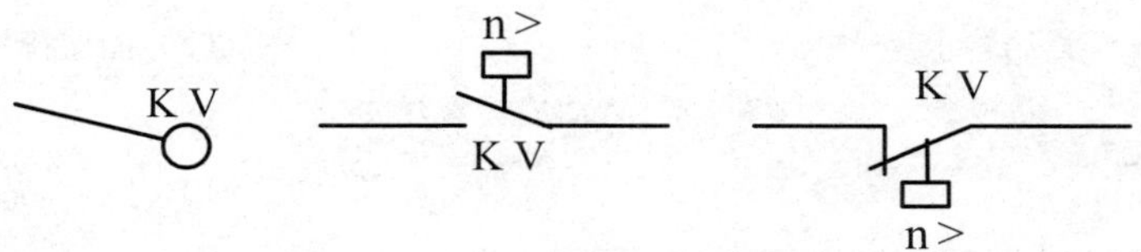

图 1.7　速度继电器的图文符号

4）固态继电器。

固态继电器（SSR）是采用半导体元件组装而成的一种无触点开关。由于没有机械部件，因此具有开关速度快、工作频率高、重量轻、使用寿命长、噪声低和动作可靠等优点。固态继电器不仅在许多自动化装置中代替了常规电磁式继电器，而且广泛应用于数字程控装置、调温装置、数据处理系统及计算机输入/输出接口等电路，尤其适用于动作频繁、防爆耐潮和耐腐蚀等特殊场合。

固态继电器有两个输入端、两个输出端。当控制输入端无信号时，其主电路输出呈阻断状态；当输入端施加控制信号时，主电路输出端呈导通状态。固态继电器中的光电器件利用信号光电耦合方式消除了控制回路与负载之间的电磁关系，实现了输入与输出之间的电气隔离。

（3）位置开关。

位置开关又称行程开关或限位开关，它的作用是将机械位移转变为电信号，使电动机运行状态发生改变，从而控制机械运动或实现安全保护。位置开关包括：行程开关、限位开关、微动开关和接近开关等。根据生产机械的行程发出命令以控制其运行方向或行程长短的电器称为行程开关。若将行程开关安装于生产机械行程终点处，以限制其行程，则称为限位开关或终点开关。接近开关是一种非接触式的行程开关，通过感应头与被测物体间介质能量的变化来获取信号，当生产机械接近它到一定距离范围之内时，它就能发出信号，以控制生产机械的位置或进行计数。接近开关的应用已超出一般行程控制和限位保护的范畴，可用于高速计数、测速、液面控制、检测金属体的存在、检测零件尺寸以及无触点按钮等场合。即使用作一般行程开关，其定位精度、操作频率、使用寿命及对恶劣环境的适应能力也比机械行程开关高。

行程开关在结构上可以分为直动式、滚动式、微动式和非接触式 4 种。图 1.8 所示为直动式形程开关的结构原理图和图文符号。（a）图中，1 为顶杆，2 为弹簧，3 为常闭触点，4 为触头弹簧，5 为常开触点。（b）图中，3 为常闭触点，5 为常开触点。

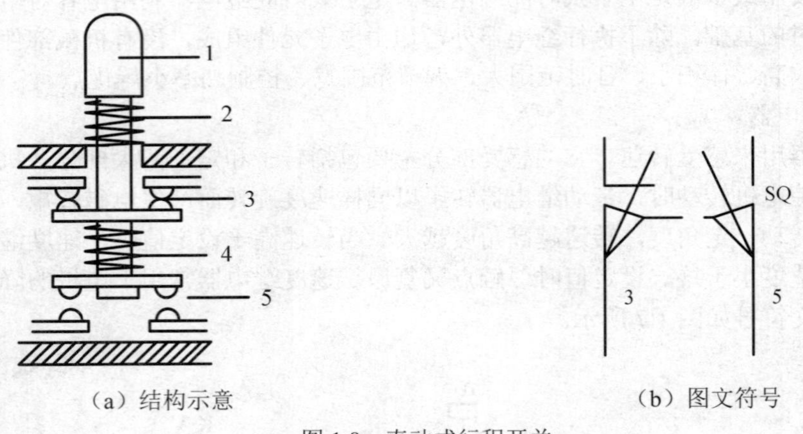

（a）结构示意　　（b）图文符号

图 1.8　直动式行程开关

3．保护电器

保护电器包括热继电器、熔断器、电磁脱扣器等。

在电动机的实际运行中，为了充分发挥电动机的过载能力，保证电动机的正常起动和运转，允许电机出现短时间的过载，但电动机一旦出现长时间过载等情况，则需要自动切断电路。这种能随过载程度而改变动作时间的电器就是热继电器。

热继电器是利用电流的热效应来切断电路的保护电器，它在控制电路中用作电动机的过载保护，既能保证电动机不超过允许的过载，又可以最大限度地保证电动机的过载能力。当然，首先要保证电动机的正常起动。图 1.9 所示是热继电器的结构中感受部分的示意图及图文符号。

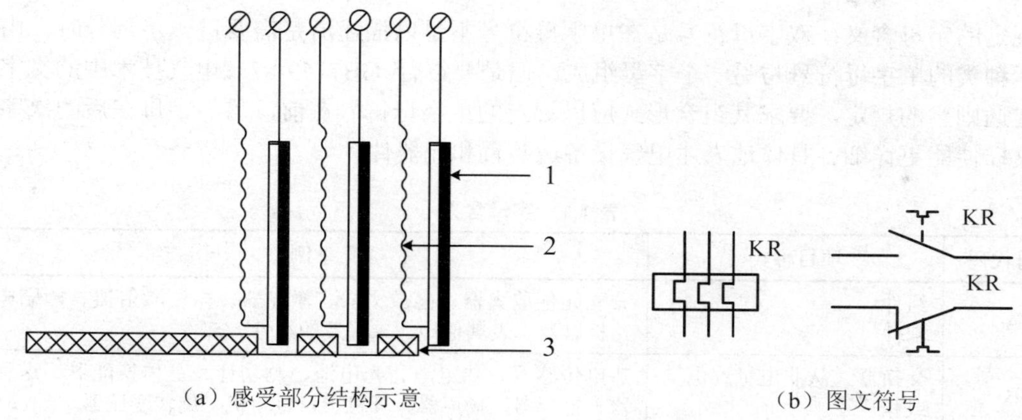

（a）感受部分结构示意　　（b）图文符号

图 1.9　热继电器

当测量元件被加热到一定程度时，会引发热继电器执行相应的动作。热继电器的测量元件通常采用双金属片，由两种具有不同膨胀系数的金属碾压而成，主动层采用膨胀系数较高的铁镍铬合金，被动层采用膨胀系数很小的铁镍合金。当双金属片受热后将向被动层方向弯曲，当弯曲到一定程度时，通过动作机构使触点动作。

电动机绕组电流即为流过发热元件 2 的电流。当电动机正常运行时，热元件产生的热量虽能使双金属片 1 弯曲，但还不足以使继电器动作；当电动机过载时，发热元件 2 产生的热量增大，双金属片 1 受热向左弯曲，推动导板 3 向左推动执行机构发生一定的运动，电流越大，执行机构的运动幅度也越大。当电流大到一定程度时，执行机构发生跃变，即触点发生动作从而切断主电路。热继电器发生动作后，即使冷却也不能自动复原，一般要通过手动复位，以保证安全。

热继电器中发热元件有热惯性，在电路中不能做瞬时过载保护，更不能做短路保护。

熔断器用于短路保护与过载保护，当通过熔断器的电流超过限定值时，其核心部分的熔体熔断从而分断电路。熔断器使用及维护方便、价格低廉、体积小、重量轻，应用比较广泛。

1.1.3　电气图形

1. 文字符号

电气控制系统是由许多种类和数目的电气元件按一定要求连接而成的，在描述生产机械电气控制系统的组成及工作原理时，将控制系统中电气元件的连接用图表示出来，在图上用规定的图形符号来表示各种电气元件，并用文字符号来进一步说明各电气元件。

对于图形符号，在绘制电气图时必须遵循国家标准 GB4728.1～GB4728.13《电气图用图形符号》。在该标准中，不但规定了各类图形符号，而且规定了符号要素、限定符号以及其他常用符号。在实际中，为了使图面清晰，减少交叉线，可以根据使用规则对符号的大小、方向和引出线的位置等作某些变化。

文字符号不但用于编制电气技术领域中的技术文件，而且经常用在电气设备、元器件的旁边，以表明它们的名称、功能、状态和特征。文字符号可以分为基本文字符号和辅助文字符号。基本文字符号包括单字母符号和双字母符号，单字母符号是按英文字母顺序规定了各种电气设备、装置和元器件的专用字母，见表 1.1 中字母符号含义，绘制电气图时必须遵守这些规定的字母含义；双字母符号是在单字母符号不足以描述清楚需要进一步划分时，由一个表示种类的单字母符号与另一个字母组成，但是要符合 GB7159-87《电气技术中的文字符号指定通则》的规定，要求其组合形式应以规定的单字母符号在前，另一字母在后的次序列出，这样便能更详细、具体地表述电气设备、装置和元器件。

表 1.1　字母含义

字母代码	项目种类	举例
A	组件 部件	分立元件放大器、磁放大器、激光器、微波激射器、印刷电路板以及本表其他地方未提及的组件、部件
B	交换器（从非电量到电量或相反）	热电传感器、热电池、光电池、测功计、晶体换能器、送话器、拾音器、扬声器、耳机、自整角机、旋转变压器
C	电容器	—
D	二进制单元 延迟器件 存储器件	数字集成电路和器件、延迟线、双稳态元件、单稳态元件、磁芯存储器、寄存器、磁带记录机、盘式记录机
E	杂项	光器件、热器件以及本表其他地方未提及的元件
F	保护器件	熔断器、过电压放电器件、避雷器
G	发电机、电源	旋转发电机、旋转变频机、电池、振荡器、石英晶体振荡器
H	信号器件	光指示器、声指示器
J	—	—
K	继电器、接触器	—
L	电感器、电抗器	感应线圈、线路限波器、电抗器（并联和串联）
M	电动机	—
N	模拟集成器	运算放大器、模拟/数字混合器件
P	测量设备、试验设备	指示、记录、积算、测量设备、信号发生器、时钟
Q	电力电路的开关	短路器、隔离开关
R	电阻器	可变电阻器、电位器、变阻器、分流器、热敏电阻
S	控制电路的开关、选择器	控制开关、按钮、限制开关、选择器、拨号接触器、连接器
T	变压器	电压互感器、电流互感器
U	调制器、变换器	鉴频器、解调器、变频器、编码器、逆变器、变流器、电报译码器
V	电真空器件、半导体器件	电子管、气体放电管、晶体管、晶闸管、二极管
W	传输通道、波导、天线	导线、电缆、母线、波导、波导定向耦合器、偶极天线、抛物面天线
X	端子、插头、插座	插头和插座、测试塞孔、端子板、焊接端子片、连接片、电缆封端和接头
Y	电气操作的机械装置	制动器、离合器、气阀
Z	终端设备、混合变压器、滤波器、均衡器、限幅器	电缆平衡网络、压缩扩展器、晶体滤波器、网络

2．端子标记

电气图中各电器的接线端子用规定的字母数字符号标记。按国家标准 GB4026—83《电器接线端子的识别和用字母数字符号标志接线端子的通则》规定：三相交流电源的引入线用 L1、L2、L3、N、PE 标记。直流系统电源正负极、中间线分别用 L_+、L_-与 M 标记。三相动力电机的引出线分别按 U、V、W 顺序标记。三相感应电机绕组首端分别用 U_1、V_1、W_1 标记，绕组尾端分别用 U_2、V_2、W_2 标记，电动机绕组的中间抽头分别用 U_3、V_3、W_3 标记。对于数台电动机，应在字母前加数字来区别。例如，对 M1 电动机的三相绕组接线端标以 1U、1V、1W，对 M2 电动机的三相绕组接线端则用 2U、2V、2W 来区别。三相供电系统的导线与三相负荷间有中间单元时，其相互连接线应用字母 U、V、W 后面加数字来表示，而且按从上到下、由小到大的数字表示。控制电路中各线号采用数字标志，其顺序一般应为从左到右、从上到下，凡是被线圈、触点、电阻、电容等电气元件所间隔的接线端点都应该标以不同的线号。

3．电气图形

常用的电气图有系统图、框图、电路图、位置图和接线图等。

（1）系统框图。

系统图和框图用于概略地表示系统、分系统、成套装置或设备等的基本组成部分的主要特征及其功能关系。通常，系统图用于描述系统或成套装置，如图 1.10 所示。框图用于描述分系统或设备。国家标准 GB6988.3—86《电气制图　系统图和框图》中，具体规定了绘制系统图和框图的方法，并阐述了它的用途。

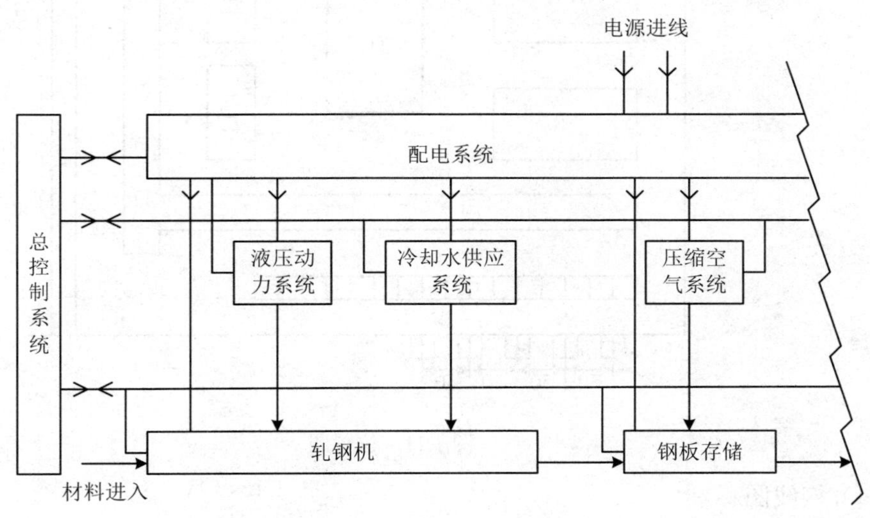

图 1.10　系统图

系统图和框图是从总体上来描述系统或分系统的，是按功能层次来绘制的，为编制更为详细的电路图、逻辑图等提供了基础，而且对于维修、操作和培训是不可缺少的文件。

（2）电路图。

电路图用于详细表示电路、设备或成套装置的全部基本组成和连接关系。是在系统图和框图的基础上，更具体地采用图形符号绘制的，国家标准 GB6988.4—86《电气制图　电路图》规定了绘制电路图的规则。

它的主要用途是：为具体说明设备或装置的工作原理提供依据；辅助维修和查找故障；给接线图提供详细资料；为技术改进提供原始根据等。本书中的电气图形主要为电路图，在此不再举例。

由于电路图是根据功能布局绘制的，它不代表实际的接线关系，因此，还需要有接线图来表述导线的连接情况。

（3）位置图。

位置图是用来表示成套装置、设备中各个项目位置的一种图。例如，图 1.11 所示为某工厂电器位置图，图中详细地绘制出了电器设备中每个电气元件的相对位置，图中各电气元件的文字代号必须与相关电路图中电气元件的代号相同。

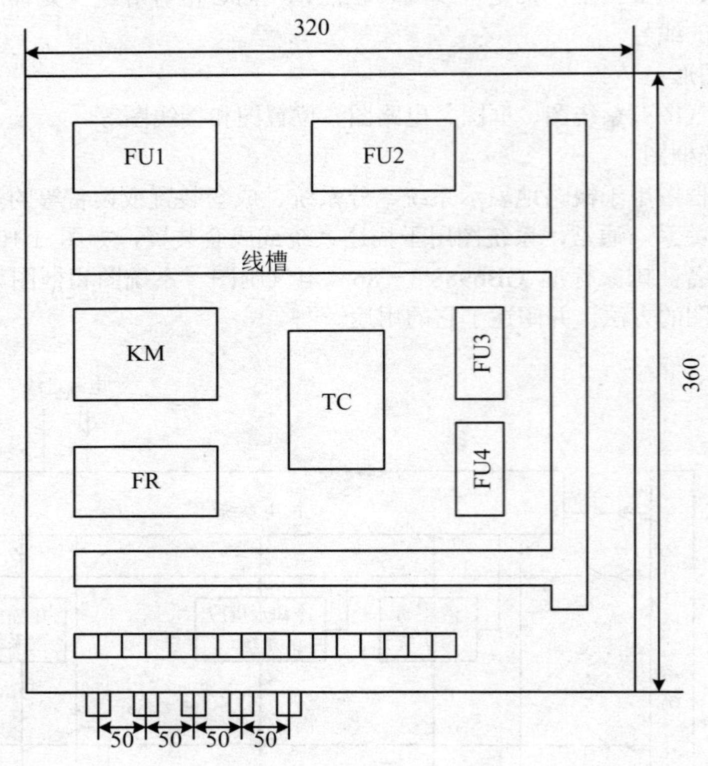

图 1.11　位置图

（4）接线图。

接线图是电气装备进行施工配线、敷线和校线工作时所应依据的图样之一，必须符合电器装备电路图的要求，并清晰地表示出各个电气元件和装备的相对安装与敷设位置，以及它们之间的电连接关系，是检修和查找故障时所需的技术文件，如图 1.12 所示。在国家标准 GB6988.5—86《电气制图　接线图和接线表》中详细规定了编制接线图的规则。

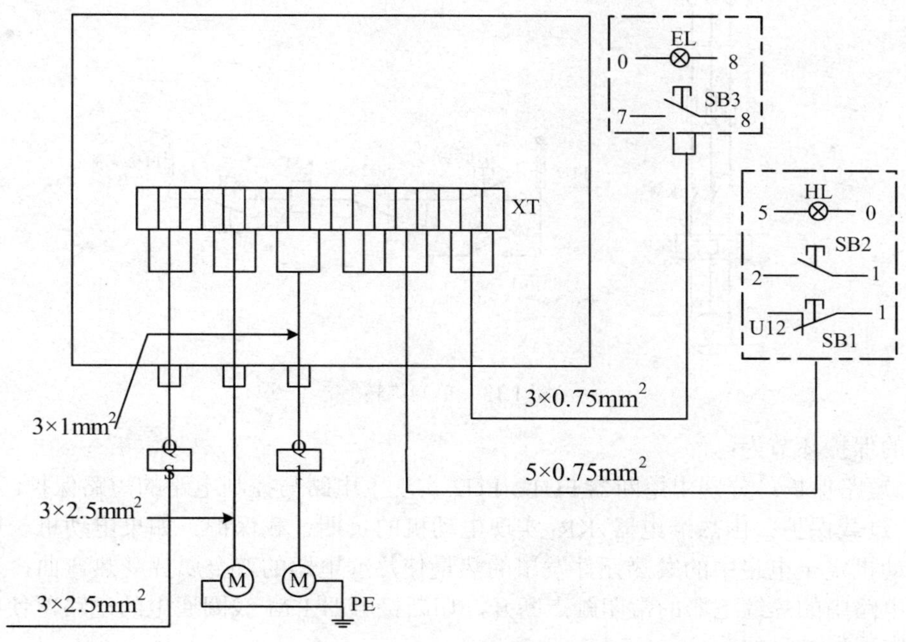

图 1.12　接线图

1.2　基本控制电路

任何一个复杂的控制电路都是由一些基本的控制环节组成的，本节将介绍的基本控制电路包括电机的直接起动、降压起动、制动、调速、顺序控制等。

1.2.1　直接起动控制电路

三相笼型感应电动机的直接起动控制电路包括单向旋转（手动、自动）、可逆旋转、点动、往返控制电路等。

1. 单向旋转

三相笼型电动机单向旋转可用开关或接触器控制，图 1.13 所示为接触器控制电路。

接触器控制电路图中，Q 为开关，FU1、FU2 为主电路与控制电路的熔断器，KM 为接触器，KR 为热继电器，SB1、SB2 分别为起动按钮与停止按钮，M 为笼型感应电动机。

电动机的起动控制过程为：合上电源开关 Q，按下起动按钮 SB1，其常开触点闭合，接触器 KM 线圈通电吸合，其主触点闭合，电动机接通三相电源起动。同时，与起动按钮 SB1 并联的接触器常开触点闭合，使 KM 线圈经 SB1 触点与 KM 自身常开辅助触点通电，当松开 SB1 时，KM 线圈仍通过自身常开辅助触点继续保持通电，从而使电动机获得连续运转。这种依靠接触器自身辅助触点保持线圈通电的电路称为自保电路，而这对常开辅助触点称为自保触点。

当电动机需要停转时，可以按下停止按钮 SB2，接触器 KM 线圈断电释放，KM 常开主触点与辅助触点均断开，切断电动机主电路的控制电路，电动机停止旋转。

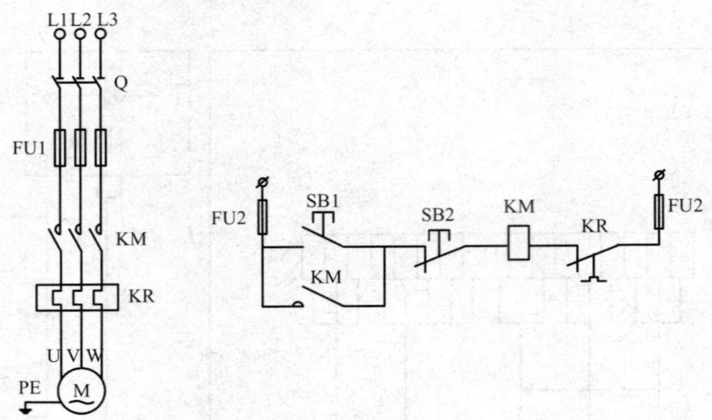

图 1.13　单向旋转

其中的保护环节为：

（1）短路保护：分别由熔断器 FU1、FU2 实现主电路与控制电路的短路保护。

（2）过载保护：由热继电器 KR 实现电动机的长期过载保护。如果电动机长期过载，串接在电动机定子电路中的发热元件发出的热量使热继电器的双金属片受热弯曲，从而使串接在控制电路中的热继电器的常闭触点断开，切断接触器 KM 线圈通电的电路，使电动机断开电源，实现保护目的。

（3）欠压保护：当电源电压严重下降或消失时，接触器电磁吸力急剧下降或消失，衔铁释放，各触点复原，断开电动机电源，电动机停止旋转。一旦电源电压恢复时，电动机也不会自行起动，从而避免事故发生。因此，具有自保功能的接触器控制具有欠压和失压保护作用。

2．可逆转动

在实际生产中常需要运动部件实现正反两个方向的运动，这就要求拖动电动机能做正反两方向的运转。从电机原理可知，改变电动机三相电源的相序即可改变电动机旋转方向。电动机的常用可逆旋转控制电路如图 1.14 所示。

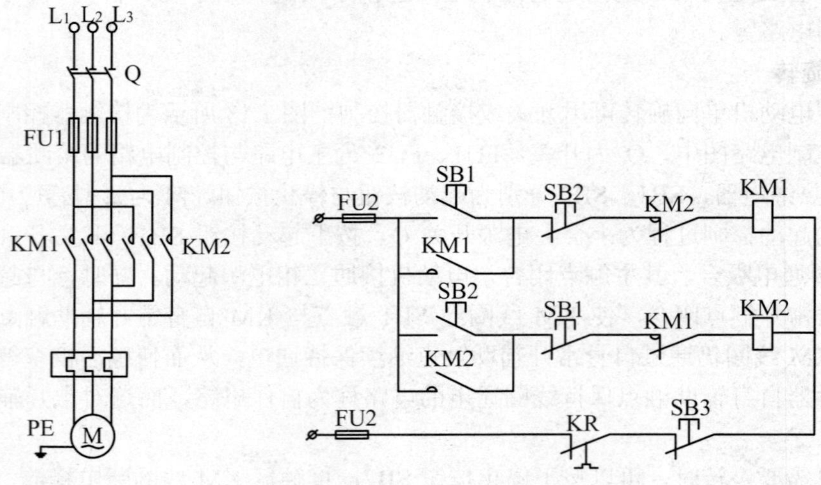

图 1.14　可逆旋转

电路中采用按钮控制电动机正反转。KM1、KM2 分别为正、反转接触器，KR 为热继电器，FU1、FU2 分别为主电路和控制电路的熔断器，控制电路中 SB1 为正向起动按钮，SB2 为反向起动按钮，SB3 为停止按钮。在控制图中，为了防止按下 SB1 后又按下 SB2 的误操作引起电源两相短路的故障，分别将 KM1、KM2 的常闭触点串接在对方线圈电路中，形成相互制约的控制；另外，为了实现电动机直接由正转变为反转，或反转变为正转，将 SB1、SB2 的常闭触点串接在对方线圈电路中，构成电气、按钮互锁的控制电路。可以实现正—停—反或正—反—停的操作。

3．点动控制

生产过程中，不仅要求生产机械运动部件连续运动，还需要点动控制。图 1.15 所示为电动机

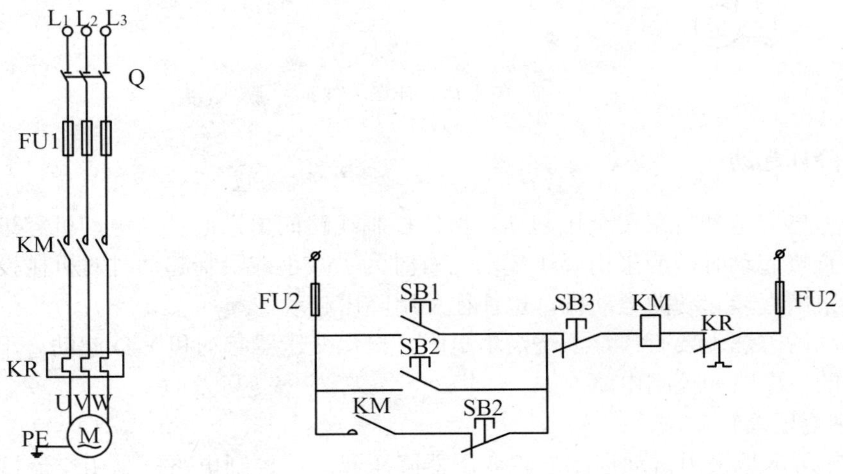

图 1.15　点动控制电路

点动控制电路图中的控制电路既可实现点动控制，又可实现连续运转。SB3 为连续运转的停止按钮，SB1 为连续运转起动按钮，SB2 为点动起动按钮。按下连续运转起动按钮 SB1，KM 线圈通电吸合，主触点闭合，同时 KM 的辅助常开触点闭合，形成自保，从而使电动机起动并连续运转。当按下连续运转停止按钮 SB3 时，接触器线圈断电释放，KM 的主、辅助触点均断开，切断电源，电动机停止旋转。当按下点动起动按钮 SB2 时，利用 SB2 的常闭触点来断开连续运转的自保电路，实现点动控制。

4．自动往返运动

在实际生产中，常常要求生产机械的运动部件能实现自动往返，因为有行程限制，所以常用行程开关作控制元件来控制电动机的正反转。图 1.16 所示为电动机往返运行的可逆旋转控制电路。图中 KM1、KM2 分别为电动机正、反转接触器；SQ1 为反向转正向行程开关，SQ2 为正向转反向行程开关；SB1 和 SB2 分别为正向起动按钮和反向起动按钮。当按下正向起动按钮 SB1 时，电动机正向起动旋转，拖动运动部件前进，当运动部件上的撞块压下换向行程开关 SQ2 时，将使电动机改变转向，使运动部件反向。当反向撞块压下反向行程开关 SQ1 时，又使电动机转为正向，如此循环往复，实现电动机可逆旋转控制，拖动运动部件实现自动往返运动。当按下停止按钮 SB3 时，电动机便停止旋转。反向起动原理相同。

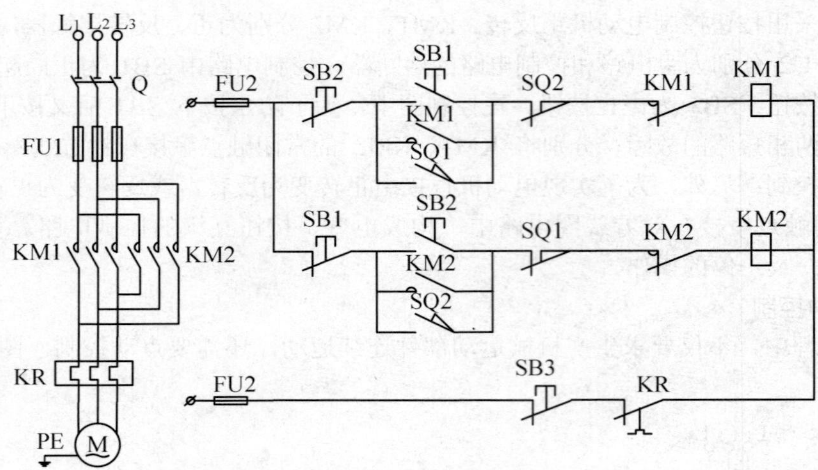

图 1.16　往返运行

1.2.2　降压起动

三相笼型感应电动机采用全压起动，虽然控制线路简单，但是当电动机容量较大、不允许采用全压直接起动时，应采用降压起动。有时为了减小或限制起动时对机械设备的冲击，即便是允许采用直接起动的电动机，也往往采用降压起动。

降压起动的方法主要有：定子绕组串电阻、自耦变压器起动和 Y-D 起动。下面简要介绍后两种方法的主电路和控制电路。

1．自耦变压器起动法

图 1.17 所示是采用自动控制自耦变压器降压起动的控制电路，是由交流接触器、热继电器、时间继电器、按钮和自耦变压器等元件组成。图中 KM1 为正常运转接触器，KM2 为降压起动接触器，KA 为起动中间继电器，KT 为降压起动时间继电器。工作过程如下：合上电源开关 Q，按下起动按钮 SB1，KM2、KT 线圈同时通电并自保，将自耦变压器 T 接入，电动机定子绕组经自耦变压器供电作降压起动。当电动机转速接近额定转速时，时间继电器 KT 动作，其触点 KT（1～7）闭合，使 KA 线圈通电并自保；触点 KA（2～3）断开，使 KM2 线圈断电释放；触点 KA（10～11）断开，而触点 KA（1～8）闭合，使 KM1 线圈通电吸合，将自耦变压器切除，电动机在额定电压下正常运转。由于流过自耦变压器公共部分的电流为一、二次电流之差，因此允许辅助触点 KM1 接入。

2．Y-D 起动法

凡是正常运行时三相定子绕组接成三角形运转的三相笼型感应电动机，都可采用 Y-D 降压起动。起动时，定子绕组先接成 Y 联结，接入三相交流电源，起动电流下降到全压起动时的 1/3，对于 Y 系列电动机直接起动时起动电流为（5.5～7）I_N。当转速接近额定转速时，将电动机定子绕组改成 D 联结，电动机进入正常运行。这种方法简便、经济，可用在操作较频繁的场合，但其起动转矩只有全压起动时的 1/3，Y 系列电动机起动转矩为额定转矩的 1.4～2.2 倍。图 1.18 所示为用于 13kW 以上电动机的起动电路，由 3 个接触器和一个时间继电器构成。

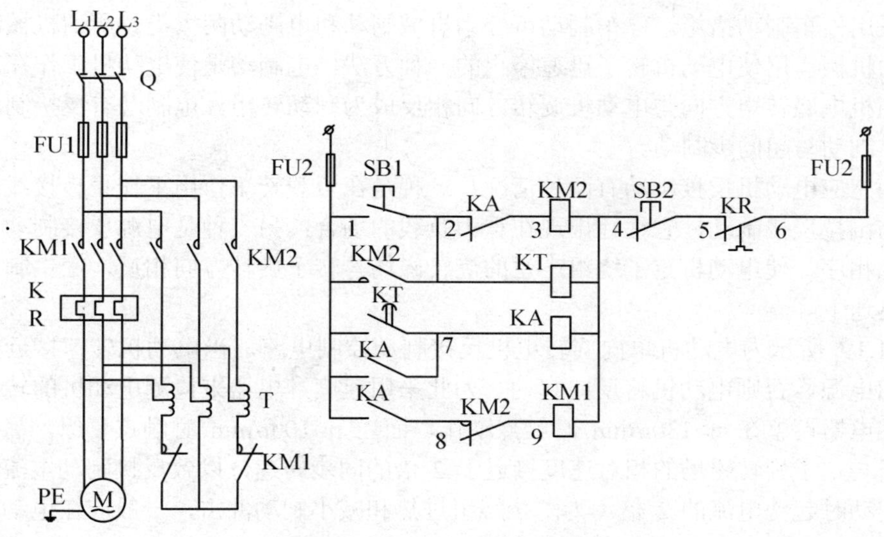

图 1.17　自耦变压器降压起动

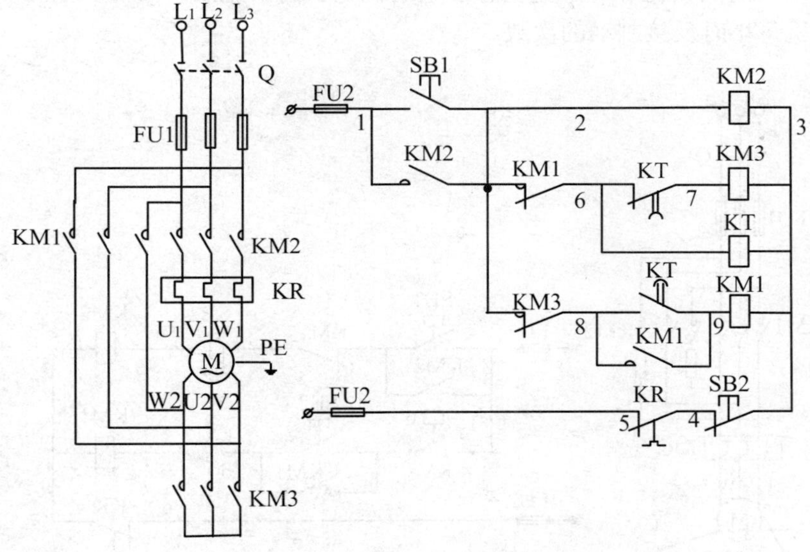

图 1.18　Y-D 起动

电路工作过程如下：合上电源开关，按下起动按钮 SB1，KM2、KT、KM3 线圈同时通电并自保，电动机成 Y 联结，接入三相电源进行降压起动，当电动机转速接近额定转速时，通电延时型继电器 KT 动作，触点 KT（6～7）断开，KT（8～9）闭合。前者使 KM3 线圈断电释放，后者使 KM1 线圈经触点 KM3（2～8）通电吸合，电动机由 Y 联结改为 D 联结，进入正常运行。而触点 KM1（2～6）使 KT 线圈断电释放，使 KT 在电动机 Y-D 起动完成后断电，并实现 KM1 与 KM3 的电气互锁。

1.2.3　电机的制动

在生产过程中，有些设备要求缩短停车时间或者要求停车位置准确，或为了工作安全原因需要采用停车制动措施。停车制动可分为机械制动和电制动两大类。所谓机械制动，是利用外加的机械作用使电动机转子迅速停止的一种方法。电制动是使电动机工作在制动状态，即使电动机电磁转矩方向与电动机旋转方向相反成为制动转矩。电制动有反接制动、直流制动、电容制动与超同步制动。

三相感应电动机反接制动有两种情况：一种是在负载转矩作用下使正转接线的电动机出现反转的倒拉反接制动，它往往出现在重力负载的场合；另一种是电源反接制动，即改变电动机电源相序，使电动机定子绕组产生的旋转磁场与转子旋转方向相反，产生制动，使电动机转速迅速下降。

图 1.19 所示为电动机单向旋转电机反接制动控制电路。当电动机转速接近零时应迅速切断三相电源，否则电动机将反向起动。为此采用速度继电器来检测电动机的转速变化，并将速度继电器调整在 n>130r/min 时触点动作，而当 n<100r/min 时触点复原。另外反接制动时，转子与定子旋转磁场的相对速度接近于 2 倍的同步转速，以致反接制动电流相当于电动机全压起动时起动电流的 2 倍。为防止绕组过热和减小制动冲击，一般应在电动机定子回路中串入反接制动电阻。由于在反接制动过程中，由电网供给的电磁功率和拖动系统的机械功率全都转变为电动机的热损耗，对于笼型感应电动机定子内部无法串接外加电阻，这就限制了笼型感应电动机每小时反接制动的次数。

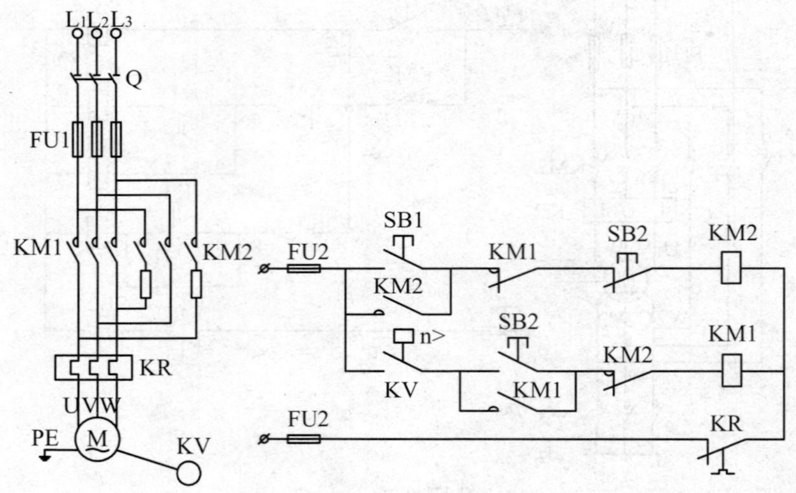

图 1.19　反接制动

图 1.19 中，KM1 为反接制动接触器，KM2 为电动机单向旋转接触器，KV 为速度继电器，R 为反接制动电阻。电动机单向旋转时，KM2 线圈通电吸合并自保，KV 相应触点闭合，为反接制动做准备。当按下停止按钮 SB2 时，KM2 线圈断电释放，电动机三相电源被切除，电动机以惯性旋转。当将 SB2 按到底时，其常开触点闭合，使 KM1 线圈通电并自保，电动机定子串入不对称电阻，接入反相序三相电源进行反接制动，使电动机转速迅速下降，当电动机转速低于 100r/min 时，速度继电器释放，其常开触点复位，使 KM1 线圈断电释放，电动机断开三相电源，以后自然停车至转速为零。

1.2.4　电机的调速

由三相感应电动机的转速公式 $n=\frac{60f_1}{p}(1-s)$ 可知，感应电动机调速方法有变极对数、变转差率、变频调速 3 种。目前广泛使用的是变更定子极对数和改变转子电阻调速。

图 1.20 所示是 D-YY 反转向方案电动机变极调速的接线方法及控制电路。它是改变定子绕组的半相绕组电流方向来实现变极的。将三相绕组的首尾端依次相接，构成一个封闭三角形，从首端引出接电源，中间抽头空着，构成 D 联结。若将 3 个首尾端相接构成一个中性点 N，而将各绕组中间抽头接电源，构成 YY 联结，使每相的两个半相绕组并联，从而使其中一个半相绕组电流方向与另一个相反，于是电动机极对数减小一半，即 $p_D=2p_{YY}$。这种变换具有近似恒功率调速性质。所谓反转向方案，是指变极后相序变反，若电源相序不变，则变极后电动机反转。在控制电路中，当按下起动按钮 SB1 后，电动机按 D 形联结 4 极起动，经过一定时间延时后改接成 YY 形联结，进入 2 极起动运行。

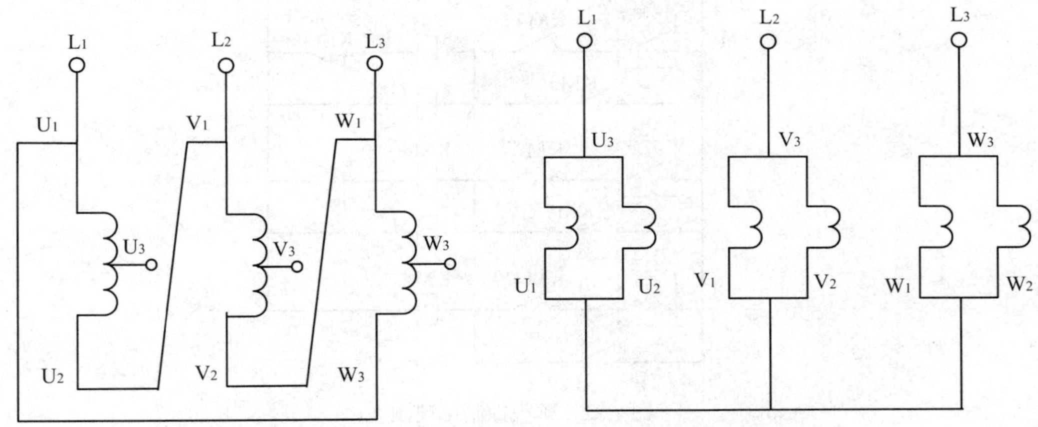

（a）电机接线方法

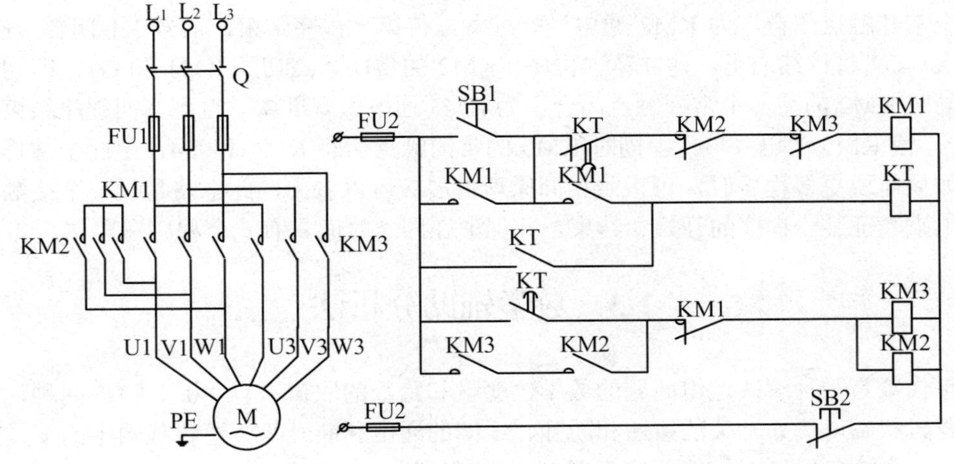

（b）控制电路

图 1.20　电机变极调速

1.2.5 顺序控制

顺序控制是指以预先规定好的时间或条件为依据，按预先规定好的动作次序对控制过程各阶段顺序地进行自动控制。图 1.21 所示是顺序控制原理图，其中 G1～G4 分别表示第一至第四程序的执行电路，可根据每一程序的具体要求设计，K1～K4 分别表示 G1～G4 程序执行完成时发出的控制信号，SB5、SB6 分别为起动和停止按钮。

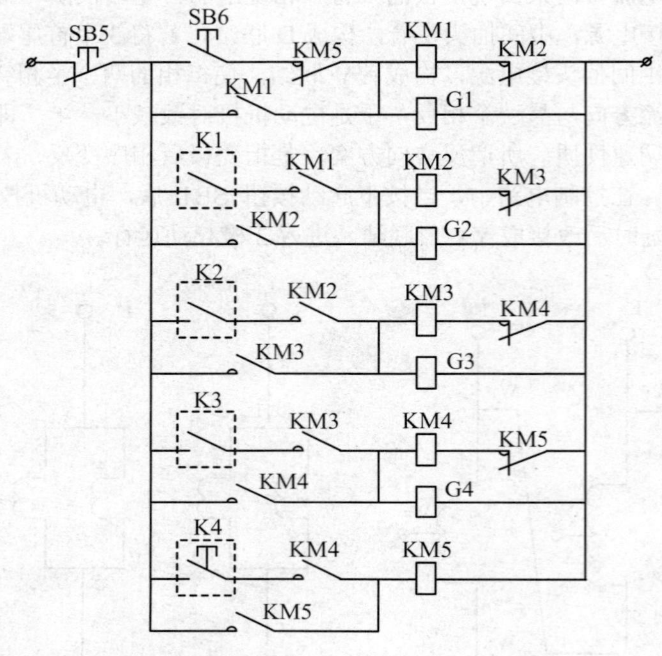

图 1.21 顺序控制原理图

按下起动按钮 SB6，KM1 通电并自保，G1 也将持续通电，建立第一程序；同时 KM1 的另一个常开触点闭合，为 KM2 通电做好准备。待第一程序结束，信号 K1 闭合，KM2 通电并自保，G2 将持续通电，建立第二程序，KM2 的常闭触点切断 KM1 和 G1，即切断第一程序；同时 KM2 的另一个常开触点闭合，为 KM3 通电做好准备。直到第四程序结束，信号 K4 闭合，使 KM5 通电并自保，同时 KM5 的常闭触点切断 KM4 和 G4，至此全部程序执行完毕。如果需要更多程序时，可按照相同原理扩展。可以看出，此电路是以一个接触器的通电和断电来表征某一程序的开始和结束，并保证在同一时间只有一个程序在工作。

1.3 数学辅助分析法

逻辑代数是一种解决逻辑问题的数学，变量和函数的取值只有“0”、“1”两种，分别表示两种逻辑状态，例如开关的接通和断开、线圈的通电和断开等。逻辑代数中的变量通常用字母表示，如按钮用 SB（$\overline{SB}$）表示常开（常闭）触点。逻辑代数是阅读、分析和设计计算机、数控装置和继电接触控制等逻辑线路不可缺少的数学工具。

1. 用继电接触控制线路表示逻辑代数的基本运算

（1）“与”运算（逻辑乘）。

逻辑代数中运算符号“×”或“· ”读作“与”。“与”运算的真值表如表 1.2 所示。可以看出，在给定的两个（或多个）变量都是 1 时，结果才是 1，即只有当决定一件事情的各种条件全具备以后，这件事才能发生。这种规律的因果规律称为“与”逻辑关系。

表 1.2　与运算真值表

A	B	A·B
0	0	0
0	1	0
1	0	0
1	1	1

实现逻辑乘的器件叫做“与”门，它的逻辑符号如图 1.22（a）所示，图 1.22（b）表示出了继电控制线路中“与”运算的实例，它表示触点的串联。若规定触点接通为“1”，断开为“0”，线圈通电为“1”，断电为“0”，则可以写出表达式 $KM = KA1 \times KA2$，只有触点 KA1、KA2 均接通，接触器线圈 KM 才能通电。

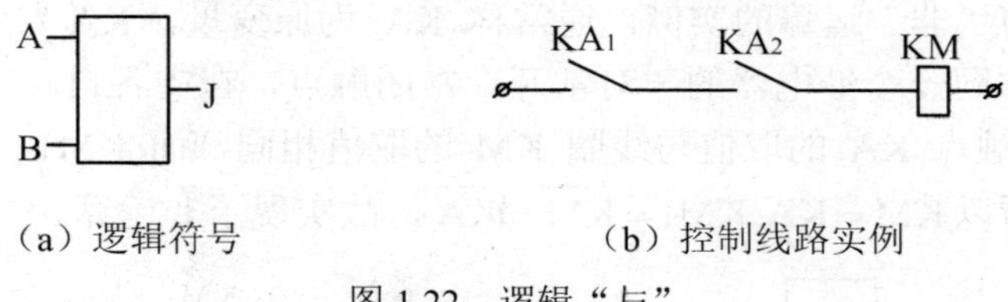

（a）逻辑符号　　（b）控制线路实例

图 1.22　逻辑“与”

（2）“或”运算（逻辑加）。

逻辑代数中运算符号“+”读作“或”。“或”运算的真值表如表 1.3 所示。可以看出，在给定的两个（或多个）变量中至少有一个是 1 时，结果是 1，即当决定一件事情的各种条件中，有一个或几个条件满足时，这件事就会发生。这种规律的因果规律称为“或”逻辑关系。

表 1.3　或运算真值表

A	B	A+B
0	0	0
0	1	1
1	0	1
1	1	1

实现逻辑加的器件叫做“或”门，它的逻辑符号如图 1.23（a）所示，图 1.23（b）表示出了继电控制线路中“或”运算的实例，它表示触点的并联，可写成 $KM = KA1 + KA2$，当触点 KA1 或 KA2 接通，或者 KA1 和 KA2 都接通时，接触器线圈均可通电。

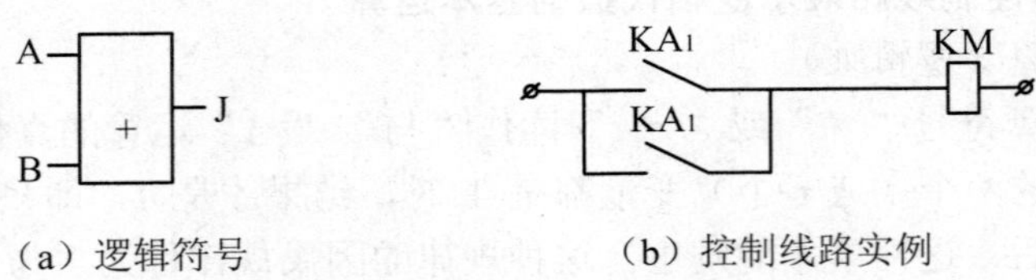

（a）逻辑符号　　　（b）控制线路实例

图 1.23　逻辑“或”

（3）“非”运算（逻辑非）。

逻辑代数中“非”运算的符号用变量上面的短横线表示，读作“非”。“非”运算的真值表如表 1.4 所示。它表示了事物相互矛盾的两个对立面之间的关系。这种规律的因果规律称为“非”逻辑关系。

表 1.4　非运算真值表

A	$\overline{A}$
0	1
1	0

实现逻辑非的器件叫做“非”门，它的逻辑符号如图 1.24（a）所示，图 1.24（b）表示出了继电控制线路中“非”运算的实例，通常称 KA 为原变量，$\overline{KA}$为反变量，它们是一个变量的两种形式，如同一个继电器的一对常开、常闭触点，在向各自相补的状态切换时同步动作。图（b）中，触点 KA 的取值与线圈 KM 的取值相同，而 KM1 与继电器的常闭触点$\overline{KM}$的取值相同，所以$KM = KA, KM1 = \overline{KM} = \overline{KA}$，故实现了非运算。

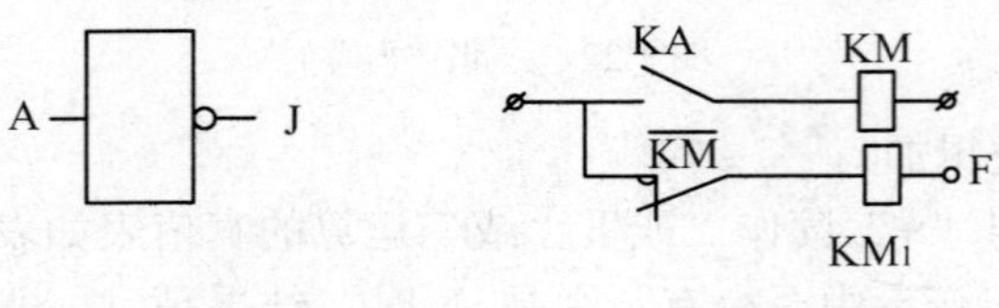

（a）逻辑符号　　　（b）控制线路实例

图 1.24　逻辑“非”

2．逻辑函数与继电接触控制线路图

（1）逻辑函数。

逻辑函数是一个控制系统的数学模型，能够完全表征这个逻辑系统的全部属性和功能。继电接触控制线路、数字逻辑电路都与逻辑函数有严格的对应关系，这就有可能将一个具体的逻辑电路变换为抽象的代数表达式，以便于对它进行分析研究和处理。

（2）逻辑图和继电接触控制线路图。

在数字电路中，输入、输出关系可以用逻辑图或逻辑函数来表示。逻辑图是指用相应的逻辑符号表示逻辑单元电路和逻辑部件的图。可以将逻辑函数用逻辑图表示出来，也可以将逻辑图归结为一个逻辑函数。

在继电接触控制线路中，是用触点和元器件的串联、并联和串并联的复合结构进行逻辑运算的，同样也能用逻辑函数来描述。当然，给定一个逻辑函数，也可以用继电接触控制线路来表示。

1）由继电接触控制线路图写出逻辑函数。

一般规定：同一开关元件的常开触点为原变量，而常闭触点为反变量；触点闭合状态为1，断开状态为0；线圈通电状态为1，断电状态为0；触点的串联为“与”，并联为“或”。这样就可以根据线路图写出逻辑函数了。

图1.25所示是一个最简单的起—保—停线路，接触器线圈KM是串接在由触点构成的网络上，然后与电源相接，因此是一个串联电路。它的逻辑函数为：

$$KM = \overline{SB1} \cdot (SB2 + KM)$$

式中，等号左边的KM项是指接触器线圈，等号右边的KM项则是指接触器的辅助触点。

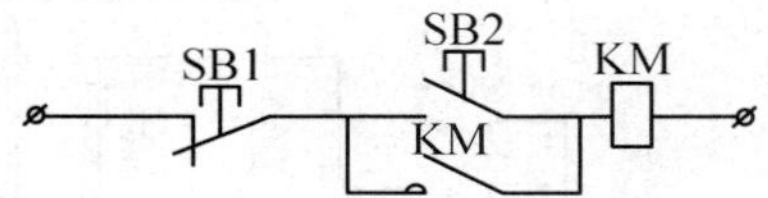

图1.25　继电接触控制线路

2）由逻辑函数画出继电接触控制线路。

先将逻辑函数变换成“或—与”形式，然后根据“原变量为常开触点，反变量为常闭触点，“1”为接通，“0”为断开，“· ”为串联，“+”为并联的原则，画出线路图。

1.4　控制系统实例

机床的电气控制，不仅要求能够实现起动、制动、反向和调速等基本要求，更要满足生产工艺的各项要求，还要求保证机床各运动的准确和互相协调，具有各种保护装置，工作可靠，实现操作自动化等。下面以镗床为例分析其控制线路的应用和控制系统的组成。图1.26所示为镗床电气控制原理图。

镗床主要用于加工精确的孔和各孔间相互位置精度要求较高的零件。卧式镗床是镗床中应用最广的一种，它主要由床身、前立柱、镗头架、后立柱、尾座、下溜板、上溜板和工作台等部分组成。下面分析其工作原理。

1.4.1　主轴和进给电动机的控制

1．M1电动机的正反转控制

M1电动机的正反转控制由SB1、SB2按钮控制，并配合中间继电器KA1、KA2及正反转交流接触器KM1、KM2、KM3、KM4、KM5来实现可逆运行。

按下SB1，中间继电器KA1通电并自保，KA1常开触点的闭合使接触器KM3通电动作，KA1和KM3的常开触点闭合，使KM1通电，KM1常开触点闭合使KM4通电。KM3的主触点短路了限流电阻R。所以，M1电动机的定子绕组接成D形，电动机全压低速正向运行。反向低速运行是用SB2、KA2、KM3、KM2、KM4控制实现，其控制过程与正向运行同理。

2．高速与低速的转换

行程开关SQ是高、低速的控制开关，也就是说SQ被压下（为“1”，接通）时，M1电动机高速运行，SQ 不被压下（为“0”，断开）时，M1 电动机低速运行。以正向高速起动运行为例：SQ 接通，按下 SB1，中间继电器 KA1 通电并自保，随后 KM3、KM1、KM4 相继通电动作，使 M1 电动机低速正向起动运行；由于时间继电器 KT 也通电，当 KT 延时时间到时，KM4 断电，KM5 通电。这样就使 M1 电动机由 D 形自动转换成 Y 形，由低速变为高速运行。所以，主轴电动机在高速挡时，是两级起动控制，减少高速起动的能量损耗。

反向高速挡起动，由 SB2、KA2、KM3、KT、KM2、KM4、KM5 控制，过程与正向起动同理。

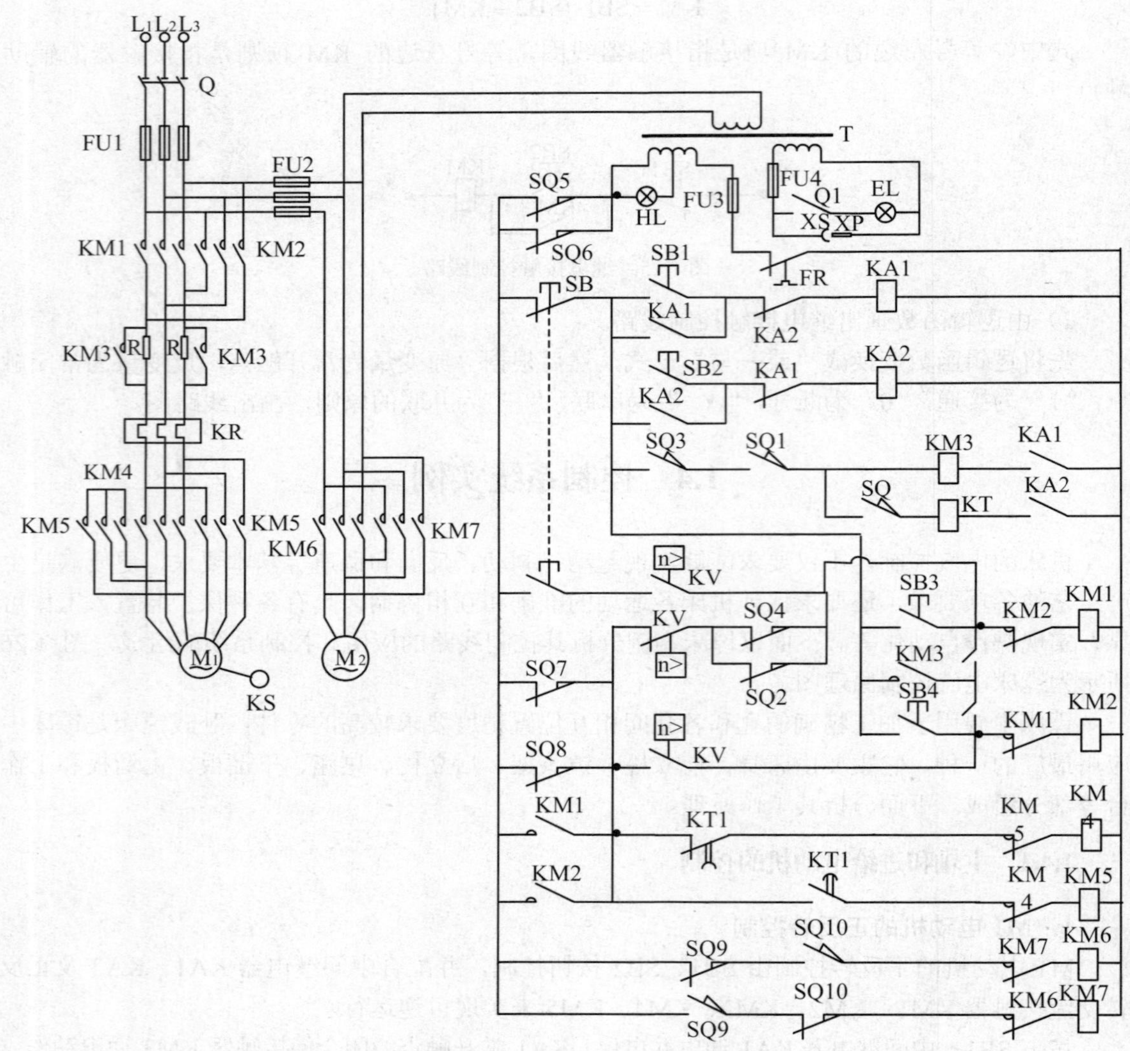

图 1.26　T68 镗床控制原理图

3．M1 电动机的停车制动

以正向运行的反接制动为例：若电动机正向低速运行，如果要停车，按下按钮 SB，使 KA1、KM3、KM1、KM4 相继断电，同时 KM2 通电并自保且 KM4 通电动作，由 M1 电动机主电路可知，定子绕组仍为 D 形，但串接限流电阻 R，进行反接制动，直到速度继电器 KV 触点断开，使 KM2、KM4 断电，反接制动结束。若电动机正向高速运行，如果要停车，按下按钮 SB，使 KA1、KM3、KT、KM1、KM5 相继断电，KM2、KM4 通电，定子绕组接成 D 形，并串接限流电阻 R，进行反接制动。

M1 电动机反向高、低速运行时的反接制动过程与正向运行同理。

4. 点动控制

镗床工作过程中，经常需要点动控制。以正向点动为例：按下按钮 SB3，KM1 通电动作，使 KM4 通电，从而使 M1 电动机定子接成 D 形，并串接 R，低速运行。当松开 SB3 后，KM1、KM4 相继断电，电动机断电停车。反向点动，由按钮 SB4 操作。

5. 主轴及进给变速控制

（1）停车变速。

由 SQ1～SQ4、KV、KM1、KM2、KM4 组成主轴和进给变速时的低速脉动控制，以使齿轮顺利啮合。

以主轴变速为例：因进给运动没有进行变速，所以 SQ3、SQ4 均为受压状态。当拉出主轴变速手柄时，SQ7、SQ2 触点由接通变为断开，KM1 通电并自保，同时 KM4 通电，M1 电动机串入 R 低速正向起动。当电动机转速达到 135～150r/min，速度继电器 KV 常开触点闭合，常闭触点分断，于是 KM1 断电，而 KM2 通电，KM4 仍通电，M1 电动机进行反接制动。当速度下降到 40r/min 时，KV 常开触点由闭合变为断开，常闭触点由断开变为闭合，KM2 断电，KM1 通电，KM4 仍旧通电，M1 电动机又进行正向低速起动。从以上分析可知：当主轴变速手柄拉出时，M1 电动机先正向低速起动，而后又制动的缓慢脉动转动，有利于变速；当主轴变速手柄推回原位时，低速脉动转动停止。

进给变速时的低速脉动旋转与主轴变速同理，此时起作用的是 SQ8、SQ4。

（2）运行中变速。

以 M1 电动机正向高速运行中的主轴变速为例：拉出主轴变速手柄，SQ7、SQ2 由断开变为接通，SQ1 由接通变为断开，所以 KM3、KT 断电，从而 KM1、KM5 断电，切断 M1 电动机电源。接着，KM2、KM4 通电，所以电动机又串接 R 进行反接制动。当制动结束时，速度继电器 KV 控制电动机进行正向低速脉动转动，有利于变速。当推回变速手柄时，SQ1 接通，SQ7、SQ2 断开，使 KM3、KT、KM1、KM4 通电，M1 电动机先正向低速起动，然后在 KT 控制下自动变为高速运行。

从以上分析可知，运行中变速是使电动机先接入制动，而后控制其达到低速脉动转动，以利于变速。变速后，推回手柄，又可以自动起动运行。

1.4.2 快速移动

主轴、工作台和主轴箱的快速移动，由快速手柄并联动行程开关 SQ9、SQ10 控制接触器 KM6、KM7，从而控制 M2 快速移动电动机来实现。快速手柄扳到中间位置，SQ9、SQ10 不被压下，M2 电动机停止转动；扳到正向位置，SQ10 接通，SQ9 断开，KM6 通电，M2 电动机正转；扳到反向位置，SQ9 接通，SQ10 断开，KM7 通电，M2 电动机反转。

1.4.3 工作台或主轴箱与主轴机动进给联锁

为防止主轴箱或工作台机动进给时出现将花盘刀架或主轴扳到机动进给的误操作，一般都安装一个行程开关 SQ5 以便与主轴箱和工作台操纵手柄有机械联动，另外在主轴箱上再设置一个行程开关 SQ6 以便与主轴进给手柄和花盘刀架进给手柄有机械联动。如果主轴箱或工作台的操纵手柄在机动进给时，SQ5 断开，此时若将花盘刀架或主轴进给手柄也扳到机动进给位置，SQ6 也断开，这样切断了控制电路的来源，所以 M1 电动机停转，同时，M2 电动机也无法开动，从而起到联锁保护的作用。

本章简要介绍继电接触控制系统中的常用低压电气设备，如设备的基本工作原理、使用方法及相关知识，重点介绍了常用的电机控制的基本环节，这是分析和设计电气控制电路的基础，同时也是学习可编程序控制器知识的基础。

（1）工厂常用电气设备种类繁多，有多种分类方法。

（2）电气设备的基本构成部分：感受部分和执行部分。对于手动电器，没有感受部分，只有执行部分；对于自动控制电器，如接触器，感受部分可以是电磁铁，执行部分是触头系统。

（3）工厂常用低压电器种类繁多、功能各异，重点掌握在控制系统中经常使用的接触器、继电器、按钮、热继电器、行程开关等器件的结构和工作原理。

（4）掌握电机控制的基本环节，如单向旋转、可逆旋转、点动控制、自动往返、降压起动、电机制动、调速、顺序控制等的工作原理。了解一些常用术语，如自保电路（自锁电路）、电气互锁、按钮互锁等。

（5）本章的断续控制涉及的都是开关量的控制，如按钮或开关的闭合与断开、线圈的通电与断电、回路的闭合与断开等，只有两种相对稳定的状态，因此可以用逻辑代数方法辅助分析和设计控制电路。

1．工厂低压电器一般由哪两部分构成？

2．直流电磁铁和交流电磁铁在结构上有什么区别？

3．接触器和中间继电器的作用是什么？它们有什么区别？

4．在电动机的主电路中装有熔断器，为什么还要装热继电器？装了热继电器是否可以不装熔断器？为什么？

5．试设计一个可实现两地操作的电机点动与连续运行的控制系统，并画出主电路与控制电路图。

6．设计一个控制电路，对 3 台电机进行控制，控制要求如下：M1 先起动，经过 20 秒后 M2 自行起动，再经过 10 秒后 M3 自行起动，3 台电机共同运行 40 分钟后，M1 与 M2 停止，再经过 10 秒后 M3 自动停止。

7．设计一个小车自动运行的电路图，控制要求为：小车由 A 点开始向 B 点前进，到 B 点后自动停止，停留 10 秒后返回 A 点，在 A 点停留 10 秒后又向 B 点运动，如此往复。

要求可以在任意位置使小车停止或再次起动继续运行。

8．自耦变压器降压起动中，如果不用时间继电器，而采用速度继电器，能不能实现降压起动控制？如果能，试画出控制电路图。

第 2 章　可编程序控制器概论

目前工业中应用的可编程序控制器（PLC）种类繁多，不同厂家的产品各有所长，但作为工业标准设备，PLC 无论是结构、技术性能，还是工作原理和编程上都具有一定的共性。

本章主要介绍 PLC 的产生、现状和发展趋势，并介绍 PLC 的特点、技术性能指标、分类、PLC 编程语言等。重点介绍 PLC 的结构组成和独特的循环扫描工作原理，对 PLC 控制系统、通用计算机控制系统及传统继电接触控制系统进行了简单对比分析。

知识要点

- PLC 的发展、分类和应用
- PLC 的结构和工作原理
- PLC 主要技术性能指标
- 常用编程语言

- PLC 的结构
- 循环扫描工作原理

2.1　PLC 的发展、分类及应用

2.1.1　产生

早期工业控制中采用的继电接触器控制系统均为固定接线，功能要求不同，控制系统的结构也不同。如果控制要求有所改变，就必须相应地改变硬件接线结构。此外，机械电气式器件本身的不足影响了控制系统的各种性能，因此继电接触器控制系统无法满足现代工业发展的需要。

1969 年，美国 DEC 公司开发出世界上第一台 PLC 样机，在 GM 的汽车装配线上获得成功。随后德国、日本等国相继引进这一技术，使 PLC 迅速在工业控制中得到了广泛应用。最初的 PLC 只具备逻辑控制、定时、计数等功能，主要是用来取代继电接触器控制。PLC 是计算机技术与继电接触器控制技术相结合的产物，采用计算机存储程序和顺序执行的原理，但其编程语言采用直观的类似继电接触器控制电路图的梯形图语言。早期的 PLC 只能进行逻辑量控制，主要用于顺序控制，所以被称为可编程逻辑控制器（Programmable Logic Controller，PLC）。

1985 年，国际电工委员会 IEC 对可编程序控制器作了如下规定：可编程序控制器是一种数字运算操作的电子系统，专为工业环境下的应用而设计。它采用可编程序的存储器，用来在其内部存储执行逻辑运算、顺序控制、定时、计数和算术运算等操作的指令，并通过数字式模块式的输入和输出控制各种类型的机械或生产过程。

随着微电子技术和计算机技术的迅速发展，微处理器被广泛应用于 PLC 的设计中，使 PLC 的功能更强，速度更快，体积更小，可靠性更高。除了常规的逻辑控制功能外，PLC 还具有了模拟量处理、数据运算、运动控制、PID 控制和网络通信等功能；PLC 还借鉴了计算机的高级语言，指令系统更加丰富，程序结构灵活，通用性和适应性强，可以用来实现复杂的控制。美国电气制造商协会命名这种新型的 PLC 为 Programmable Controller，简称 PC。为区别于个人计算机 PC（Personal Computer），人们仍习惯地称可编程序控制器（PC）为 PLC。

总之，可编程控制器是专为工业环境应用而设计制造的计算机。它具有丰富的输入/输出接口，并且具有较强的驱动能力。实际应用时，可编程控制器的硬件应根据具体需要进行选配，而软件则根据实际的控制要求或生产工艺流程进行设计。

2.1.2 发展

1. 发展及现状

可编程序控制器诞生后不久即显示了在工业控制中的重要地位，日本、德国、法国等国家相继研制成功各自的 PLC。PLC 技术随着计算机和微电子技术的发展而迅速发展，由一位机发展为 8 位机。随着微处理器 CPU 和微型计算机技术在 PLC 中的应用，形成现代意义上的 PC。之后的 PLC 产品已使用了 16 位、32 位高性能微处理器，而且实现了多处理器的多道处理。通信技术使 PLC 的应用得到进一步发展。如今，可编程序控制器技术已比较成熟。

目前，世界上有 200 多个厂家生产可编程序控制器产品，比较著名的厂家如美国的 A-B、通用 GE，日本的三菱、欧姆龙、松下电工，德国的西门子，法国的 TE，许多亚洲国家如韩国的三星、LG 等发展也十分迅速。我国自 20 世纪 70 年代末改革开放以来，先是引进技术，后来是合作开发，现在是自行设计开发。

2. 发展趋势

可编程序控制器的总发展趋势是向高集成度、小体积、大容量、高速度、易使用、高性能方向发展，具体表现在以下几个方面：

（1）与计算机联系密切。

从功能上，PLC 不仅能完成逻辑运算，计算机的复杂运算功能在 PLC 中也进一步得到利用；从结构上，计算机的硬件和技术越来越多地应用到 PLC 中；从语言上，PLC 已不再是单纯用梯形图语言，而是可以用多种语言编程，如类似计算机汇编语言的语句表，甚至可直接用计算机高级语言编程；在通信方面，PLC 与计算机可直接相连进行信息传递。

（2）模块化。

PLC 的扩展模块发展迅速。针对具体场合开发的可扩展模块，功能明确化、专用化的复杂功能由专门模块来完成，主机仅仅通过通信设备向模块发布命令和测试状态，这使得 PLC 的系统功能进一步增强，控制系统设计进一步简化。

（3）网络与通信能力增强。

计算机与 PLC 之间以及各个 PLC 之间的联网和通信的能力不断增强。工业网络可以有效地节省资源、降低成本、提高系统可靠性和灵活性，这方面的应用也进一步推广。目前，工厂普遍采用生产金字塔结构的多级工业网络。

（4）多样化与标准化。

生产 PLC 产品的各厂家都在大力度地开发自己的新产品，以求占据市场的更大份额，因此产品得以向多样化方向发展，出现了欧、美、日多种流派。与此同时，为了推动技术标准化的进程，一些国际性组织，如国际电工委员会（IEC）不断为 PLC 的发展制定一些新的标准，如对各种类型的产品作一定的归纳或定义，或对 PLC 未来的发展制定一种方向或框架。

（5）工业软件发展迅速。

与可编程序控制器硬件技术的发展相适应，工业软件的发展也非常迅速，它使系统的应用更加简单易行，大大方便了 PLC 系统的开发人员和操作使用人员。

2.1.3 特点

1. 可靠性高

可编程序控制器专门为工业环境而设计，具有很高的可靠性。从根本上说，原因有以下 3 个方面：

（1）在硬件上，采用隔离、屏蔽、滤波、接地等抗干扰措施，元件也是精心挑选的。

（2）在软件上采用数字滤波等抗干扰和故障诊断措施。

（3）工作方式采用周期循环扫描方式，对输入或输出几乎同时进行处理，有效提高了 PLC 工作的可靠性。

2. 功能强大

可编程序控制器及相关产品几乎可以实现所有的控制任务，是目前工厂中应用最广的自动化设备。

3. 简单方便

PLC 产品应用的简单方便体现在以下几个方面：

（1）接线简单，一般直接连线，不需要用户再进行电路板的设计。

（2）语言方面，所有厂家的 PLC 都支持梯形图，编程简单直观。

（3）模块化设计或扩展模块的使用简化了控制系统的形成。

（4）系统设计容易，开发周期短，程序易调试和修改。

（5）利用可编程序控制器网络和通信技术易于实现复杂的和分散的控制任务。

2.1.4 分类

现在市场上的 PLC 产品种类繁多，大致可有以下两种分类方法：

（1）从结构上。

可编程序控制器从结构上可分为整体式和模块式。

整体式：整体式也叫一体式或单体式。这种结构将 CPU、电源、一部分输入输出部件都集中制造到一个机箱内，构成基本单元。为了扩展输入输出点数，有的可用扁平线连接扩展单元，扩展单元内不含有 CPU。为实现简单的特殊功能，有的整体机还配有少量特殊功能模块。这种整体式结构一般适用于小型或微型 PLC。

模块式：模块式 PLC 是将 PLC 的各部分划分为若干单独的模块，如电源模块、CPU 模块、输入输出模块和各种功能模块。使用时根据系统需要将所选的模块在框架或底板上进行安装连接，这种结构应用时灵活方便，一般大中型 PLC 普遍采用这种结构。

（2）从规模上。

按 PLC 的输入输出点数可分为小型、中型和大型。一般小于 512 点为小型，512～2048 点为中型，2048 点以上为大型。随着 PLC 技术的进步，这个分类标准也在改变，现在几万点的 PLC 已制成并普遍使用。

2.1.5 应用

1．工业

PLC 已广泛应用于国内外多种工业企业，如机械、电子、冶金、化工、轻工等。几乎所有控制系统都可用 PLC 系统来实现。应用 PLC 进行控制的领域主要包括：

（1）开关量控制，如逻辑、定时、计数、顺序等。

（2）模拟量控制，部分 PLC 或功能模块具有 PID（Proportion Ivotegration Differentiation，比例积分微分）控制功能，可实现过程控制。

（3）监控，用 PLC 可构成数据采集和处理的监控系统。

（4）建立工业网络，为适应复杂的控制任务且节省资源，可采用单级网络或多级分布式控制系统。

2．其他行业

可编程序控制器在其他行业的应用也日益广泛，如建筑、环保、家用电器等。

从上面的介绍可以看出，PLC 的应用范围已从传统的产业设备和机械的自动控制向中小型过程控制系统、远程维护服务系统、节能监视控制系统，以及与生活相关的机器、与环境相关的机器等领域扩散，而且有急速的上升趋势。并且随着 PLC 和 DCS（分布式控制系统）的相互渗透，PLC 的应用范围也从传统离散的制造业向连续的流程工业扩散。

2.2 结构和工作原理

2.2.1 结构

PLC 种类繁多，但其组成结构和工作原理基本相同。用可编程序控制器实施控制，其实质是按一定算法进行输入输出变换，并将这个变换予以物理实现，应用于工业现场。PLC 专为工业场合设计，采用了典型的计算机结构，主要是由 CPU、电源、存储器和专门设计的输入输出接口电路等组成。图 2.1 所示为一典型 PLC 结构简图。

1．中央处理单元

中央处理单元（CPU）一般由控制器、运算器和寄存器组成，这些电路都集成在一个芯片上。CPU 通过数据总线、地址总线和控制总线与存储单元、输入输出接口电路相连接。

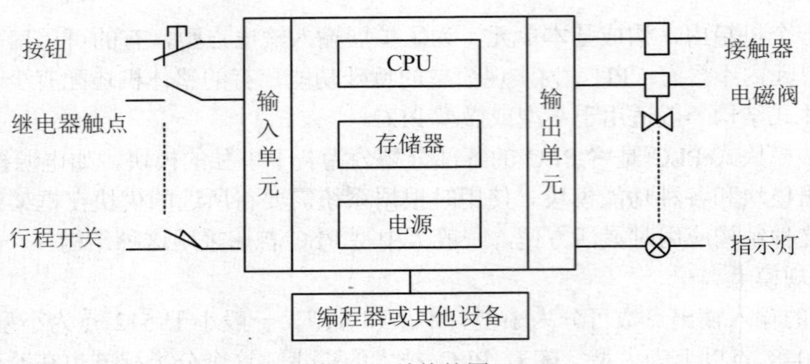

图 2.1　结构简图

用户程序和数据事先存入存储器中，当 PLC 处于运行方式时，CPU 按扫描方式工作，从用户程序的第一条指令开始，直到用户程序的最后一条指令，不停地周期性扫描，每扫描完成一次，用户程序就执行一次。

CPU 的主要功能：

（1）从存储器中读取指令。CPU 在地址总线上给出地址，在控制总线上给出读命令，从数据总线上得到读出存储单元中的指令，并存入 CPU 内的指令寄存器中。

（2）执行指令。对存放指令寄存器的重点指令操作码进行译码，识别并执行指令规定的操作，如逻辑运算或算术运算、将结果输出给有关部分。

（3）顺序取指令。CPU 执行完一条指令后，能根据条件生成下一条指令的地址，以便取出和执行下一条指令。

（4）处理中断。CPU 除顺序执行程序外，还能接受外部或内部发来的中断请求，并进行中断处理，中断处理完成后再返回原址，继续顺序执行。

2．存储器

存储器是具有记忆功能的半导体电路，PLC 中常用的存储器通常包括 ROM、RAM 和 E^2PROM。

（1）只读存储器 ROM：ROM 属于非易失性存储器，其中的内容只能读出，不能写入，切断电源后，存储的信息不会丢失，ROM 可用来存放需要长期保存的数据。

（2）随机存储器 RAM：RAM 属于易失性存储器，其中的内容可以读出，也可以写入，工作速度高，功耗低，但一旦断电，存储的信息将全部丢失。所以一般使用大电容或后备锂电池保证掉电后 PLC 中的内容在一定时间内不丢失。

（3）可电擦除只读存储器 E^2PROM：E^2PROM 兼具 ROM 的非易失性和 RAM 的随机存取的优点，可以使用编程器直接改写其中的数据，且不需要后备电源。

PLC 的存储器用于存储系统程序、用户程序和工作数据（逻辑变量、系统组态和其他信息）。

系统程序：系统程序可完成系统诊断、命令解释、功能子程序调用、管理、逻辑运算、通信及各种参数设定等功能。系统程序由 PLC 的制造厂家编写，在 PLC 使用过程中不会变动，它和 PLC 的硬件组成有关，关系到 PLC 的性能。由制造厂家直接固化在只读存储器 ROM 中，用户不能访问和修改。

用户程序：用户程序是用户根据控制对象生产工艺及控制的要求而编制的应用程序。它是由 PLC 控制对象的要求而定的，为了便于读出、检查和修改，用户程序一般保存于静态 RAM 中，用锂电池作为后备电源，以保证掉电时不会丢失信息。为了防止干扰对 RAM 中程序的破坏，当用户程序经验证运行正常、不需要改变后，也可将其固化在 E^2PROM 中。

工作数据：工作数据是 PLC 运行过程中经常变化、经常存取的一些数据。它们存放在 RAM 中，以适应随机存取的要求。在 PLC 的工作数据存储器中，设有存放输入/输出继电器、辅助继电器、定时器、计数器等逻辑器件的存储区，这些器件的状态都是由用户程序的初始设置和运行情况而确定的。根据需要，部分数据在掉电时需要用后备电池维持其现有的状态，这部分在掉电时可保存数据的存储区域称为保持数据区。

3．输入输出单元

可编程序控制器的输入和输出信号类型可以是开关量、模拟量和数字量。输入输出单元从广义上包含两部分：一部分是与被控设备相连接的接口电路，另一部分是输入和输出的映像寄存器。

输入单元接受来自用户设备的各种控制信号，如限位开关、操作按钮、选择开关、行程开关以及来自其他一些传感器的信号，通过接口电路将这些信号转换成中央处理器能够识别和处理的信号，并存到输入映像寄存器。运行时 CPU 从输入映像寄存器读取输入信息并进行处理，将处理结果放到输出映像寄存器。输入输出映像寄存器由输入输出点相对应的触发器组成，输出接口电路将其由弱电控制信号转换成现场需要的强电信号输出，以驱动电磁阀、接触器、显示灯等被控设备的执行元件。

（1）输入接口电路。

为防止各种干扰信号和高电压信号进入 PLC，影响其可靠性或造成设备损坏，输入接口电路一般通过光电耦合电路进行隔离，光电耦合电路的关键器件是光耦合器。

PLC 的输入类型可以是直流、交流或交直流。输入电路的电源可由外部供给，有的也可由 PLC 内部提供。图 2.2 和图 2.3 分别为一种型号 PLC 的直流和交流输入接口电路的电路图，采用的是外接电源。

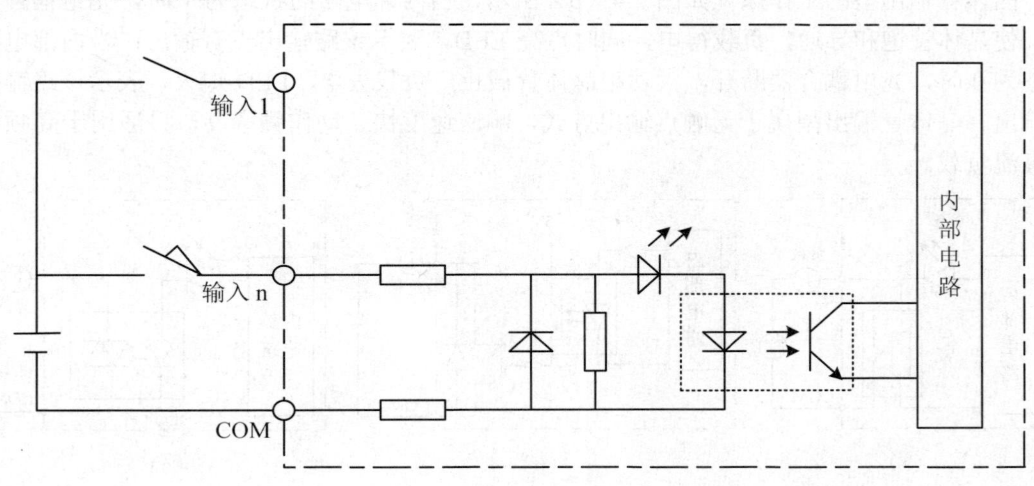

图 2.2　直流输入电路图

图 2.2 描述了一个输入点的接口电路。输入电路的一次电路与二次电路用光耦合器相连，当行程开关闭合时，输入电路和一次电路接通，上面的发光管用于对外显示，同时光耦

合器中的发光管使三极管导通，信号进入内部电路，此输入点对应的位由 0 变为 1，即输入映像寄存器的对应位由 0 变为 1。

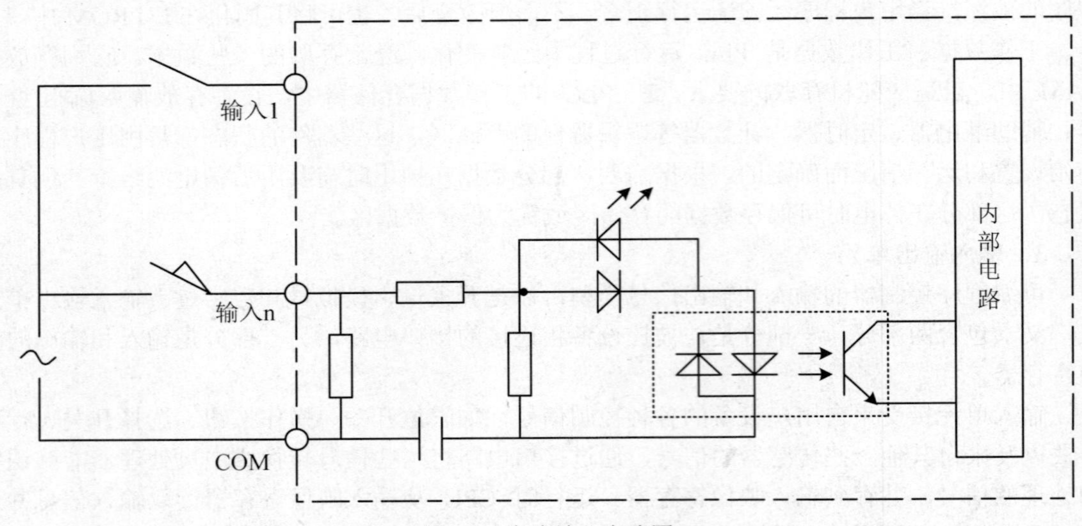

图 2.3 交流输入电路图

（2）输出接口电路。

输出电路有继电器输出型、晶体管输出型和晶闸管输出型 3 种。

继电器输出型的工作原理如图 2.4（a）所示，当内部电路的状态为 1 时，使继电器线圈通电，产生电磁吸力，触点闭合，负载得电，同时点亮 LED，表示该路输出点有输出；当内部电路的状态为 0 时，继电器线圈断电，触点断开，负载断电，同时 LED 熄灭，表示该路输出点无输出。继电器输出型属于有触点输出方式，响应速度慢、动作频率低，适用于低频大功率直流或交流负载。

晶体管输出型的工作原理如图 2.4（b）所示，当内部电路的状态为 1 时，光电耦合器导通，使晶体管饱和导通，负载得电，同时点亮 LED，表示该路输出点有输出；当内部电路的状态为 0 时，光电耦合器断开，大功率晶体管截止，负载失电，LED 熄灭，表示该路输出点无输出。晶体管输出型属于无触点输出方式，响应速度快、动作频率高，只适用于高频小功率直流负载。

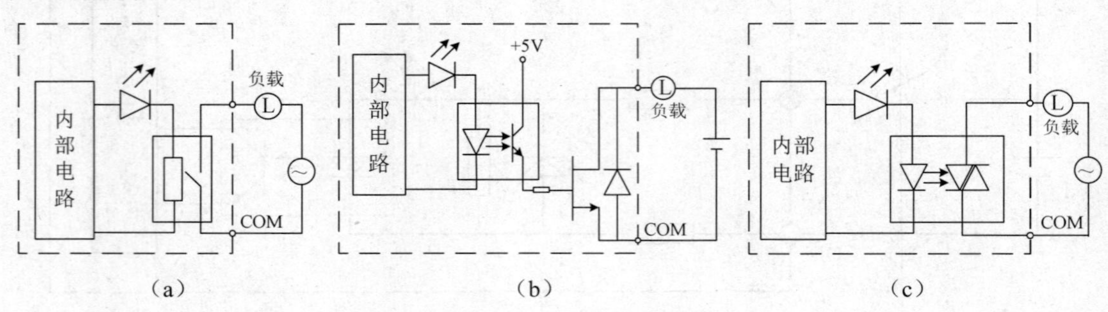

图 2.4 PLC 输出接口电路

晶闸管输出型的工作原理如图 2.4（c）所示，当内部电路的状态为 1 时，发光二极管导通发光，相当于双向晶闸管施加了触发信号，无论外接电源极性如何，双向晶闸管均导通，负载得电，同时输出指示灯 LED 点亮，表示该输出点接通；当对应内部电路的状态为 0 时，双向晶闸管断开，负载失电，LED 熄灭，表示该路输出点无输出。晶闸管输出型属于无触点输出方式，响应速度快、动作频率高，适用于高速大功率交流负载。

每种输出电路都采用电气隔离技术，电源由外部提供，输出电流一般为 0.5～2A，输出电流的额定值与负载的性质有关。

为使 PLC 避免受瞬间大电流的作用而损坏，必须采用保护措施：一是输入和输出公共端接熔断器；二是采用保护电路，对交流感性负载一般用阻容吸收回路，对直流感性负载则采用续流二极管。

由于输入和输出端是靠光信号耦合的，在电气上是完全隔离的，输出端的信号不会反馈到输入端，也不会产生地线干扰或其他串扰，因此可编程序控制器具有很高的可靠性和极强的抗干扰能力。

4．电源部分

PLC 一般使用 220V 的交流电源，电源部件将交流电转换成供 PLC 的中央处理器、存储器等电路工作所需的直流电，使 PLC 能正常工作。

电源部件的位置形式可有多种，对于整体式结构的 PLC，电源封装到机箱内部，有的用单独的电源部件供电；对于模块式 PLC，有的采用单独电源模块，有的将电源与 CPU 封装到一个模块中。

2.2.2 工作方式及特点

1．循环扫描工作方式

PLC 采用循环扫描的工作模式，工作过程一般包括 5 个阶段：内部处理、与编程器等的通信处理、输入扫描、用户程序执行和输出处理，如图 2.5 所示。

当 PLC 方式开关置于 RUN（运行）时，执行所有阶段；当方式开关置于 STOP（停止）时，不执行后 3 个阶段，此时可进行通信处理，如对 PLC 联机或离线编程。对于不同型号的 PLC，图中的扫描过程中各步的顺序可能不同，这是由 PLC 内部的系统程序决定的。

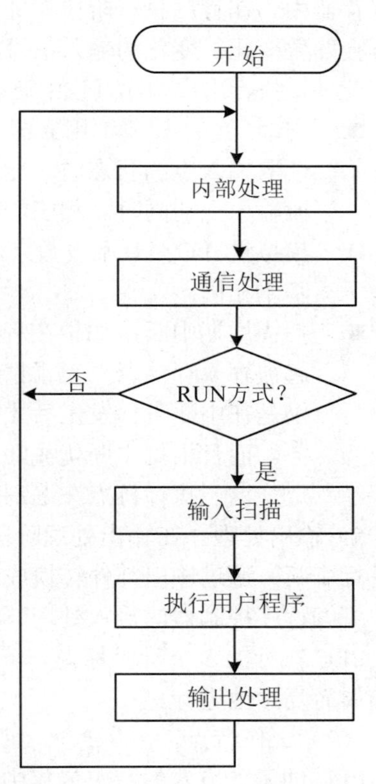

图 2.5　工作流程图

（1）工作过程介绍。

1）内部处理。在这一阶段，CPU 检测主机硬件，同时也检查所有的 I/O 模块的状态。在 RUN 模式下，还检测用户程序存储器。如果发现异常，则停机并显示出错；若自诊断正常，继续向下扫描。

2）通信处理。在 CPU 扫描周期的信息处理阶段，CPU 自动检测并处理各通信端口接收到的任何信息。即检查是否有编程器、计算机等的通信请求，若有则进行相应处理，在这一阶段完成数据通信任务。

3）输入扫描。在这一阶段，对各输入点的当前状态进行输入扫描，并将各扫描结果分别写入对应的映像寄存器中。对于数字量输入和模拟量输入，CPU 处理的方式不同。

处理数字量输入：每个扫描周期的开始，PLC 先进行输入扫描，将数字输入点的当前值写入映像寄存器中。外接电路闭合，对应的映像寄存器为 1，对应梯形图中的常开触点接通，常闭触点断开；外接电路断开，对应的映像寄存器为 0，对应梯形图中的常开触点断开，常闭触点接通。

模拟量输入：模拟量输入有的采用数字滤波，有的直接输入。模拟量的数字滤波多用于输入信号变化缓慢的场合，如果是高速信号，一般不用数字滤波。对于高成本的模拟量模块，通常支持模块内部滤波；对于低成本的模拟量模块，模块不支持内部滤波，其输入可以使用数字滤波器功能进行设置。

那些需要利用模拟量控制字传递报警信息或数字量信息的模块，不能使用模拟量的数字滤波功能。系统禁止对 RTD、热电偶和 AS-I 主站模块进行数字滤波。

若采用数字滤波，在输入处理阶段，CPU 从模拟量输入模块读取滤波值；否则 CPU 直接从物理模块读取模拟值。

4）执行用户程序。在 PLC 中，用户程序按先后顺序存放。在这一阶段，CPU 从第一条指令开始顺序取指令并执行，直到最后一条指令结束。执行指令时从映像寄存器中读取各输入点的状态，每条指令的执行是对各数据进行算术或逻辑运算，然后将运算结果送到输出映像寄存器中。在程序执行阶段，即使外部输入信号的状态发生了变化，输入映像寄存器状态也不会发生变化。变化的输入信号状态只有在下一个扫描周期的读取输入阶段才能被读入。

此外，执行用户程序过程中还有 3 种特殊情况：立即 I/O、模拟量 I/O 和扫描周期中断。

- 立即 I/O：程序中用立即 I/O 指令可对输入和输出点进行直接存取。当用立即指令读取输入点的状态时，相应的输入映像寄存器中的值并未发生更新；用立即指令访问输出点的同时，相应的输出寄存器的内容也被刷新。
- 模拟量 I/O：对不设数字滤波的直接模拟量的输入输出，其方式与立即 I/O 的方式基本相同。
- 扫描周期中断：如果在程序中使用了中断，则处理中断事件的中断程序与主程序一起被存入存储器。正常情况下，中断程序并不作为扫描周期的一部分进行扫描，仅仅是在中断事件发生后才进行执行，此时，CPU 以异步扫描方式为用户提供中断服务，而且根据中断优先级来处理多个中断。中断程序使得 CPU 的扫描周期不再固定，这一执行特点在编制用户程序时必须考虑到。

5）输出处理。在输出处理阶段，CPU 用输出映像寄存器中的数据几乎同时集中对输出点进行刷新，通过输出部件转换成被控设备所能接受的电压或电流信号，以驱动被控设备。

可编程序控制器的输入处理、执行用户程序和输出处理过程的原理如图 2.6 所示。

PLC 执行的 5 个阶段称为一个扫描周期。PLC 完成一个周期后，又重新执行上述过程，扫描周而复始地进行。

（2）工作特点。

PLC 的工作方式的特点为集中采样和集中输出。

集中采样：在一个扫描周期中，对输入状态的采样只在输入处理阶段进行。当 PLC 进入程序处理阶段后输入端将被封锁，直到下一个扫描周期的输入处理阶段才对输入状态进行重新采样。

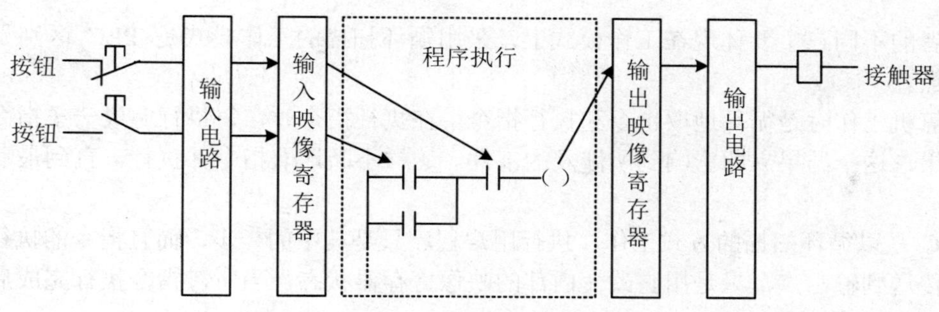

图 2.6　程序执行原理图

集中输出：在用户程序中如果对输出结果多次赋值，则最后一次有效。在一个扫描周期内，只在输出处理阶段才将输出状态从输出映像寄存器中输出，对输出接口进行刷新。在其他阶段里输出状态一直保存在输出映像寄存器中。

集中采样和集中输出的循环扫描工作方式使得 PLC 工作时大多数时间与外部输入/输出设备隔离，从根本上提高了系统的抗干扰能力，增强了系统的可靠性。但同时也会导致 PLC 输入输出响应滞后，降低系统的响应速度。

产生响应滞后的原因主要包括：

- 电路固有惯性。
- 输入模块的滤波时间：输入模块的 RC 滤波电路在消除输入端干扰噪声的同时，也导致了输入信号的滞后。
- 输出模块的滞后时间：输出模块的滞后时间与输出模块的类型有关，继电器型滞后约为 10ms，晶闸管型滞后约 1ms，晶体管型小于 1ms。
- 扫描工作方式：因扫描导致的滞后时间最长可达两个多扫描周期。
- 程序的设计。

对于响应滞后不超过一个扫描周期的变化较慢的控制过程而言，滞后时间是可以忽略的，不会影响系统的性能。但对控制时间要求较严格、响应速度要求较快的系统，就必须考虑滞后对系统性能的影响，在设计中尽量缩短和优化程序代码以尽量缩短扫描周期，或者采用中断的方式处理高速的任务请求。对于小型 PLC，由于 I/O 点数较少且用户程序通常较短，可以采用集中采样、集中输出的工作方式；而对于 I/O 点数较多且用户程序较长的大中型 PLC，为提高系统响应速度，则通常采用定期采样、定期输出方式或中断输入、输出方式以及采用智能 I/O 接口等多种工作方式。

2．与计算机的异同

（1）相同点。

1）基本结构相同。PLC 和计算机都是主要由 CPU、存储器、输入和输出部分构成。有的部件（如存储器）在两者中通用。

2）程序执行原理相同。PLC 和计算机都采用存储程序，按地址访问和顺序执行的基本工作思想。

在 PLC 程序执行阶段，与计算机基本相同，都是指令在内存中顺序存放，CPU 从内存中顺序取指令并执行，直到最后一条指令。

（2）不同点。

两者的不同点主要体现在工作模式上，采用循环扫描的工作模式是 PLC 区别于微机的最大特点。

计算机工作时是循环地取指令和执行指令。在执行指令时，每执行完成一条指令，立即产生结果，这一结果立即影响到所涉及的部件。这样不断地取指令并执行，直到最后一条指令结束。

PLC 是以循环扫描的方式工作，执行用户程序只是其中的一步，而且指令的执行结果并不立即传送到输出点，只是用它改变内部的映像寄存器状态，当所有指令执行完成后，同时对各输出点刷新。

另外，PLC 专门为工业应用而设计，输入输出部件采用电气隔离技术，其元件通过精挑细选，从而更好地保证了 PLC 设备工作的可靠性。

3. 与继电接触器的异同

（1）相同点。

图形结构和逻辑关系相同。继电接触器线圈与所连触点的逻辑对应关系，与 PLC 的梯形图中内部线圈与内部触点的逻辑对应关系相同。

（2）不同点。

1）实现原理不同。继电接触器用实际电磁线圈通电吸合，使触点发生动作，用以完成控制任务，这个机械动作有一个延时过程，设计和分析控制电路时必须考虑到这一特点。PLC 内部继电器有时也称为软继电器，它并不是真正的电磁线圈，而是电子元件（如触发器）。动作时间极短，使用时认为是瞬时动作。

2）工作方式不同。继电接触控制系统用实际电路实现，按同时执行的方式工作，只要形成电流通路，就可能有几个电器同时动作。

而 PLC 是用程序实现内部线圈和触点的逻辑关系，并通过循环扫描的方式工作。在执行用户程序阶段通过 CPU 顺序执行程序来实现元件的逻辑关系。在任一时刻它只能执行一条指令，梯形图中所用的触点实际起的作用是对元件的状态进行判断，并不是真正的触点，这使得用 PLC 设计程序时触点的使用非常灵活。而且 PLC 是周期性间断性地对输出点进行刷新。另外，由于 PLC 用程序实现控制任务，所以系统的修改简单易行。

2.3 技术性能指标

衡量某种具体型号的可编程序控制器性能的优劣，主要参考以下技术性能指标：外形尺寸、基本输入输出点数、机器字长、处理速度、指令系统、存储器容量、可扩展性和网络通信能力等。

1. 外形尺寸

外形尺寸包括两方面内容：一是结构形式是整体式还是模块式；二是产品的实际长、宽、高的尺寸。

2. 输入输出点数

PLC 的 I/O 点数即为外部的输入、输出端子数。这是一项重要的技术指标。通常所说的点数指的是最大开关量的 I/O 点数。

对于不可扩展的一体机，实际点数就是可用的最大点数；对于模块式或可扩展的整体式 PLC，应用时的实际点数为基本点数和扩展模块点数之和（不能超过 CPU 允许的最大点数）。

3．机器字长

现代的 PLC 具有越来越强的数据处理能力，机器字长是 CPU 能够直接处理的二进制信息的位数，存储器的单元长度一般等于机器字长，它决定了数据处理的精度，并影响 PLC 的速度。PLC 的字长一般是 8 位、16 位或 32 位。

4．处理速度

PLC 的处理速度取决于所采用的 CPU 的性能，通常用基本指令的执行时间来衡量。西门子的 S7-200 系列 PLC 的执行速度为 0.8μs；欧姆龙的 CPM2A 系列 PLC 的是 0.64μs。也可以用 PLC 执行 1000 条基本指令的时间衡量 PLC 的处理速度。

5．指令系统

PLC 的指令系统是指它的所有指令的总和，指令系统是衡量 PLC 软件功能高低的主要指标。PLC 的指令系统一般分为基本指令和高级指令（也叫功能指令或应用指令）两大类。PLC 具有的指令种类及条数越多，则其软件功能越强，编程就越灵活、越方便。

6．存储器容量

存储器容量是指存储器所能存储二进制信息的总量，一般用单元数与单元长度的乘积来计量，人们有时习惯上用字节为单位计量。西门子 S7-200 系列 PLC 的存储容量为 2～8KB，选配相应的存储卡则可以扩展到几十 KB。存储器包括用户可利用的随机存储器和只读存储器。存储容量也是一项重要的指标。

7．扩展性

可编程序控制器的可扩展性包括能否扩展以及扩展模块的性能。PLC 本身的技术到目前已经比较成熟，近年来各商家都在大力发展智能模块，智能扩展模块的多少及性能已经成为衡量 PLC 产品水平的重要标志。常用的扩展模块除了 I/O 扩展模块外，如模拟量处理模块、高速控制模块、温度控制模块、通信模块等。

8．通信功能

联网和通信能力已成为现代 PLC 设备的重要指标。通信大致分为两类：一类是 PLC 之间的通信；另一类是 PLC 与计算机或其他智能设备之间的通信。各 PLC 厂家都有自己的通信设备和通信协议，同时又有通用接口和通用协议用来在一个网络中连接多家厂商的产品。通信和网络能力主要涉及通信模块、通信接口、通信协议和通信指令等。

2.4 编程语言

PLC 控制功能是通过执行程序来实现的，而程序是用程序设计语言编制的，编程语言多种多样，不同的 PLC 厂家，不同的 PLC 型号，采用的表达方式也不同，但基本上可以总结为以下几种：

（1）梯形图。梯形图最接近于继电接触控制系统中的电气控制原理图，它继承了继电接触控制系统中的框架结构和逻辑关系，形象、直观、易学、实用，为广大电气技术人员所熟悉，是应用最多的一种编程语言。

与计算机的语言相比，编程人员几乎不用去考虑系统内部的结构原理和硬件逻辑。因此，它很容易被一般的电气工程设计人员和运行维护人员所接受，是初学者理想的编程工具，所有厂商的可编程序控制器都支持梯形图语言。

（2）语句表。语句表（STL）语言类似于计算机的汇编语言，特别适合于来自计算机领域的工程人员。用指令助记符创建用户程序，属于面向机器硬件的语言。与其他语言相比，它更适合于熟悉可编程序控制器结构原理和逻辑编程的有经验的程序员。用语句表编写的控制程序生成的源机器代码最短，因而执行速度最快，而且用这种语言可以编写出用梯形图和功能块图无法实现的程序。

（3）逻辑符号图。

逻辑符号图的图形结构与数字电子电路的结构极为相似，模块有输入和输出端，输入和输出端的函数关系也使用与、或、非、异或等逻辑，模块之间的连接方式与电路的连接方式也基本相同。熟悉电路工作的编程人员习惯使用这种语言。

（4）高级语言。高级编程语言，适合于熟悉计算机高级语言的编程人员使用，当遇到复杂运算和处理大量数据时，使用它们可以大大地节省编程时间，而且使源程序清晰易读，降低出错率。

目前 PLC 可以使用的高级语言有两大类：一是直接将诸如 Borland C/C++开发环境应用到 PLC 的程序设计领域；另一类是各厂商自行开发的高级编程语言，或称为编程工具。高级编程工具以及所带的软件程序包可以使程序开发工作变得非常简单、省时，而且利用这些工具可使系统的结构体现得非常清楚。

可编程序控制器作为一种工业标准设备，虽然生产厂家众多，产品种类层出不穷，但它们都具有相同的工作原理，使用方法也大同小异。

（1）PLC 是计算机技术与继电接触控制技术相结合的产物。它专门为工业环境而设计，可靠性高，使用方便，应用广泛。国际电工委员会曾对其加以简要定义。

PLC 不断发展，功能不断增强。可靠、功能强大、使用方便等一系列特点和优点，使 PLC 的应用领域不断扩大和延伸，应用方式也更加丰富。

PLC 种类繁多，从结构上可分为整体式和模块式；从规模上可分为小型、中型和大型 PLC 等种类。

（2）PLC 采用的是计算机的基本构成部分，组成部件也广泛使用了计算机的构成元件，但它的结构和工作原理与计算机又有着很大差别，如采用电气隔离技术，输入和输出采用映像寄存器，周期性刷新的方式，循环扫描和集中刷新的工作方式是它最突出的特点。

（3）最初，PLC 是为取代继电接触控制系统而产生的，因而两者存在着一定的联系。PLC 与继电接触控制系统具有相同的逻辑关系，但 PLC 是用计算机技术实现的，其逻辑关系是用程序实现，而不是实际电路。

（4）衡量不同的 PLC 产品的优劣，要参考多项技术性能指标。技术性能指标表也是选择和使用一种 PLC 产品时的重要依据。

（5）可用多种形式的编程语言来编写 PLC 的用户程序，梯形图和语句表是两种最常用的 PLC 编程语言。

一、选择题

1．世界上第一台 PLC 生产于（　　）。

A．1968 年德国　　B．1967 年日本

C．1969 年美国　　D．1970 年法国

2．PLC 的工作方式是（　　）。

A．等待工作方式　　B 中断工作方式

C．扫描工作方式　　D．循环扫描工作方式

3．CPU 逐条执行程序，将执行结果放到（　　）中。

A．输入映像寄存器　　B．输出映像寄存器

C．中间寄存器　　D．辅助寄存器

4．在输出扫描阶段，PLC 用（　　）寄存器中的内容集中刷新输出点。

A．输入映像　　B．输出映像

C．变量存储器　　D．内部存储器

5．下列不属于 PLC 硬件系统组成的是（　　）。

A．用户程序　　B．输入输出接口

C．中央处理单元　　D．通信接口

二、填空题

1．PLC 中输入接口电路的类型有________和________两种。

2．PLC 的 I/O 点数是指________和________的数量。

3．PLC 中输入接口电路的类型有________、________和________3 种。

4．PLC 扫描过程的任务有：________、与编程器等的通信处理、________、________和输出处理。

5．PLC 的运算和控制中心是________。

三、简答题

1．什么是可编程序控制器？它有什么特点？

2．简要叙述可编程序控制器的基本结构和工作模式。

3．PLC 是如何实现内外部电路的电气隔离的？

4．PLC 与一般的计算机有哪些异同？

5．PLC 与继电接触控制系统有哪些异同？

第 3 章　S7-200 可编程序控制器

目前可编程序控制器种类繁多，从风格上可分为几大流派。各个流派的 PLC 设备在硬件资源配置、指令系统和使用上都存在一定的差异，想通过一种 PLC 的学习而达到完全掌握各种类型的 PLC 几乎是不可能的。但 PLC 的程序结构和设计思想是比较类似的，因此完全可以通过学习某一具体型号的 PLC 掌握 PLC 的一般使用方法和编程规律。

本章详细介绍西门子公司生产的 S7-200 系列小型可编程序控制器的主机结构、特殊功能模块，同时以实例重点讲解了输入输出扩展设计。作为编程设计的基础，还介绍了 S7-200 的编程元件及其寻址方式和程序结构，对 S7-200 的编程设备以及工业软件也作了简单介绍。

知识要点

- S 系列 PLC 发展概述
- S7-200 可编程序控制器的系统组成
- 编程元件及程序知识
- 相关设备
- 常用工业软件

本章重点

- 编程元件的编址方法
- 数据格式
- S7-200 PLC 控制系统的输入输出扩展

3.1　S 系列 PLC 发展概述

德国的西门子（SIEMENS）公司是欧洲最大的电子和电气设备制造商，生产的 SIMATIC 可编程序控制器在欧洲处于领先地位。其第一代可编程序控制器是 1975 年投放市场的 SIMATIC S3 系列的控制系统。此后，SIMATIC 系列产品迅速发展，不断推陈出新，几乎每一到两年甚至不到一年就推出一个新的品种或型号。在 1979 年，微处理器技术被应用到可编程序控制器中，产生了 SIMATIC S5 系列，取代了 S3 系列，之后在 20 世纪末又推出了 S7 系列产品。

在每个系列中，其发展又经历了多个子系列。如 S5 系列产生后不久，便升级为 U 系列和由之而成的 H 系列，有的至今仍在广泛使用。

最新的 SIMATIC 产品为 SIMATIC S7、M7 和 C7 等几大系列。S7 系列可编程序控制器分为 S7-200、S7-300、S7-400 等几个子系列，分别为 S7 系列的小、中、大型系统，使用的是 STEP7 编程语言。

西门子公司的大、中型可编程序控制器始终在自动化领域中占有重要地位，S7 系列中的小型和微型 PLC 的功能也很强，同样发展到了世界领先水平。基于西门子 SIMATIC 可编程序控制器的功能模块、人机界面、工业网络、工业软件和控制方案的发展也非常迅速，使得控制系统的设计和操作更加简便，功能更加强大，几乎可以实现任何可能的控制任务。

3.2 S7–200 PLC 系统组成

SIMATIC S7-200 系列是西门子公司前几年刚刚投放市场的小型可编程序控制器，全部采用整体式结构，有的只能单机运行，有的可以进行输入输出扩展，有的还可以接入特殊功能扩展模块。它结构小巧、可靠性高、运行速度快，继承和发挥了它在大中型 PLC 领域的技术优势，有极丰富的指令集，具有强大的多种集成功能和实时特性，配有功能丰富的扩展模块，性能价格比非常高，在各行各业中的应用迅速推广，在规模不太大的控制领域是较为理想的控制设备。

从 CPU 模块的功能来看，SIMATIC S7-200 系列小型可编程序控制器发展至今，大致经历了两代：第一代产品其 CPU 模块为 CPU 21X，主机都可进行扩展，它具有 4 种不同结构配置的 CPU 单元：CPU 212、CPU 214、CPU 215 和 CPU 216，对第一代 PLC 产品不再作具体介绍；第二代产品其 CPU 模块为 CPU 22X，是在 21 世纪初投放市场的，速度快，具有较强的通信能力。它具有 4 种不同结构配置的 CPU 单元：CPU 221、CPU 222、CPU 224 和 CPU 226，除 CPU 221 之外，其他都可加扩展模块。

（1）CPU 221。CPU 221 输入和输出点数只有 10 点，而且无扩展能力，具有高速计数器和高速脉冲输出端，CPU 221 多用于点数较少的开关量控制系统中。

（2）CPU 222。它相对于 CPU 221，输入和输出点数增加为 14 点，具有扩展能力，最大可扩展为 78 点数字量或 10 路模拟量的输入和输出，存储容量也得到扩充，还新增了 PID 控制器。它的适应范围更广。

（3）CPU 224。它在 CPU 222 的基础上使主机上的输入输出点数增加为 24 点，扩展能力增强，最大可扩展为 168 点数字量或 35 点模拟量的输入和输出，存储容量也进一步增加，还增加了高速计数器的数量，它具有较强的控制能力。

（4）CPU 226。这种模块在 CPU 224 的基础上功能又进一步增强，主机输入和输出点数增加为 40 点，具有扩展能力，最大可扩展为 248 点数字量或 35 点模拟量，增加了通信接口的数量，通信能力大大增强，它可用于点数较多、要求较高的小型或中型控制系统。

这 4 种 CPU 模块的主要技术性能比较可以参考表 3.1 所示的技术性能指标。本书主要以 CPU 22X 为例，介绍西门子 SIMATIC S7-200 系列可编程序控制器的使用。

3.2.1 系统基本构成

SIMATIC S7-200 系统由硬件和工业软件两大部分构成，如图 3.1 所示。

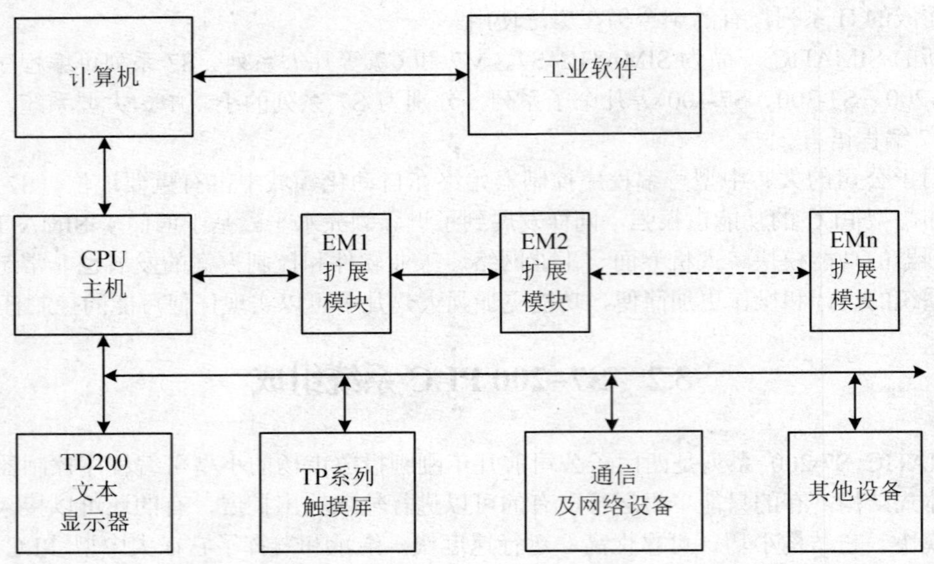

图 3.1 S7-200 PLC 系统组成

1．硬件

硬件指的是实际的设备，包含基本单元、扩展单元、特殊功能模块和相关设备。

（1）基本单元。基本单元（Basic Unit）有时又称为 CPU 模块，也可以称为主机或本机。它包括 CPU、存储器、基本输入输出点和电源等，是 PLC 的主要部分。它实际就是一个完整的控制系统，可以单独实现一定的控制任务。

（2）扩展单元。扩展单元（Extension Unit）是用以扩充数字量输入输出的设备，所能连接的扩展单元数量和实际所能使用的 I/O 点数是由多种因素共同决定的。

（3）特殊功能模块。特殊功能模块（Special Function Module）是可以与主机相连的为完成某种特殊的控制任务而制的装置。

（4）相关设备。相关设备是为充分而方便地利用 SIMATIC S7-200 系统的硬件和软件资源而开发、使用的一些设备，主要有编程设备、人机操作界面和网络设备等。

2．工业软件

工业软件是为更好地管理和使用这些设备而开发的与之相配套的程序、文档及其规则的总和，它主要由标准工具、工程工具、运行软件和人机接口等几大类构成。

3.2.2 主机结构

1．各 CPU 介绍及 I/O 系统

（1）主机外形。SIMATIC S7-200 系统 CPU 22X 系列 PLC 主机（CPU 模块）的外形如图 3.2 所示。

（2）主机性能指标。可编程序控制器主机及其他模块的技术性能指标反映出其技术的先进程度和性能，是设计 PLC 应用系统时选择 PLC 主机和相关设备的主要参考依据。S7-200 22X 各主机的主要技术性能指标如表 3.1 所示。

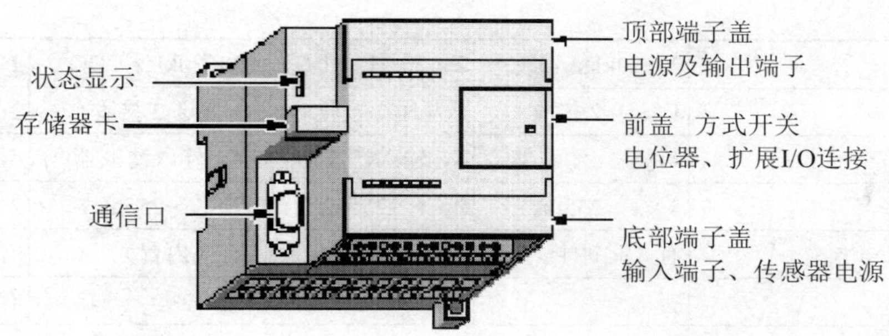

图 3.2 S7-200 主机外形

表 3.1 22X 主机的主要技术指标

技术指标项	CPU 221	CPU 222	CPU 224	CPU 226
外形尺寸	90×80×62	90×80×62	120.5×80×62	190×80×62
存储器				
用户程序	2048 字	2048 字	4096 字	4096 字
用户数据	1024 字	1024 字	2560 字	2560 字
用户存储器类型	EEPROM	EEPROM	EEPROM	EEPROM
数据后备（超级电容）典型值	50 小时	50 小时	50 小时	50 小时
输入输出				
本机 I/O	6 入/4 出	8 入/6 出	14 入/10 出	24 入/16 出
扩展模块数量	无	2 个模块	7 个模块	72 个模块
数字量 I/O 映像区大小	256	256	256	256
模拟量 I/O 映像区大小	无	16 入/16 出	32 入/32 出	32 入/32 出
指令系统				
33MHz 下布尔指令执行速度	0.37μs/指令	0.37μs/指令	0.37μs/指令	0.37μs/指令
FOR/NEXT 循环	有	有	有	有
整数指令	有	有	有	有
实数指令	有	有	有	有
主要内部继电器				
I/O 映像寄存器	128I 和 128Q	128I 和 128Q	128I 和 128Q	128I 和 128Q
内部通用继电器	256	256	256	256
计数器/定时器	256/256	256/256	256/256	256/256
字入/字出	无	16/16	32/32	32/32
顺序控制继电器	256	256	256	256
附加功能				
内置高速计数器	4H/W（20kHz）	4H/W（20kHz）	6H/W（20kHz）	6H/W（20kHz）
模块量调节电位器	1	1	2	2

续表

脉冲输出	2（20kHz，DC）	2（20kHz，DC）	2（20kHz，DC）	2（20kHz，DC）
通信中断	1 发送/2 接收	1 发送/2 接收	1 发送/2 接收	2 发送/4 接收
硬件输入中断	4，输入滤波器	4，输入滤波器	4，输入滤波器	4，输入滤波器
定时中断	2（1～255ms）	2（1～255ms）	2（1～255ms）	2（1～255ms）
实时时钟	有（时钟卡）	有（时钟卡）	有（内置）	有（内置）
口令保护	有	有	有	有
通信功能				
通信口数量	1（RS-485）	1（RS-485）	1（RS-485）	1（RS-485）
支持协议 0 号口： 1 号口：	PPI，DP/T， 自由口 N/A	PPI，DP/T， 自由口 N/A	PPI，DP/T， 自由口 N/A	PPI，DP/T， 自由口 自由口
PROFIBUS 点到点	NETR/NETW	NETR/NETW	NETR/NETW	NETR/NETW

（3）基本结构特点。

1）输出类型。4 种 CPU 各有晶体管输出和 8 继电器输出两种类型，具有不同电源电压和控制电压。各类型的型号如表 3.2 所示。

表 3.2　CPU 型号

CPU	类型	电源电压	输入电压	输出电压	输出电流
CPU 221	DC 输出 DC 输入	$24V_{DC}$	$24V_{DC}$	$24V_{DC}$	0.75A，晶体管
	继电器输出 DC 输入	$85\sim264V_{AC}$	$24V_{DC}$	$24V_{DC}$ $24\sim230V_{AC}$	2A，继电器
CPU 222 CPU 224 CPU 226	DC 输出	$24V_{DC}$	$24V_{DC}$	$24V_{DC}$	0.75A，晶体管
	继电器输出	$85\sim264V_{AC}$	$24V_{DC}$	$24V_{DC}$ $24\sim230V_{AC}$	2A，继电器

2）电源输出。内部配有+5V 扩展电源，输出电流可达 1000mA；集成的 24V 负载电源可直接连接传感器和驱动负载，输出电流可达 400mA。

3）存储安全。E^2PROM 存储模块，可选，可在不用编程器的条件下作为拷贝与修改程序的快速工具，并可进行辅助软件归档工作。超级电容和电池模块，用于长时间保存数据，用户数据可通过主机的超级电容存储若干天。电池模块可选，可使数据的存储时间延长到 200 天。

4）高速反应。脉冲捕捉功能，可以用普通输入端子捕捉比 CPU 扫描周期更快的脉冲信号。

中断输入，它允许以极快的速度对信号的上升沿作出响应。

高速计数器，速度为 30kHz，可编程并具有复位输入，多个独立的输入端可同时用于加减计数，可以连接相应数量的相位差为 90° 的 A/B 相增量编码器。

脉冲输出，2 路最大可达 20kHz 的高频脉冲输出，可用于驱动步进电机和伺服电机以实现准确定位任务。

5）模拟电位器。可以用模块电位器来改变它对应的特殊寄存器中的数值，可以即时更改程序运行中的一些参数，如定时和计数的设定值、过程量的控制参数等。

6）实时时钟。可用以对信息加注时间标记，记录机器运行时间或对过程进行时间控制。

2．存储系统

（1）存储系统。S7-200 系列 PLC 的存储系统由 RAM 和 E^2PROM 两种类型的存储器构成，CPU 模块内部配备一定容量的 RAM 和 E^2PROM，同时 CPU 模块支持可选的 E^2PROM 存储器卡。存储系统如图 3.3 所示，各 CPU 的存储容量如表 3.3 所示。

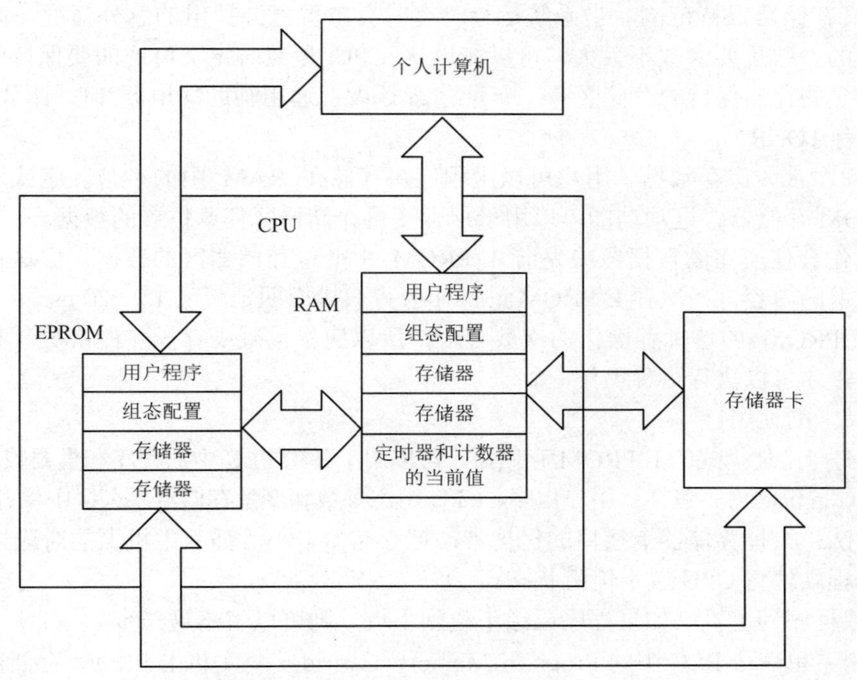

图 3.3　存储系统

表 3.3　存储容量

主机 CPU 类型	CPU221	CPU222	CPU224	CPU226
用户程序区存储容量	2048 字	2048 字	4096 字	4096 字
用户数据区存储容量	1024 字	1024 字	2560 字	2560 字
用户存储器类型	E^2PROM	E^2PROM	E^2PROM	E^2PROM

（2）存储器及其使用。

S7-200 的程序从广义上看，由 3 部分构成：用户程序、数据块和参数块。用户程序是必选部分，数据块和参数块是可选部分，参数块主要是指 CPU 的组态数据，数据块主要是用户程序执行过程中所用到的和生成的数据。

对存储系统的使用主要包括以下几个方面：

1）上传和下载用户程序。上传和下载用户程序指的是用 STEP 7-Micro/Win 编程软件进行编程时，PLC 主机和计算机之间程序、数据和参数的传送。

上传用户程序：是将 PLC 中的程序和数据通过通信设备上传到计算机中进行程序检查和修改。当从 PLC 上传一个程序时，如果 RAM 中相对 E^2PROM 有剩余的数据块，则用户程序和组态配置从 RAM 中上传到计算机，存于 E^2PROM 中的永久数据块将同存在于 RAM 中剩余的数据块合并，然后把完整的数据块传到计算机上。

下载用户程序：是将编制好的程序、数据和 CPU 组态参数通过通信设备下载到 PLC 中以进行运行调试。下载用户程序时，用户程序、数据和组态配置参数存于主机存储器的 RAM 中，同时主机会自动地把这些内容装入 E^2PROM 以永久保存。

2）定义存储器保持范围。当系统运行时有时会出现电源掉电的意外情况，为了使掉电时系统运行的一些重要参数不丢失，可以在设置 CPU 参数时定义可选的要保持的存储区。用户可以定义的存储保持的存储区有：变量存储器 V、通用辅助继电器 M、计数器 C 和定时器 T（只有 TONR）。

3）用程序永久保存数据。用户可以用程序将存储在 RAM 中的字节、字或双字数据备份到 EEPROM 存储器。这项功能可以用于保存变量存储器区任意位置的数据。

保存操作会使所写的数据覆盖先前 E^2PROM 中变量存储器区的数据，但这种操作不会更新存储器卡的内容。一次存 E^2PROM 的操作会将扫描周期延长至 15～20ms。

由于 E^2PROM 的这种存操作的次数有限，所以应尽量减少存操作的次数。只有在特殊情况发生时，才可以执行这种操作。

4）存储卡的使用。

存储卡是一个便携式的 E^2PROM 存储器，可以用于备份 PLC 中的程序和重要数据。可以利用存储卡进行备份的内容包括：用户程序、CPU 组态参数和变量存储器永久区中保存的数据。

备份方法：去掉存储器卡接口的保护带，把存储器卡小心插入主机上的对应接口。

利用编程软件将 CPU 置于停机状态。

5）下载程序到主机（如果程序已经下载到主机，则可以省略这一步）。

6）使用菜单命令 PLC 中的 Program Memory Cartridge 将主机 E^2PROM 存储器中的程序和数据复制到存储器卡。

复制完成后可以卸下存储器卡。

7）用存储卡恢复程序和数据的方法非常简单，只要正确安装后，接通电源，主机自动完成恢复工作。

（3）存储安全。PLC 系统提供了多种存储方法来确保用户程序、用户数据和 CPU 的组态数据的安全不丢失。主要方法如下：

1）主机 CPU 模块内部配备的 E^2PROM，上传程序时，可自动装入并永久保存用户程序、数据和 CPU 的组态数据。

2）用户可以用程序将存储在 RAM 中的数据备份到 E^2PROM 存储器。

3）主机 CPU 提供一个超级电容器，可使 RAM 中的程序和数据在断电后保持几天之久。

4）CPU 提供一个可选的电池卡，可在断电后超级电容器中的电量完全耗尽时，继续为内部 RAM 存储器供电，以延长数据所存的时间。

5）可选的存储器卡可使用户像使用计算机磁盘一样来方便地备份和装载程序和数据。

3.2.3 工作方式

1．工作方式

S7-200 CPU 有两个工作方式：STOP 方式和 RUN 方式。在主机前面板上有 LED 显示当前的工作方式。

（1）STOP 方式。当 CPU 处于 STOP 方式时，对于扫描周期，这两种方式的主要差别是在 STOP 方式下不运行用户程序，此时可以向 CPU 装载用户程序或进行 CPU 的配置。

（2）RUN 方式。当 CPU 工作在 RUN 方式时，在每个扫描周期中执行用户程序。

2．改变 CPU 工作方式的方法

（1）用 PLC 上的方式开关来手动切换，方式开关有 3 个挡位：STOP、RUN 和 TERM（Terminal）方式。

- 如果设置开关为 TERM 方式，则允许使用软件（STEP 7-Micro/Win）来控制 CPU 的工作方式。
- 如果设置开关设为 TERM 或 STOP 方式，且电源发生变化，则电源恢复后，CPU 会自动进入 STOP 方式。
- 如果设置开关设为 RUN 方式，电源恢复后，则自动进入 RUN 方式。

（2）用 STEP 7-Micro/Win32 编程软件，应首先把主机的方式开关置于 TERM 或 RUN 位置，然后在此软件平台单击 STOP 和 RUN 方式按钮。

（3）在用户程序中用指令由 RUN 方式转换到 STOP 方式，前提是程序逻辑允许中断程序的执行。

3.2.4 特殊功能模块

现代的可编程序控制器已不再是只用于取代继电接触控制系统，其功能在各方面有了很大延伸。除了 PLC 主机的技术性能越来越先进之外，特殊功能模块在此起了非常重要的作用。S7-200 系列的特殊功能模块主要有：

（1）数字量扩展模块。

数字量扩展模块用于对数字 I/O 的扩展。在工程应用中 CPU 单元自带的 I/O 接口往往不能满足控制系统的要求，用户需要根据实际需要选用不同 I/O 模块进行扩展，以增加 I/O 接口的数量。不同的 CPU 单元可连接的最大 I/O 模块数不同，而且可使用的 I/O 点数也是由多种因素共同决定的。S7-200 系列提供的数字量扩展模块如表 3.4 所示。图 3.4 所示为数字量输入输出模块的外部电路连接方法。

表 3.4 数字量扩展模块

模块型号	EM221	EM222	EM223
模块功能	数字量输入	数字量输出	数字量输入/输出
输入点数	8	—	4/8/16
输出点数	—	8	4/8/16
输入电压	24V DC 或 230V AC	—	24V DC
输出电压	—	24V DC 或 230V AC	24V DC 或 230V AC
输出类型	—	DC 或继电器输出	DC 或继电器输出

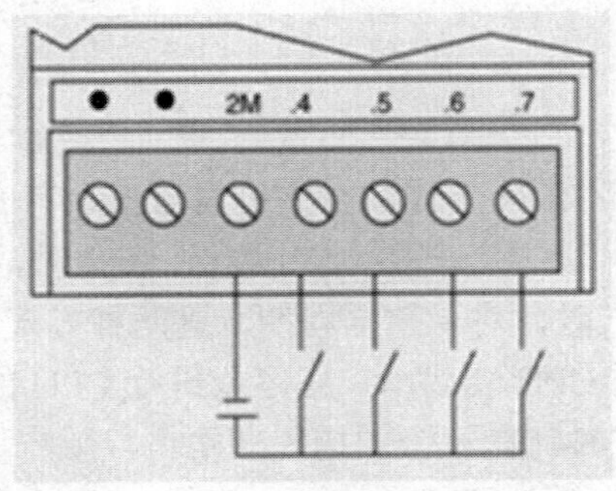

（a）数字量输入模块 EM221

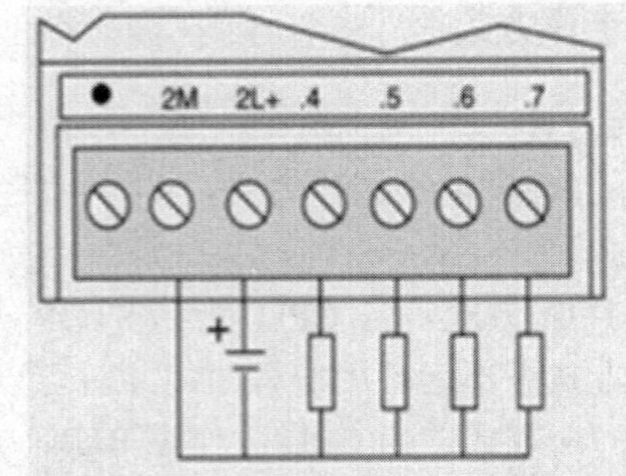

（b）数字量输出模块 EM222

图 3.4　数字量输入输出模块的外电路连接

（2）模拟量扩展模块。

在工业控制系统中，存在大量的如温度、液位、流量等模拟量信号，而驱动伺服电机、电动调节阀等操作也需要模拟量信号。在 S7-200 系列 PLC 中，除了 CPU224XP 模块本身有模拟量 I/O 接口，其他 CPU 模块若要处理模拟量信号，均需扩展模拟量模块。S7-200 系列提供的模拟量扩展模块如表 3.5 所示。图 3.5 所示为模拟量输入输出模块的外部电路连接方法。

表 3.5　模拟量扩展模块

模块型号	EM231	EM232	EM235
模块功能	模拟量输入	模拟量输出	模拟量输入/输出
输入点数	4	—	4
输出点数	—	2	1
输入分辨率	12 位 A/D	—	12 位 A/D
输出分辨率	—	电压 12 位/电流 11 位	电压 12 位/电流 11 位

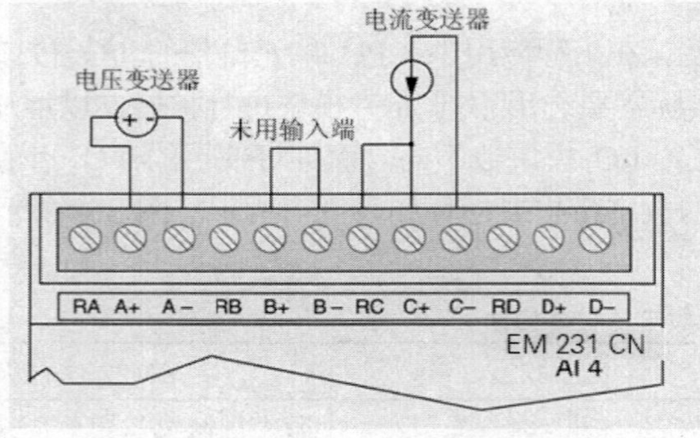

（a）模拟量输入模块 EM231

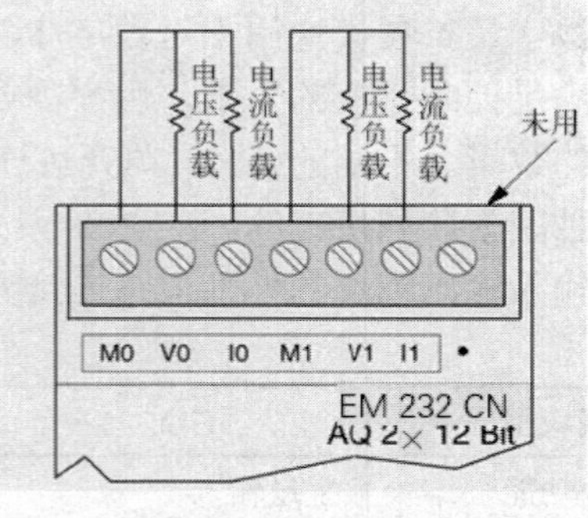

（b）模拟量输出模块 EM232

图 3.5　模拟量输入输出模块的外电路连接

（3）热电偶、热电阻模块。

为了能够方便获取经过热电偶或热电阻传感器转换的温度参数，S7-200 系列 PLC 提供了 EM231 热电偶模块和热电阻模块，该模块可直接与热电偶或热电阻连接，相当于将变送器与 A/D 转换模块合为一体。EM231 为 15 位的模拟量输入，分为 4 输入热电偶模块和 2 输入热电阻模块两种。图 3.6 所示为 EM231 热电偶和热电阻模块的外部电路连接方法。

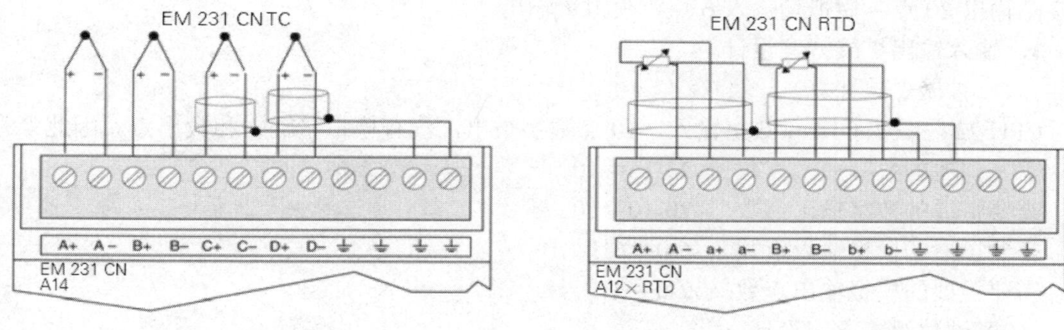

（a）EM231 热电偶模块　　（b）EM231 热电阻模块

图 3.6　热电偶热电阻模块的外部电路连接

（4）通信扩展模块。

EM277 PROFIBUS-DP 模块用于 PLC 现场总线通信连接。S7-200 PLC 通过 PROFIBUS-DP 扩展从站模块 EM277 连接到了由 S7-300 和 S7-400 PLC 组成的 PROFIBUS 网络。

（5）现场设备接口模块。

CP 243-2 通信处理器是 AS-I 主站连接部件，专门用于 S7-200 CPU 22x，连接的同时显著增加了 S7-200 可利用的 I/O 点数。

除了上述介绍的模块之外，S7-200 系列的还提供了调制解调器模块 EM241、位置控制模块 EM253 和工业以太网模块 CP243 等。

3.2.5　输入输出扩展

输入和输出点是系统与被控制对象的连接点。S7-200 系列 CPU 提供一定数量的主机数字量 I/O 点，但在主机本机 I/O 点数无法满足系统要求的情况下，就必须使用扩展模块的 I/O 点。

S7-200 的设计使其便于安装，可以利用安装孔把模块直接固定在控制柜的背板上（如图 3.7（a）所示），也可以利用设备上的 DIN 夹子，把模块固定在一个标准 DIN 的导轨上（如图 3.7（b）所示）。

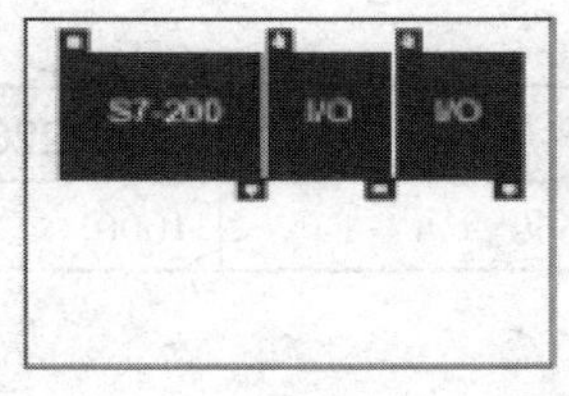

（a）面板安装

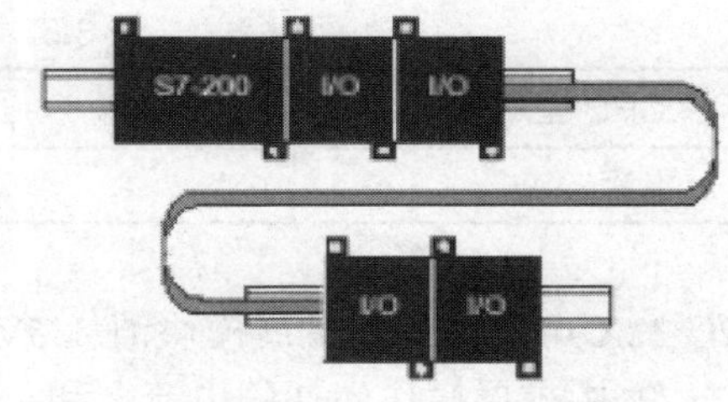

（b）标准导轨安装

图 3.7　I/O 扩展示意图

输入输出扩展包括设计扩展方案、方案验证、扩展设备连接和 I/O 地址分配，下面通过一个实例介绍如何实现 S7-200 系列 PLC 的输入输出扩展。

例：某一控制系统选用 CPU 224，系统所需的输入输出点数各为：数字量输入 24 点、数字量输出 20 点、模拟量输入 6 点、模拟量输出 2 点。

1. 输入输出扩展方案设计

（1）扩展点数计算。

CPU 224 主机有 14 点数字输入，10 点数字数出，没有模拟量输入和数出点。因此：

需要扩展的数字输入点数　24-14＝10

需要扩展的数字输出点数　20-10＝10

需要扩展的模拟输入点数　6-0＝6

需要扩展的模拟输出点数　2-0＝2

（2）硬件组态方案设计。

本系统可有多种不同模块的选取组合，以下是可能应用的两种方案。

方案 1：EM221(8I)×2；　EM222(8O)×2；　EM231(4AI)×2；　EM232(2AO)×1

方案 2：EM221(8I)×1；　EM222(8O)×1；　EM223(4I4O)×1；　EM235(4AI1AO)×2

2. 方案验证

PLC 的扩展能力是有限的，限制 PLC 扩展能力的因素包括：

■ CPU 允许的最多扩展模块数。

■ 映像寄存器的数量。

■ CPU 为扩展模块所能提供的最大电流和每种扩展模块消耗的电流。

即 PLC 主机连接的扩展模块的数量不能超过该主机允许的扩展模块数量；扩展模块点数之和不能超过主机输入和输出映像寄存器的总数；所有扩展模块消耗的电流不能超过 CPU 所能提供的电流。

在根据需要扩展的输入输出点确定了扩展模块组合方案后，必须对方案进行验证，以确保扩展方案不会超出 PLC 主机的扩展能力。

下面以方案 2 为例介绍验证方法。

CPU 224 可以扩展 7 个模块，方案 2 中的扩展模块的总数为 5 个，符合要求。

CPU 224 有数字量映像寄存器数量为 256，输入模拟量映像寄存器为 32，输出模拟量映像寄存器为 32，方案 2 中扩展模块点数之和远小于主机输入输出映像寄存器之和，符合要求。

各 CPU 所能提供的最大 $5V_{DC}$ 电流如表 3.6 所示。

表 3.6　CPU 提供的电流

CPU 型号	221	222	224	226
最大扩展电流(mA)	0	340	660	1000

CPU 22X 可连接的各扩展模块消耗 $5V_{DC}$ 电流如表 3.7 所示。

方案 2 中扩展模块消耗的电流之和＝30×1+50×1+40×1 +30×2 ＝180mA，没有超过 CPU 224 允许的 660mA 驱动电流，满足要求。

表 3.7　扩展模块消耗电流

扩展模块编号	扩展模块型号	模块消耗电流（mA）
1	EM 221 DI8×DC24V	30
2	EM 222 DO8×DC24V	50
3	EM 222 DO8×继电器	40
4	EM 223 DI4/DO4×DC24V	40
5	EM 223 DI4/DO4×DC24V/继电器	40
6	EM 223 DI8/DO8×DC24V	80
7	EM 223 DI8/DO8×DC24V/继电器	80
8	EM 223 DI16/DO16×DC24V	160
9	EM 223 DI16/DO16×DC24V/继电器	150
10	EM 231 AI4×12 位	20
11	EM 231 AI4×热电耦	60
12	EM 231 AI4×RTD	60
13	EM 232 AQ2×12 位	20
14	EM 235 AI4/AQ1×12	30
15	EM 277 PROFIBUS-DP	150

注意

（1）满足扩展要求和 CPU 主机扩展能力的方案不是唯一的。

（2）满足要求的方案在性能上也可能存在一定的差异。比如方案 1 虽然也满足系统要求，但由于方案 1 中使用了 7 个模块，系统不再具有扩展能力；而方案 2 中只使用了 5 个模块，还可以再扩展 2 个模块。

3．扩展设备的连接

进行 I/O 扩展时，可以在 CPU 右边依次连接多个扩展模块，在不同模块组合方案中，各模块在 I/O 链中的位置排列方式也可以有多种，图 3.8 所示为方案 2 的一种模块连接形式。

注意

CPU 主机必须在所有扩展模块的左边。

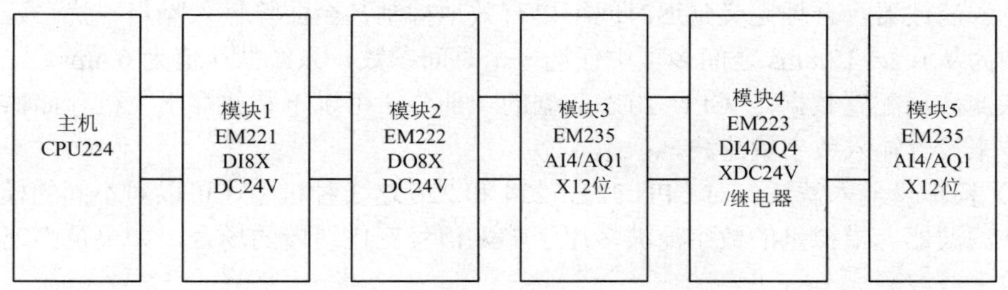

图 3.8　扩展连接图

4．本机 I/O 和扩展 I/O 的编址

S7-200 CPU 有一定数量的本机 I/O，本机 I/O 的地址是固定的。扩展模块的地址编号则取决于各模块的类型和该模块在 I/O 链中所处的位置。S7-200 系统扩展时输入输出模块的编址需要遵循以下规则：

（1）CPU 22X 每种主机所提供的本机 I/O 点的 I/O 地址是固定的。

（2）同种类型输入或输出点的模块在链中按与主机的位置而递增。

（3）其他类型模块的有无以及所处的位置不影响本类型模块的编号。

（4）对于数字量，输入输出映像寄存器单位长度为 8 位（1 个字节），本模块高位实际位数未满 8 位的，未用位不能分配给 I/O 链的后续模块。

（5）对于模拟量，输入输出以 2 字节（1 个字）递增方式来分配空间。

根据输入输出模块的编址规则，图 3.8 所示的扩展方案中各模块的编址如表 3.8 所示。

表 3.8 各模块编址

主机 I/O		模块 1 I/O	模块 2 I/O	模块 3 I/O		模块 4 I/O		模块 5 I/O	
I0.0	Q0.0	I2.0	Q2.0	AIW0	AQW0	I3.0	Q3.0	AIW8	AQW2
I0.1	Q0.1	I2.1	Q2.1	AIW2		I3.1	Q3.1	AIW10	
I0.2	Q0.2	I2.2	Q2.2	AIW4		I3.2	Q3.2	AIW12	
I0.3	Q0.3	I2.3	Q2.3	AIW6		I3.3	Q3.3	AIW14	
I0.4	Q0.4	I2.4	Q2.4						
I0.5	Q0.5	I2.5	Q2.5						
I0.6	Q0.6	I2.6	Q2.6						
I0.7	Q0.7	I2.7	Q2.7						
I1.0	Q1.0								
I1.1	Q1.1								
I1.2									
I1.3									
I1.4									
I1.5									

3.2.6 CPU 的输入输出组态设置

1. 设置输入滤波

（1）数字量输入滤波。本项为可选项，S7-200 CPU 允许为部分或全部本机数字量输入点设置输入滤波器，合理定义延迟时间可以有效地抑制甚至滤除输入噪声干扰。延迟时间的定义范围为从 0.2～12.8ms 之间多项中任选一个时间参数，系统默认值为 6.4ms。

输入滤波器配置数据是 CPU 组态数据的一部分，可以下装并存于主机存储器中。可用编程软件来设置输入数字量滤波。

（2）模拟量输入滤波。对 CPU 222、224 和 226 这 3 种机型，可以对不同的模拟量输入选择软件滤波器。模拟量的数字滤波多用于输入信号变化缓慢的场合，如果是高速信号，一般不用数字滤波。

模拟量输入滤波需设定 3 种参数：选择需要进行滤波的模拟量输入点，设置采样次数和死区值。系统默认参数为：模拟量输入点为全部滤波，采样次数为 64，死区值为 320。

系统运行时自动对模拟量的输入值进行采样，滤波值是模拟量输入采样次数的样本的总和的平均值。

死区值是一个组态参数，输入值与平均值的差值如果超过这个值，滤波器对最近的模拟量输入值的变化将是一个阶跃函数。

滤波器具有快速响应的功能特点，一般来说可以反映信号的快速变化。可用编程软件来设置输入模拟量滤波。

2．设置脉冲捕捉

从 PLC 扫描周期可以看出，处理数字量输入时，每个扫描周期的开始是输入处理，先进行输入扫描，将数字输入点的当前值写入映像寄存器中，本周期剩余时间输入映像寄存器中的数据不再发生变化，一直持续到下个周期的输入扫描。因此，这两次输入扫描之间如果数字量输入点有一个持续时间很短的脉冲，则这脉冲将不能被捕捉到，因此，PLC 将不能按预定的程序正确运行。

S7-200 CPU 为每个主机数字量输入提供了脉冲捕捉功能，它可以使主机能够捕捉小于一个扫描周期的短脉冲，并将其保持到主机读到这个信号，但前提是只有通过滤波器，脉冲捕捉才有效。此外，在一个给定的扫描周期内如果有不只一个脉冲，则只有第一个脉冲可以被捕捉到，几种情况下的脉冲捕捉波形如图 3.9 所示。

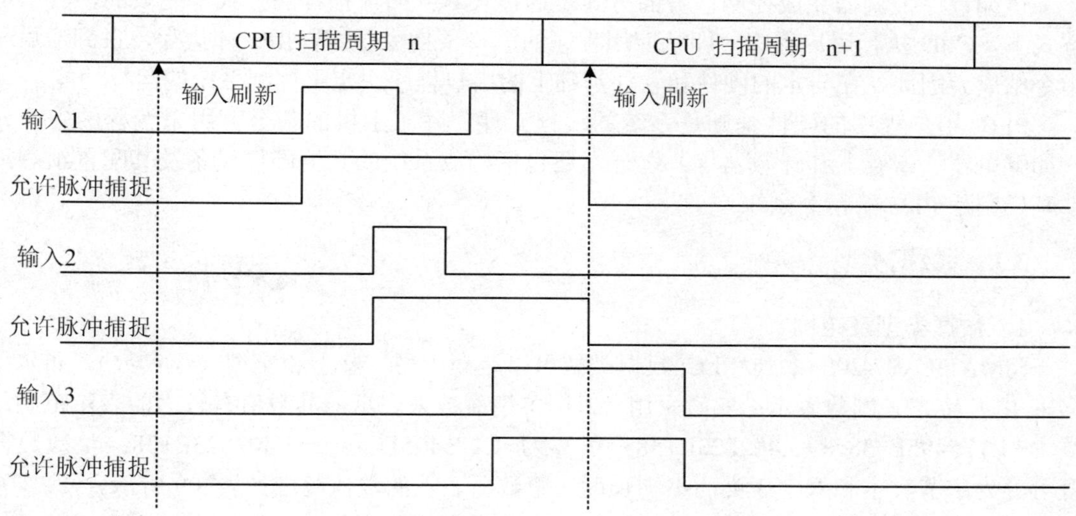

图 3.9　脉冲捕捉波形图

设置脉冲捕捉功能的方法：首先正确设置输入滤波器的时间，使之不能将脉冲滤掉。然后在编程软件上对输入要求脉冲捕捉的数字量输入点进行选择。系统默认设置为所有点都不用脉冲捕捉。

3．输出表配置

控制系统在运行中有时遇到意外情况需要停机，停机后的输出状态如何处理，对系统的可靠性有很大影响。

S7-200 CPU 可提前设置数字量输出表，通过是否将输出表复制到输出点，使输出点在 CPU 由 RUN 方式转变为 STOP 方式后在两种性能中任选其一：

- 将各个输出点状态变成已知值。

■ 使各个输出点保持方式转换前的状态。

系统的默认设置为输出表中的所有点设置为 0，而且把输出表的值复制到各输出点上。

注意 输出表配置仅适用于数字量的输出点，对于模拟量输出点不能进行此项设置，而只能在用户程序中刷新其输出。

输出表的配置可以在编程软件上完成。

4. 定义存储器保持范围

定义存储器保持范围可以使系统运行时在出现电源掉电的意外情况下，系统运行的一些重要参数不丢失，可以在设置 CPU 参数时定义可选的要保持的存储区。定义存储保持范围可以用编程软件中的系统设置来实现。

其他 CPU 及输入输出的组态设置工作，如模拟量电位器设置、高速计数器、高速脉冲输出等方面的配置在以后章节将涉及到。

3.3 编程元件及程序知识

可编程序控制器完成控制任务的方式是通过 CPU 循环扫描的方式来完成的，处于运行方式下，CPU 执行用户程序，即从应用程序的第一条指令开始取指令并执行，直到最后一条指令结束。因此，在一定的硬件和软件基础上的用户程序决定了控制系统的运行功能。

PLC 用户程序的硬件基础是系统的编程元件，除了主机的各个可用来编程的电子元件（如继电器、寄存器和计数器等）之外，还包括构成系统的其他硬件设备及其配置组态，软件基础则是 PLC 的指令系统。

3.3.1 数据类型

1. 数据类型及范围

SIMATIC S7-200 系列 PLC 数据类型可以是布尔型、整型和实型（浮点数）。布尔型数据采用 1 位二进制数表示；实数采用 32 位单精度数来表示，其数值有较大的表示范围：正数为+1.175495E-38～+3.402823E+38；负数为-1.175495E-38～-3.402823E+38；整数数据长度可分为字节、字和双字 3 类，不同长度的整数所表示的数值范围如表 3.9 所示。

表 3.9 整数长度及范围

整数长度	无符号整数表示范围		有符号整数表示范围	
	十进制表示	十六进制表示	十进制表示	十六进制表示
字节 B（8 位）	0～255	0～FF	-128～127	80～7F
字 W（16 位）	0～65535	0～FFFF	-32768～32767	8000～7FFF
双字 D（32 位）	0～4294967295	0～FFFFFFFF	-2147483648～2147483647	80000000～7FFFFFFF

2. 常数表示形式

在编程中经常会使用常数，常数在机器内部的数据都以二进制存储，但常数的书写可以采用二进制、十进制、十六进制、ASCII 码或浮点数（实数）等多种形式。几种常数形式分别如表 3.10 所示。

表 3.10　常数表示

进制	书写格式	举例
十进制	进制数值	1052
十六进制	16#十六进制值	16#3F7A6
二进制	2#二进制值	2#1010_0011_1101_0001
ASCII 码	‘ASCII 码文本’	‘Show termimals.’
浮点数（实数）	ANSI/IEEE 754-1985 标准	+1.036782E−36（正数）
		−1.036782E−36（负数）

3.3.2　编程元件介绍

PLC 是通过编制程序来实现控制要求的，在编程中需要使用各种编程元件。常用的 PLC 的编程元件包括输入映像寄存器、输出映像寄存器、位存储器、定时器、计数器、通用寄存器、数据寄存器及特殊功能存储器等，这些编程元件可以为程序提供无数个常开和常闭触点。

PLC 内部的编程元件的作用和继电接触控制系统中使用的继电器十分相似，也有“线圈”与“触点”，当写入的逻辑状态为“1”时，表示相应继电器线圈得电，常开触点闭合，常闭触点断开。但编程元件并不是真正的继电器，而是 PLC 内部的存储单元，通常也称这些编程元件为“软”继电器。

（1）输入映像寄存器（I）。输入映像寄存器用于接受外部输入设备的信号，以字节为单位，寄存器的每一位对应一个数字量输入点。在每个扫描周期的开始的输入处理阶段，PLC 对各输入点进行采样，并把采样值送到输入映像寄存器。PLC 在接下来的本扫描周期各阶段不再改变输入映像寄存器中的值，直到下一个扫描周期的输入处理阶段。

不同型号主机的输入映像寄存器区大小可以参考主机技术性能指标表。实际输入点数不能超过这个数量，未用的输入映像区可以作其他编程元件来使用。如：可以当通用辅助继电器或数据寄存器来使用，但这只有在寄存器的整个字节的所有位都未占用的情况下才可作他用，否则会出现错误执行结果。

（2）输出映像寄存器（Q）。输出映像寄存器用于输出程序执行结果并驱动外部设备，以字节为单位，寄存器的每一位对应一个数字量输出点。在每个扫描周期的输入处理、程序执行和通信处理等阶段，PLC 并不把输出结果直接送到输出继电器，而是送到输出映像寄存器，只有在每个扫描周期的末尾才将输出映像寄存器中的信号几乎同时地送到输出点进行刷新。实际未用的输出映像区可作他用，用法与输入继电器相同。

（3）位存储器（M）。位存储器如同继电接触控制系统中的中间继电器，一般以位为单位使用，但也可以以字节等其他单位使用。位存储器在程序内部使用，不能提供外部输出。

（4）特殊存储器（SM）。特殊存储器用来存储系统的状态变量和有关的控制参数和信息。用户可以通过特殊存储器沟通 PLC 与被控对象之间的信息，并利用这些信息用程序实现一定的控制动作。用户也可通过直接设置某些特殊存储器位以使设备实现某种功能。

SM 能以位、字节、字和双字方式使用，按存取方式可将其分为两大类：只读型 SM 和可写型 SM。

例如：

- SM0.0：该位始终为 1。
- SM0.1：首次扫描为 1，以后为 0，常用来对子程序进行初始化，只读型。
- SM0.4：提供高低电平各 30s，周期为 1min 的时钟脉冲。
- SM0.5：提供高低电平各 0.5s，周期为 1s 的时钟脉冲。
- SM1.2：当机器执行数学运算的结果为负时，该位被置 1。
- SM36.5：HSC0 当前计数方向控制，置位时，递增计数，可写型。
- SMB31 和 SMW32：在存储器系统的使用中，用户可以用程序通过对特殊标志存储器字 SMB31 和存储器字 SMW32 的设置，将存储在 RAM 中的字节、字或双字数据备份到 E^2PROM 存储器。

其他特殊标志继电器的功能可以参见附录。

（5）变量存储器（V）。变量存储器用来存储变量，它可以存放程序执行过程中控制逻辑操作的中间结果，也可以使用变量存储器来保存与工序或任务相关的其他数据。

（6）局部变量存储器（L）。局部变量存储器用来存放局部变量，局部变量与变量存储器所存储的全局变量十分相似，主要区别是全局变量是全局有效的，即同一个变量可以被任何程序（包括主程序、子程序和中断程序）访问；而局部变量是局部有效的，即变量只和特定的程序（比如子程序）相关联。

S7-200 PLC 提供 64 个字节的局部存储器，其中 60 个可以用作暂时存储器或给子程序传递参数。主程序、子程序和中断程序在使用时可以使用全部的 64 个字节的局部存储器。PLC 在运行时会自动根据需要动态地分配局部存储器：在主程序执行时，分配给子程序或中断程序的局部变量存储区是不存在的，当子程序调用或出现中断时，需要为之分配局部存储器，新的局部存储器可以是曾经分配给其他程序块的同一个局部存储器。

（7）顺序控制继电器（S）。顺序控制继电器用在顺序控制和步进控制中非常方便，它用于组织机器操作或进入等效程序段的步。SCR 指令提供控制程序的逻辑分段，用顺序控制继电器和相应指令可以在小型 PLC 上编制复杂的顺序控制程序。

（8）定时器（T）。定时器是可编程序控制器中重要硬件编程元件，是累计时间增量的设备。自动控制的大部分领域都需要用定时器进行延时控制，灵活地使用定时器可以编制出动作要求复杂的控制程序。

定时器的工作过程与继电接触控制系统的时间继电器基本相同。定时器使用时需要提前输入时间预设值，当定时器的输入条件满足时开始计时，当前值从 0 开始按一定的时间单位增加；当定时器的当前值达到预设值时，定时器发生动作，发出中断请求，以便 PLC 响应而作出相应的动作。此时它对应的常开触点闭合，常闭触点断开。利用定时器的输入与输出触点就可以得到控制所需的延时时间。

精度等级：S7-200 定时器的精度（时间增量，或称时间单位）有 3 个等级：1ms、10ms 和 100ms。

定时器数量不多，定时器的编址用定时器的名称和它的编号来表示，如 T4。

T4 不仅仅是定时器的编号，它还包含两方面的变量信息：定时器位和定时器当前值。

- ■ 定时器位：定时器位与时间继电器的输出相似，当定时器的当前值达到预设值时，该位被置为“1”。
- ■ 定时器当前值：存储定时器当前所累计的时间，它用 16 位符号整数来表示。
- ■ 指令中所存取的是当前值还是定时器位，取决于所用的指令：带位操作的指令存取的是定时器位，带字操作的指令存取的是定时器的当前值。

（9）计数器（C）。计数器用来累计输入脉冲的次数，是应用非常广泛的编程元件，经常用来对产品进行计数。

计数器是对外部输入的脉冲计数。计数器在使用时需要提前输入它的设定值（计数的次数），当输入触发条件满足时，计数器开始累计它的输入端脉冲电位上升沿（正跳变）或下降沿（负跳变）的次数，当计数器计数达到预定的设定值时，就发出中断请求信号，以便 PLC 作出相应的处理。

计数器的计数方式有两种：累加计数和累减计数，前者从 0 开始累加到设定值，后者从设定值开始累减到 0。两种方式的变化单位都为 1。

计数器的数量不多，与定时器的使用相似，计数器的编址用计数器的名称和它的编号来表示，如 C4。

C4 也不仅仅是计数器的编号，它还包含两方面的变量信息：计数器位和计数器当前值。

- ■ 计数器位：表示计数器是否发生动作的状态，当计数器的当前值达到预设值时，该位被置为“1”。
- ■ 计数器当前值：存储计数器当前所累计的脉冲个数，它用 16 位符号整数来表示。
- ■ 指令中所存取的是当前值还是计数器位取决于所用的指令：带位操作的指令存取的是计数器位，带字操作的指令存取的是计数器的当前值。

（10）模拟量输入映像寄存器（AI）、模拟量输出映像寄存器（AQ）。模拟量输入电路用以实现模拟量/数字量（A/D）之间的转换，而模拟量输出电路用以实现数字量/模拟量（D/A）之间的转换。

模拟量输入/输出映像寄存器也叫模拟量输入/输出寄存器，将电压或温度等模拟量值与数字量之间进行转换。数字量的长度为 1 字长（16 位），且从偶数号字节进行编址来存取这些值，如 0、2、4、6、8。

编址内容包括元件名称、数据长度和起始字节的地址，如 AIW6、AQW12。

存储形式如下：

模拟输入寄存器编址举例：MSB LSB

	MSB	LSB
AIW6	AIB6（最高有效字节）	AIB7（最低有效字节）

模拟输出寄存器编址举例：MSB LSB

	MSB	LSB
AQW12	AQB12（最高有效字节）	AQB13（最低有效字节）

PLC 对这两种寄存器的存取方式不同：模拟量输入寄存器只能作读取操作，对模拟量输出寄存器只能作写入操作。

（11）高速计数器（HC）。高速计数器的工作原理与普通计数器基本相同，它用来累计比主机扫描速率更快的高速脉冲。高速计数器的当前值为双字长（32 位）的符号整数，且为只读值。

高速计数器的数量很少，编址时只用名称 HC 和编号即可，如 HC2。

格式：

	MSB			LSB
HC2	最高有效字节			最低有效字节

高速计数器的编程使用比较复杂，在后续章节中将作详细介绍。

（12）累加器（AC）。累加器（AC）是用来暂存数据的寄存器。它可以用来存放数据如运算数据、中间数据和结果数据，也可用来向子程序传递参数或从子程序返回参数。使用时只表示出累加器的地址编号，如 AC0。数据长度可以是字节、字和双字，分别如下所示：

字节存取 AC0：

				MSB　LSB
AC0	未用	未用	未用	有效字节

字存取 AC0：

			MSB	LSB
AC0	未用	未用	最高有效字节	最低有效字节

双字存取 AC0：

	MSB			LSB
AC0	最高有效字节	未用	最高有效字节	最低有效字节

累加器可进行读写两种操作，在使用时只出现它的地址编号。累加器可用长度为 32 位，但实际应用时，累加器中的数据长度取决于进出 AC0 的数据的类型。

3.3.3 编程元件寻址

编程元件通常指的是 PLC 内部具有一定功能的器件，这些器件是由电子电路和存储器单元等组成的。例如，输入继电器是由输入电路和输入存储映像寄存器构成的；输出继电器是由输出电路和输出映像寄存器构成的；定时器和计数器等也都是由特定功能的寄存器构成的。

编程元件按功能命名，不同的名称实质是将整个存储器分为若干区域，如映像寄存器、定时器、计数器和特殊功能继电器等。同种编程元件按一定的顺序进行编号，称为元件地址，其实质是在区内编号。因此，通过元件名称和元件地址就可以确定这一元件在总存储器中的地址。

S7-200 将编程元件统一归为存储器单元，存储单元按字节进行编址，无论所寻址的是何种数据类型，通常应指出它所在的存储区域和在区域内的字节地址。每个单元都有唯一的地址，地址由名称和编号两部分组成，元件名称（区域地址符号）如表 3.11 所示。

1．直接寻址方式

所谓直接寻址是指直接在指令中使用由存储器或寄存器的元件名称和地址编号构成的地址实现对数据的访问。直接寻址包括：位寻址、字节寻址、字寻址和双字寻址。

数据地址的基本编址格式为：ATx.y

- A 为元件名称。即该数据在数据存储器中的区域地址，可以是表 3.11 中的符号。
- T 为数据类型。如用位寻址方式，无该项；如用字节寻址方式，该项为 B；如用字寻址方式，该项为 W；如用双字寻址方式，该项为 D。
- x 为存储区域内的首字节地址。
- y 为字节内的位地址，只有位寻址时才有该项。

表 3.11　元件名称

元件符号（名称）	所在数据区域	位寻址格式	其他寻址格式
I（输入映像寄存器）	数字量输入映像位区	Ax.y	ATx
Q（输出映像寄存器）	数字量输入映像位区	Ax.y	ATx
M（位存储器）	内部存储器标志位区	Ax.y	ATx
SM（特殊存储器）	特殊存储器标志位区	Ax.y	ATx
S（顺序控制继电器）	顺序控制继电器存储器区	Ax.y	ATx
V（变量存储器）	变量存储器区	Ax.y	ATx
L（局部变量存储器）	局部存储器区	Ax.y	ATx
T（定时器）	定时器存储器区	Ay	无
C（计数器）	计数器存储器区	Ay	无
AI（模拟量输入映像寄存器）	模拟量输入存储器区	无	ATx
AQ（模拟量输出映像寄存器）	模拟量输出存储器区	无	ATx
AC（累加器）	累加器区	Ay	无
HC（高速计数器）	高速计数器区	Ay	无

关于直接寻址方式的说明如下：

（1）位寻址的编址格式为 Ax,y：必须指定编程元件的名称、字节地址和位地址，如图 3.10 所示。

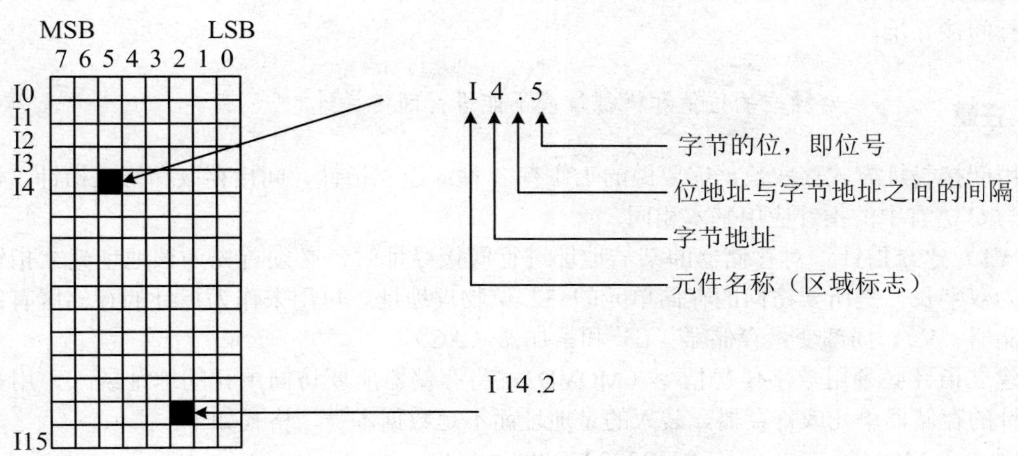

图 3.10　位寻址格式

（2）字节、字和双字的寻址格式可以统一为 ATx，即在直接访问字节、字和双字数据时，也必须指明元件名称、数据类型和存储区域内的首字节地址。

下面是以变量存储器为例分别存取 3 种长度数据的比较：

字节：VB200

V：元件名称，B：数据长度为字节型，200：字节地址

MSB　　　　LSB

VB200

字：VW200

V：元件名称，W：数据长度为字类型（16 位），200：起始字节地址

MSB LSB

VB200（高字节）	VB201（低字节）

双字：VD200

V：元件名称，D：数据长度为双字类型（32 位），200：起始字节地址

MSB LSB

VB200 最高字节	VB201	VB202	VB203 最低字节

（3）存储区内另有一些元件是具有一定功能的硬件，由于元件数量很少，所以不用指出元件所在存储区域的字节，而是直接指出它的编号。其寻址格式为：Ay。

这类元件包括：定时器（T）、计数器（C）、高速计数器（HC）和累加器（AC），如 T32、AC0 等。

2．间接寻址方式

间接寻址方式是指数据存放在存储器或寄存器中，在指令中只出现所需数据所在单元的内存地址的地址。存储单元地址的地址又称为地址指针。这种间接寻址方式与计算机的间接寻址方式相同。间接寻址在处理内存连续地址中的数据时非常方便，而且可以缩短程序所生成的代码的长度，使编程更加灵活。

可以用指针进行间接寻址的存储区有：输入继电器 I、输出继电器 Q、通用辅助继电器 M、变量存储器 V、顺序控制继电器 S、定时器 T、计数器 C。其中 T 和 C 仅仅是当前值可以进行间接寻址。

注意 对独立的位值和模拟量值不能进行间接寻址。

用间接寻址方式存取数据需要做的工作有 3 种：建立指针、间接存取和修改指针。使用方法与 C 语言中的指针应用基本相同。

（1）建立指针。对存储器的某一地址进行间接寻址时，必须首先为该地址建立指针。指针为双字长，是所要访问的存储单元的 32 位物理地址。可用来作为指针的存储区有：变量存储器（V）、局部变量存储器（L）和累加器（AC）。

建立指针必须用双字传送指令（MOVD），将存储器所要访问单元的地址装入，用来作为指针的存储器单元或寄存器，装入的是地址而不是数据本身，格式如下：

```
例：  MOVD    &VB200,VD302
      MOVD    &MB10,AC2
      MOVD    &C2,LD14
```

注意 建立指针用 MOVD 指令。

“&”为地址符号，与单元编号组合表示所对应单元的 32 位物理地址，VB200 只是一个直接地址编号，并不是它的物理地址。

指令中的第二个地址数据长度必须是双字长，如 VD、LD 和 AC。

指令中的&VB200 如果改为&VW200 或&VD200 效果完全相同。

（2）间接存取。指令中在操作数的前面加“*”表示该操作数为一个指针。

下面两条指令是建立指针和间接存取的应用方法：

```
MOVD    &VB200,AC0
MOVW    *AC0,AC1
```

若存储区的地址及单元中所存的数据如右图所示，执行过程如下：

地址	数据
V198	12
V198	34
V200	56
V201	78
V202	90
V203	87
V204	65
V205	43

MOVD &VB200,AC0

AC0

VW200 的起始字节地址（32 位）

MOVW *AC0,AC1

AC1

未用的 2 字节	5678

第一条指令把 VB200 的地址装入 AC0，建立地址指针；第二条指令中的*AC0 表示 AC0 为 MOVW 指令确定的一个字长的存储单元的指针，指令的执行是把指针所指的一个字长的数据送到累加器 AC1 中。

（3）修改指针。处理连续存储数据时，可以通过修改指针很容易地存取其他紧挨着的数据。简单的数学运算指令，如加法、减法、自增和自减等指令可以用来修改指针。

下面的两条指令是修改指针的用法：

```
INCD    AC0
INCD    AC0
MOVW    *AC0，AC1
```

执行情况如下：

地址	数据
V198	12
V198	34
V200	56
V201	78
V202	90
V203	87
V204	65
V205	43

INCD AC0

INCD AC0

AC0 中的内容

VW202 的起始字节地址（32 位）

MOVW *AC0,AC1

AC1 中的内容

未用的 2 字节	9087

前两条指令使 AC0 中的内容，即指针增加两个单位形成下一个数据的地址（VW202 的起始字节地址），指向下一个字 9087；第三条指令中的*AC0 表示 AC0 为 MOVW 指令确定的新字存储单元的指针，指令的执行是把指针所指的一个字长的数据（9087）送到累加器

AC1 中。

注意 由于地址指针是 32 位，所以必须用双字指令来修改指针。

根据所存取的数据长度正确调整指针：

当存取字节时，指针调整单位为 1。

当存取一个字、定时器或计数器的当前值时，指针调整单位为 2。

当存取双字时，指针调整单位为 4。

3.3.4 指令系统和编程语言

1．指令系统

可编程序控制器中所有指令的集合就称为它的指令系统。指令系统是表征 PLC 性能的重要指标，它的格式、功能与硬件紧密联系，而且直接影响程序的编制，从而影响机器系统的应用范围。

目前，生产可编程序控制器的厂家非常多，各厂家都在不断地开发和发展自己的产品。在一些国际组织，如 IEC（国际电工委员会）制定的 PLC 轮廓性标准的限制下，虽然大部分 PLC 提供了相似的基本指令，但不同厂家的独立性造成各种 PLC 指令在表示和操作上常有一些差别。

S7-200 系列 PLC 主机中有两类基本指令集：SIMATIC 指令集和 IEC 1131-3 指令集，程序员可以任选一种。提供了许多类型的指令以完成广泛的自动化任务。

SIMATIC 指令集：是为 S7-200 系列 PLC 设计的，本指令通常执行时间短，而且可以用 LAD、STL 和 FBD 三种编程语言。

IEC 1131-3 指令集是不同 PLC 厂家的指令标准，它不能使用 STL 编程语言。SIMATIC 指令集中的部分指令不属于这个标准，两种指令集在使用和执行上也存在一定的区别，如 IEC 1131-3 指令中变量必须进行类型声明，执行时自动检查指令参数并选择合适的数据格式。

2．编程语言

利用计算机编程软件 STEP 7-Micro/Win 32 提供的不同的编程语言（编辑器），可以充分利用这些指令创建控制程序，两种指令集和所选编程语言的可能组合如表 3.12 所示。此外，工业软件中的工程工具还提供程序员用的高级语言和图形语言等多种方便的编程工具。工程人员可以根据自己的习惯在图形化环境或汇编语言环境下进行编程。

表 3.12 指令集和编程语言

SIMATIC 指令集	IEC 1131-3 指令集
语句表（STL）语言	没有
梯形图（LAD）语言	梯形图（LAD）语言
功能块图（FBD）语言	功能块图（FBD）语言

（1）语句表（STL）。

语句表（STL）语言类似于计算机的汇编语言，特别适合于来自计算机领域的工程人员。用指令助记符创建用户程序，属于面向机器硬件的语言，STEP 7-Micro/Win32 的语句表如图 3.11 所示。

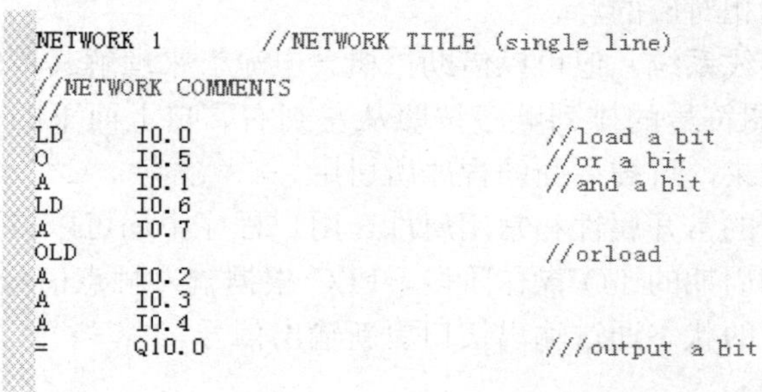

```
NETWORK 1        //NETWORK TITLE (single line)
//
//NETWORK COMMENTS
//
LD      I0.0                    //load a bit
O       I0.5                    //or a bit
A       I0.1                    //and a bit
LD      I0.6
A       I0.7
OLD                             //orload
A       I0.2
A       I0.3
A       I0.4
=       Q10.0                   ///output a bit
```

图 3.11　语句表举例

本图及后两种语言的图中的 Network 1，以及后面所有的 Network 编号是各段程序的段号，一个段实际就是一个梯级，这在梯形图语言中可以明显看出程序的各段结构。段号只是为了便于程序说明而附加的，实际编程时可以不进行输入（但如果需要利用 STEP 7-Micro/Win32 将 STL 转换为 LAD，则必须输入）或变更。

一般来说，语句表语言在选用时主要应作如下考虑：

- 它更适合于熟悉可编程序控制器结构原理及逻辑编程的有经验的程序员。
- 由于助记符是二进制机器代码的翻译，两者存在一一对应的关系，翻译后的机器代码被 CPU 直接执行，用语句表编写的控制程序在 PLC 主机中生成的源机器代码最短，因而执行速度最快。
- 用这种语言可以编写出用梯形图和功能块图无法实现的程序。

（2）梯形图（LAD）。

梯形图（LAD）最接近于继电接触控制系统中的电气控制原理图，是应用最多的一种编程语言。

与计算机的语言相比，梯形图可以看作是 PLC 的高级语言，几乎不用去考虑系统内部的结构原理和硬件逻辑。因此，它很容易被一般的电气工程设计人员和运行维护人员所接受，是初学者理想的编程工具，所有厂商的可编程序控制器都支持梯形图语言。STEP 7-Micro/Win 的梯形图格式如图 3.12 所示。

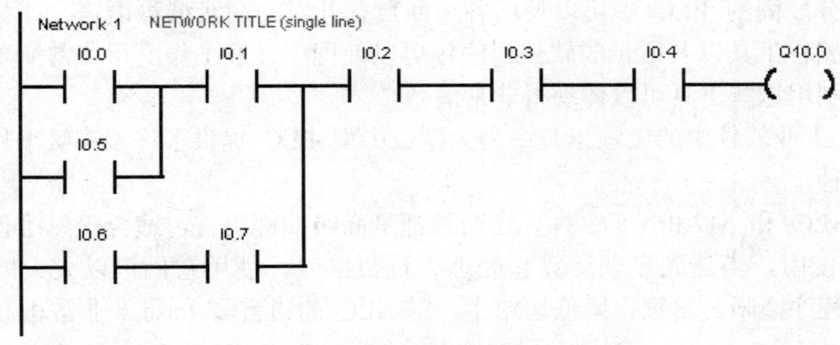

图 3.12　梯形图举例

PLC 梯形图的特点体现在以下几个方面：

- 梯形图的符号（输入触点、输入线圈)不是实际的物理元件，而是与 I/O 映像区域内存区中的某一位相对应的。
- 梯形图不是硬接线系统，但可以借助“概念电流”来理解其逻辑运算功能。
- PLC 根据梯形图符号的排列顺序按照从左到右、自上而下的方式逐行扫描。前一逻辑行的运算结果，可被后面的程序所引用。
- 每个梯形图符号的常开属性和常闭属性在用户程序中均可以被无限次引用。
- 只有在每个扫描周期的 I/O 操作阶段，PLC 根据输入触点信号刷新输入映像区的状态，输出映像区的状态通过输出接口更新输出信号。

（3）功能块图（FBD)。

功能块图（FBD）的图形结构与数字电子电路的结构极为相似，如图 3.13 所示。

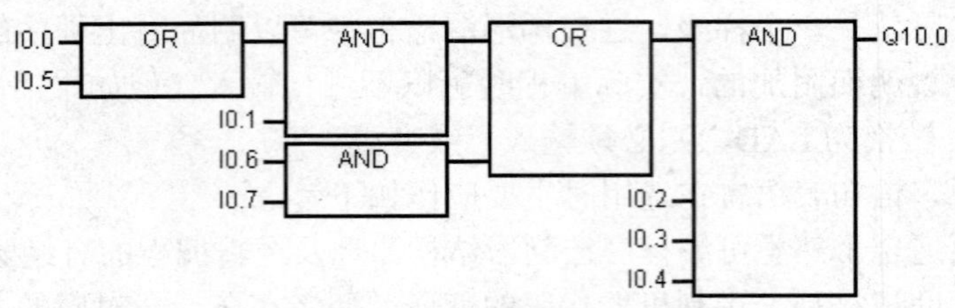

图 3.13 功能块图

功能块图中每个模块有输入和输出端，输入和输出端的函数关系也使用与、或、非、异或等逻辑，模块之间的连接方式与电路的连接方式也基本相同。熟悉电路工作的编程人员习惯使用这种语言。

LAD、STL 和 FBD 是 PLC 最常用的 3 种编程语言，其中 LAD 和 FBD 属于图形语言，特点是易理解、易使用，但是灵活性较差；STL 是更接近程序员的语言，能够实现指针等非常灵活的控制。STEP 7 支持这 3 种语言的混合编程以及相互之间的转换，一般说来 LAD 和 FBD 程序都可以通过 STEP 7 自动转换成 STL 程序，但是并非所有 STL 语句都可以转换成 LAD 和 FBD 程序。

（4）其他编程语言。

目前在部分厂商的 PLC 中可以使用各厂商自行开发的高级编程语言，或称之为高级编程工具。高级编程工具以及所带的软件程序包可以使程序开发工作变得非常简单、省时，而且系统的结构利用这些工具可以体现得非常清楚。

SIMATIC 工业软件中的工程工具中为大型或中型 PLC 提供了许多高级编程工具，以下简要其中的几种：

（1）S7-SLC 和 M7-Pro C/C++。这两种都是高级编程语言，适合于熟悉计算机高级语言的编程人员使用，当遇到复杂运算和处理大量数据时，使用它们可以大大地节省编程时间，而且使源程序清晰、易读，降低出错率。S7-SLC 的语言与 Pascal 非常相似，如图 3.14 所示。

M7-Pro C/C++则是直接将 Borland C/C++开发环境应用到 PLC 的程序设计领域。

```
IF          I1.1          THEN
                    N: = 0;
                    SUM: = 0;
                    OK: = FALSE;      // SET OK FLAG TO FALSE
ELSEIF      START = TRUE    THEN
                    N: = N + 1;
                    SUM: = SUM + N;
ELSE
                    OK: = FALSE;
END_IF;
```

图 3.14　SLC 语言

（2）S7-GRAPH。S7-GRAPH 即顺序控制的功能流程图，可以轻松地用本工具进行编制程序，而不必再用复杂的书面图表来描述顺序和步进控制，如图 3.15 所示。

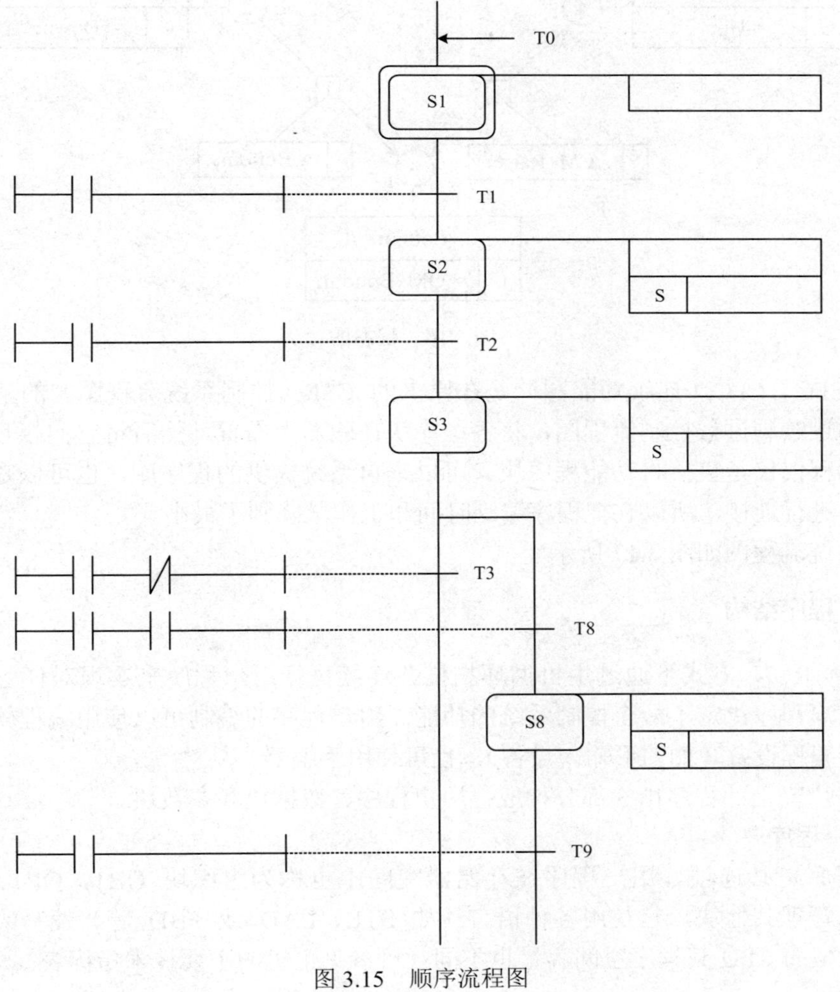

图 3.15　顺序流程图

（3）S7-HiGraph。它借助于状态图来描述异步过程。用于装置、过程以及可能的转移状态的图形描述。

本工具可基于系统框图和流程图直接进行编程，程序结构和过程清晰。这种图形表示不但方便了 PLC 的编程人员，又很容易为机械工程师所理解，而且便于系统调试和维护。

S7-HiGraph 如图 3.16 所示。

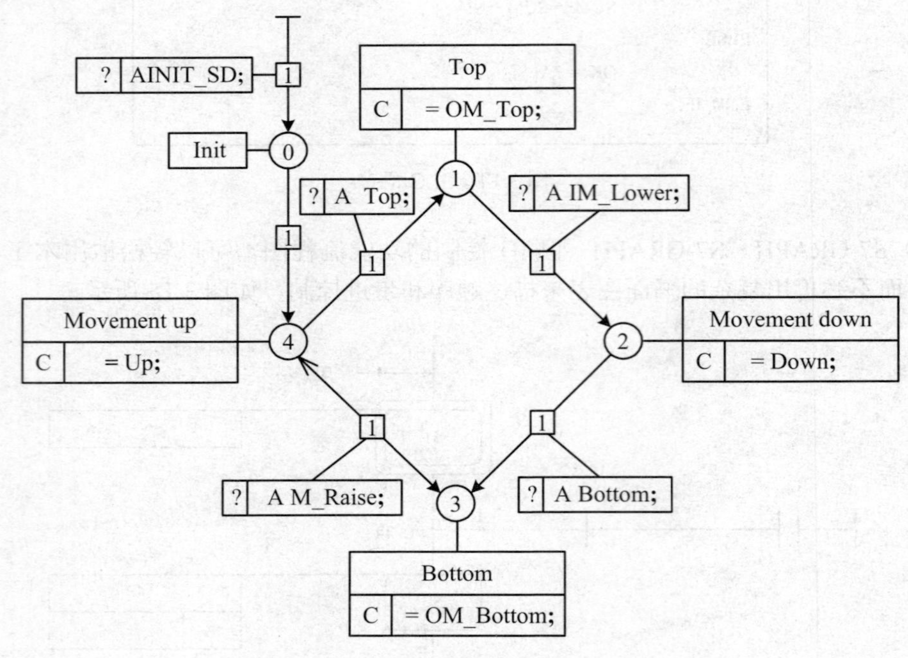

图 3.16 状态图

（4）CFC。CFC（连续功能图）是在原来的 CSF（控制系统流程图）的基础上发展起来的，它通过绘制过程控制流程图，将各程序块在版面上布置，然后将它们相互连接即可。因为这种编程仅仅是直接将功能程序块（可以来自系统提供的程序库，也可以是用户自行编制的程序）进行连接，所以它把程序编制时间和工作量降到了最小。

控制系统流程图如图 3.17 所示。

3.3.5 程序结构

PLC 在 RUN 方式下通过主机循环扫描并连续执行用户程序来实现对任务或过程的控制，因此用户程序决定了一个控制系统的功能。用户程序的编制可以使用编程软件在计算机或其他专用编程设备（如图形输入设备），也可使用手编器。

S7-200 广义上的程序由 3 部分构成：用户程序、数据块和参数块。

1. 用户程序

用户程序是必选项。用户程序在存储器空间中也称为组织块 OB1，OB1 处于最高层次，它可以管理其他块，它是用各种语言（如 STL、LAD 或 FBD 等）编写的用户应用程序。不同机型的 CPU 其程序空间容量也不同（可参见主机的主要技术指标表）。

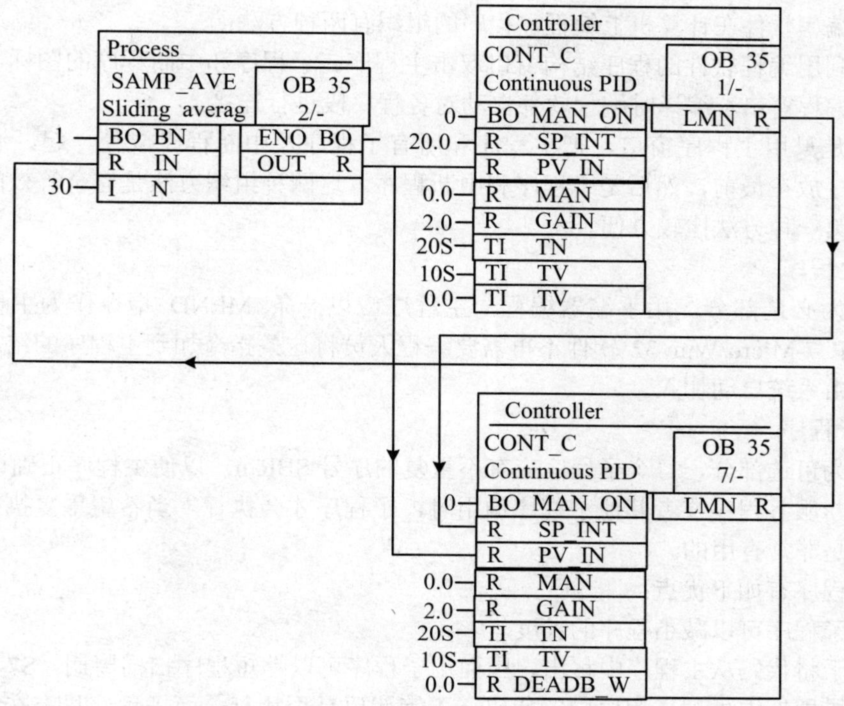

图 3.17　控制系统流程图

用户程序的结构比较简单，一个完整的用户控制程序应当包含一个主程序、若干子程序和若干中断处理程序 3 大部分。不同编程设备，对各程序块的安排方法也不同。

如果编程使用的是手编器，主程序应安排到程序的最前面。其他部分的位置安排没有严格的顺序，但习惯上把子程序安排在中断程序的前面，如图 3.18 所示。

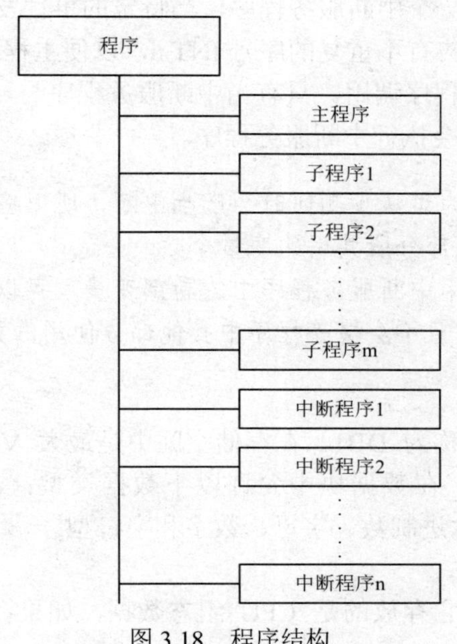

图 3.18　程序结构

如果用编程软件在计算机上编程，程序的组织有两种方法：

一种是利用编程软件的程序结构窗口双击主程序、子程序和中断程序的图标，即可进入各程序块的编程窗口。编译时编程软件自动对各程序段进行连接。

另一种是只用主程序窗口，把主程序和所有子程序及中断程序放到一起，通常的放法是：把主程序放在最前，然后是子程序和中断程序。这两种组织方法是完全等效的。对大规模程序，用第一种方法比较方便。

（1）主程序。

主程序为必选部分，用手编器编程，主程序应以一条 MEND 指令作为主程序结束指令。但 STEP 7-Micro/Win 32 软件不再需要编程人员将这条指令加到主程序的结尾，而是在程序编译时由系统自动加入。

（2）子程序。

子程序为可选部分，每个子程序应有不重复的序号 SBR n，以便主程序正确调用.只有被主程序、中断服务程序或者其他子程序调用时，子程序才会执行。当希望重复执行某项功能时，子程序是非常有用的。

调用子程序有如下优点：

- 用子程序可以减小程序的长度。
- 由于将代码从主程序中移出，因而用子程序可以缩短程序扫描周期。S7-200 在每个扫描周期中处理主程序中的代码，不管代码是否执行。而子程序只有在被调用时，S7-200 才会处理其代码。在不调用子程序时，S7-200 不会处理其代码。
- 用子程序创建的程序代码是可传递的。可以在一个子程序中完成一个独立的功能，然后将它复制到另一个应用程序中而无需作重复工作。

（3）中断处理程序。

中断处理程序也是可选项，当特定的中断事件发生时，中断服务程序执行。可以为一个预先定义好的中断事件设计一个中断服务程序，当特定的事件发生时，S7-200 会执行中断服务程序。每个中断处理程序应有不重复的序号 INT n，以便主程序或子程序正确调用。

中断服务程序不会被主程序调用。只有当中断服务程序与一个中断事件相关联，且在该中断事件发生时，S7-200 才会执行中断服务程序。

（1）因为无法预测何时会产生中断，所以应考虑尽量限制中断服务程序和程序中其他部分所共用的变量个数。

（2）使用中断服务程序中的局部变量，可以保证中断服务程序只使用临时存储器，并且不会覆盖程序中其他部分使用的数据。

2. 数据块

数据块为可选部分，又称为 DB1，在存储空间中是最大 V 存储器范围，它主要是存放控制程序运行所需的数据，在数据块中允许以下数据类型：布尔型（表示编程元件的状态）、十进制、二进制或十六进制数、字母、数字和字符型。

3. 参数块

参数块也是可选部分，它存放的是 CPU 组态数据，如果在编程软件或其他编程工具上未进行 CPU 的组态，则系统以默认值进行自动配置。关于 CPU 参数组态的方法可以参见第 5 章相关内容。

3.4 相关设备

除可编程序控制器主机之外的相关设备在可编程序控制器应用领域发挥着非常重要的作用，有的设备是使用过程中不可缺少的，有的设备极大地延伸了主机性能，使系统的功能更强大，用户使用时更方便。

3.4.1 手编器

工业上用的各厂商的可编程序控制器的使用中，手编器曾是主要编程设备，后来出现了图形输入设备，又出现了计算机编程软件。通过通信设备，使 PLC 和计算机相连，用编程软件可直接在计算机上编程，由于计算机的显示器屏幕较大，对程序的编制和修改更加方便高效。但即使是现在，手编器的使用仍十分广泛，特别是用小型和微型 PLC 实现的小规模系统。

3.4.2 计算机

计算机包括个人计算机和工业计算机，在可编程序控制器系统的工业应用中发挥着越来越重要的作用，几乎 PLC 系统从工程项目开发、编程、调试到系统的运行和维护，计算机越来越成了不可缺少的工具。

3.4.3 人机界面

人机界面主要指专用操作员界面，可编程序控制器的用户在设备运行中，可以通过友好的操作界面轻松地完成各种调整和控制的任务。S7-200 系列可使用的人机界面主要是文本显示器和触摸显示屏。

TD 200（Text Display 200）是主要用于 S7-200 系列的文本显示和实施操作的界面，是一种理想、应用最广的界面设备。

1．构造特点

文本显示区：可显示两行信息（每行 20 个字符）的液晶显示 LCD，可显示从可编程序控制器读出的信息，并可在背光下清楚显示。

按键：共有 9 个键，其中的 5 个键提供预定义的上下文有关的功能，另外的 4 个键可由用户定义，所以可用来作为开关量输入点使用。

通信：通过 TD/CPU 电缆（通用 RS232 接口）可以提供可编程序控制器与 TD 200 的通信，同时可以提供 TD 的电源，而不必再另接电源。

电源：如果不用 TD/CPU 通信电缆，可以通过面板右侧的电源接口连接外部电源。

2．主要功能

可以显示从 CPU 主机读出的信息（如读取指令、数据、当前值及状态）；可以调整运行中选定的程序变量；可以提供对输入输出点的强制功能；可以为实时时钟设置日期和时间；支持多种语言形式的菜单和提示并支持中文。

此外，用 TD 200 还可以扩展可使用的输入和输出端子数。

3.5 工业软件

3.5.1 应用和特点

1．应用

SIMATIC 工业软件是 SIMATIC S7/M7/C7 自动化系统使用的一种模块化设计的交互软件工具系统，是为更好地管理和使用这些设备而开发的与之相配套的程序、文档及其规则的总和。它为自动化工程项目的所有阶段提供如下方便使用的功能：硬件和通信的规划、配置和参数的赋值；用户编程；文件编制；系统测试、起动、服务；过程控制；归档。在一个接口下的所有软件包的集成可以提供有效的、面向任务的工作方法。

2．特点

采用多种标准，如 DIN EN 6.1131-3 标准和高版本 Windows/NT 标准。

共享数据管理，工程项目的所有数据都存储在一个单一的中心数据库中，这有助于节省存储空间和时间，而且有助于减少差错。

工具系统集成化，对自动化工程项目的每个阶段来说，都有集成的便利功能。

开放化的系统，工业软件的系统平台对办公室环境是开放的。

面向任务的专用工具，这类工具使用方便，而且针对具体应用领域。

可重用的程序段，准备好的程序段可保存在程序库内，之后的工程项目如果需要，只要复制就可以了。

集成的诊断功能，此项功能可以减少停机时间和相应的成本。

3.5.2 工业软件的类型

工业软件主要由标准工具、工程工具、运行软件和人机接口等几大类软件构成。

1．标准工具

标准工具是 SIMATIC S7/M7/C7 自动化系统进行编程的基础，SIMATIC 系列标准工具及其适用范围如表 3.13 所示。

表 3.13 标准工具

标准工具	适用范围
STEP 7	所有应用的完整版本
STEP 7/Mini	SIMATIC S7-300 和 SIMATIC C7 等较低性能版本
STEP 7/Micro	SIMATIC S7-200 用的低档编程包

2．工程工具

工程工具是面向控制任务的工具，除标准工具之外，还可以利用这类工具，以使用户能针对实际的工程任务，并按用户的意愿工作。工程工具可明显地降低工程成本并显著提高工作效率。

工程工具主要包括：

■　编程员用的高级语言。

■　技术专家用的图形语言。

诊断、仿真、远程维护和工厂文件编制等用的辅助软件。

3．运行软件

运行软件提供预编程解决方案，它可由用户程序调用。运行软件直接集成在自动化解决方案内。

运行软件种类很多，以下是几个常用的运行软件：

（1）SIMATIC S7 的控制，例如标准控制、模块化和模糊控制系列软件。

（2）将自动化系统连接到 Windows 应用程序的程序接口工具。

（3）SIMATIC M7 的实时操作系统。

运行软件有两种版本：一种是与硬件结合的，软件分配给特定的硬件，如功能模板所用的功能块；另一种是不与硬件结合的，如 PRODAVE，它带有一般的硬件要求。

4．人机接口

人机接口用于管理人机对话设备，是专门用于操作员控制和 SIMATIC 过程监视的软件。

人机接口包括：

■　操作员面板和系统组态用的软件，如 Protool 和 Protool/Life 等。

■　用于过程诊断的可选软件包 ProAgent。

■　基于 Windows 操作系统的高性能可视化工具系统 WinCC。

不同的 PLC 厂家的产品各具特色，不可能通过对一种 PLC 的学习而达到掌握各类 PLC 的目的。但是深入地学习和熟练掌握一种型号的 PLC 的使用，可使对其他产品的学习变得轻松易得。

本章以西门子 S7-200 系列 PLC 为典型，详细介绍其结构和工作原理。

（1）S7-200 系列 PLC 有 4 种主机 CPU 型号，它们都是整体机，有的可以加载扩展模块和特殊功能模块。PLC 系统由硬件和软件两大部分构成。

本系列 PLC 在多方面，如输入输出、存储系统、高速反应、实时时钟等方面，具有自己的独特功能。存储系统的存储安全可由多种途径实现。

（2）S7-200 系列 PLC 的扫描周期中，包含 5 项任务。

（3）通过输入和输出扩展可增加实际应用的 I/O 点数。但输入输出扩展或加载其他特殊功能模块时必须遵循一定的原则。

通过 CPU 组态可以配置主机及相连的各个模块，使其在一定的方式下工作。

（4）应学会分析和参考 PLC 的技术性能指标表。这是衡量各种不同型号 PLC 产品性能的依据，也是根据实际需求选择和使用一种 PLC 的依据。

（5）可编程序控制器编程时用到的数据，数据类型可以是布尔型、整型和实型；指令中常数的表示可用二进制、十进制、十六进制、ASCII 码或浮点数据来表示。

S7-200 系列 PLC 可进行直接寻址和间接寻址两种寻址方式。PLC 内部的硬件编程元件有多种，每种元件都可进行直接寻址。对于部分元件，当处理多个连续单元中的多个数据时，间接寻址非常方便。

（6）S7-200 系列 PLC 可使用两类基本指令集：SIMATIC 指令集和 IEC1131-3 指令集。除了梯形图和语句表编程语言外，还有功能图和其他一些专用工业软件，使编程工作大大简化，程序结构更加清晰。

（7）应用程序结构从广义上看，由用户程序、数据块和参数块三大部分组成。用户程序是必选项，它包括一个主程序、若干子程序和若干中断程序，其中主程序是必选部分。

（8）常用的 S7-200 系列 PLC 的相关设备主要有手编器、计算机、人机界面和各种可以用来扩展的模块等。工业软件主要由标准工具、工程工具、运行软件和人机接口等构成，在 PLC 的实际应用中发挥着越来越重要的作用。

一、选择题

1．CPU224 型 PLC 本机 I/O 点数为（　　）。
A．14/10　　B．8/16　　C．24/16　　D．14/16

2．CPU224 型 PLC 本机有（　　）通信端口。
A．2 个　　B．1 个　　C．3 个　　D．4 个

3．CPU224 型 PLC 本机数据存储器的容量为（　　）。
A．2K　　B．2.5K　　C．1K　　D．5K

4．CPU224 型 PLC 本机共有（　　）个定时器。
A．64　　B．255　　C．128　　D．256

5．EM231 热电偶模块最多可连接（　　）个模拟量输入信号。
A．4　　B．5　　C．6　　D．3

6．AC 是（　　）存储器的标识符。
A．高速计数器　　B．累加器
C．内部辅助寄存器　　D．特殊辅助寄存器

7．在 PLC 运行时，总为 ON 的特殊存储器位是（　　）。
A．SM1.0　　B．SM0.1　　C．SM0.0　　D．SM1.1

8．下列（　　）属于字节寻址。
A．VB10　　B．VW10　　C．ID0　　D．I0.2

9．可使用位寻址方式来存取信息的寄存器不包括（　　）。
A．I　　B．Q　　C．AC　　D．SM

10．S7-200 系列 PLC 继电器输出时的每点电流值为（　　）。
A．1A　　B．2A　　C．3A　　D．4A

二、填空题

1．CPU224 型 PLC 本机数字量 I/O 映像区大小为________。

2．CPU224 型 PLC 本机共有________个计数器。

3．仅在 PLC 运行的第一个扫描周期为 ON 的特殊存储器位是________。

4．________可以用作初始化脉冲，仅在________时接通一个扫描周期。

5．PLC 运行时总是 ON 的特殊存储器位是________。

6．累加器寻址的统一格式为________。

7．S7-200 系列 PLC 的指令集可以使用________、________和________3 种编程语言。

8．S7-200 广义上的程序由________、________和________3 部分构成。

9．位寻址的格式由________、________、分隔符及________4 部分组成。

10．位存储器通常又称为________。

11．EM231 模拟量输入模块最多可连接________个模拟量输入信号。

12．字节寻址的格式由________、________和________组成。

13．地址指针是________位，因此，必须用________指令来修改指针。

14．VD200 是 S7-200 PLC 的________存储器，其长度是________。

15．S7-200 若设置开关为 TERM 方式，则________。

三、简答题

1．简述 S7-200 系列 PLC 的系统基本构成。

2．如何改变主机的工作方式？

3．简述影响 S7-200CPU 模块最大 I/O 配置的因素。

4．一个控制系统如果需要 32 点数字量输入，18 点数字量输出，6 点模拟量输入和 2 点模拟量输出，则：

（1）可以选用哪种主机型号？

（2）如何选择扩展模块？

（3）各模块如何连接到主机？画出连接图。

（4）按上问所画出的图形，主机和各模块的地址如何分配？

5．理解 S7-200 系列 PLC 输入点脉冲捕捉的作用。

6．S7-200 系列 PLC 主机中有哪些主要硬件编程元件，各编程元件如何直接寻址？

7．假设 V 存储区内从 V200 开始的 10 个字节存储单元依次存放的数据分别为 12，35，60，74，26，31，23，60，19，83。下段程序对存储单元及累加器有什么影响？

```
MOVD &VB200,AC1
MOVW *AC1,AC0
INCD   AC1
INCD   AC1
INCD   AC1
INCD   AC1
MOVW *AC1,AC2
```

第 4 章　基本指令

S7-200 系列 PLC 主机中有两类基本指令集：SIMATIC 指令集和 IEC 1131-3 指令集。程序员可以任选一种，两者都提供了许多类型的指令以完成广泛的自动化任务。SIMATIC 指令集是为 S7-200 系列 PLC 设计的，该指令执行时间短，而且可以供 LAD、STL 和 FBD 三种编程语言使用。

本章概括了 SIMATIC 指令集中的基本指令及使用方法，所涉及的指令包括基本逻辑指令、复杂逻辑指令、定时器指令、计数器指令比较指令、数学运算指令、逻辑运算指令、表功能指令和数据转换指令等；同时介绍了编程元件的有效编程范围和梯形图基本绘制规则。

知识要点

- 位操作类指令，主要是位操作相关运算指令，也包含定时器和计数器指令等
- 运算指令，包括常用的算术运算和逻辑运算指令
- 其他数据处理指令，包括数据的传送、移位、填充和交换等指令
- 表功能指令，包括对表的存取和查找指令
- 转换指令，包括数据类型转换、码转换和字符转换指令

- SIMATIC 基本指令的应用

4.1　位操作类指令

本节位操作类指令都是常用的与位操作和位运算有关的指令，也包括定时器和计数器指令等。利用这些指令基本可以实现继电接触控制系统的控制任务。

为顺利介绍本章各指令及其应用情况，首先介绍指令、程序及图形的一些基本格式及说明方式的约定，这些约定也适用于本书后面其他章节。

4.1.1　指令使用概述

可编程序控制器的指令系统依赖机器硬件，同时又是编写控制程序的基础。所以学习指令系统及编程时要将程序和硬件相结合，同时遵循一定的编程规则。

1. 主机的有效编程范围

存储器的存储容量及各编程元件的有效编程范围如表 4.1 所示。

表 4.1　存储器编程范围

编程元件		CPU221	CPU222	CPU224	CPU226
输入映像寄存器		I0.0-I15.7	I0.0-I15.7	I0.0-I15.7	I0.0-I15.7
输出映像寄存器		Q0.0-Q15.7	Q0.0-Q15.7	Q0.0-Q15.7	Q0.0-Q15.7
模拟输入，只读		无	AIW0-AIW30	AIW0-AIW62	AIW0-AIW62
模拟输出，只写		无	AQW0-AQW30	AQW0-AQW62	AQW0-AQW62
变量存储器		VB0.0-VB2047.7	VB0.0-VB2047.7	VB0.0-VB5119.7	VB0.0-VB5119.7
局部变量存储器		LB0.0-LB63.7	LB0.0-LB63.7	LB0.0-LB63.7	LB0.0-LB63.7
位存储器		M0.0-M31.7	M0.0-M31.7	M0.0-M31.7	M0.0-M31.7
顺序控制继电器		S0.0-S31.7	S0.0-S31.7	S0.0-S31.7	S0.0-S31.7
特殊存储器		SM0.0-SM179.7	SM0.0-SM179.7	SM0.0-SM179.7	SM0.0-SM179.7
只读型		SM0.0-SM29.7	SM0.0-SM29.7	SM0.0-SM29.7	SM0.0-SM29.7
定时器	编号	256 (T0-T255)	256 (T0-T255)	256 (T0-T255)	256 (T0-T255)
	TONR 1ms	T0,T64	T0,T64	T0,T64	T0,T64
	TONR 10ms	T1-T4, T65-T68	T1-T4, T65-T68	T1-T4, T65-T68	T1-T4, T65-T68
	TONR 100ms	T5-T31, T69-T95	T5-T31, T69-T95	T5-T31, T69-T95	T5-T31, T69-T95
	TON/TOFF 1ms	T32,T96	T32,T96	T32,T96	T32,T96
	TON/TOFF 10ms	T33-T36, T97-T100	T33-T36, T97-T100	T33-T36, T97-T100	T33-T36, T97-T100
	TON/TOFF 100ms	T37-T63, T101-T255	T37-T63, T101-T255	T37-T63, T101-T255	T37-T63, T101-T255
计数器		C0-C255	C0-C255	C0-C255	C0-C255
高速计数器		HSC0,HSC3, HSC4,HSC5	HSC0,HSC3, HSC4,HSC5	HSC0-HSC5	HSC0-HSC5
累加器		AC0-AC3	AC0-AC3	AC0-AC3	AC0-AC3
跳转及其标号		0-255	0-255	0-255	0-255
子程序编号及调用		0-63	0-63	0-63	0-63
中断时间		0-127	0-127	0-127	0-127
PID 回路		0-7	0-7	0-7	0-7
通信口		通信口 0	通信口 0	通信口 0	通信口 0，1

许多指令中含有操作数，操作数的有效编址范围如表 4.2 所示。

表 4.2　操作数编程范围

操作数类型	CPU221	CPU222	CPU224CPU226
位	I0.0-15.7 ，M0.0-31.7 Q0.0-15.7，　S0.0-31.7 SM0.0-179.7，　T0-255 C0-255，V0.0-2047.7 L0.0-63.7	I0.0-15.7 ，M0.0-31.7 Q0.0-15.7，　S0.0-31.7 SM0.0-179.7，　T0-255 C0-255，V0.0-2047.7 L0.0-63.7	I0.0-15.7 ，M0.0-31.7 Q0.0-15.7，　S0.0-31.7 SM0.0-179.7，　T0-255 C0-255，V0.0-5119.7 L0.0-63.7
字节	IB0-15，QB0-15 MB0-31，SMB0-179 SB0-31，VB0-2047 LB0-63，AC0-3 常数	IB0-15，QB0-15 MB0-31，SMB0-179 SB0-31，VB0-2047 LB0-63，AC0-3 常数	IB0-15，QB0-15 MB0-31，SMB0-179 SB0-31，VB0-5119 LB0-63，AC0-3 常数
字	IW0-14，QW0-14 MW0-30，SMW0-178 SW0-30，VW0-2046 LW0-62，AC0-3 T0-255，C0-255 常数	IW0-14，QW0-14 MW0-30，SMW0-178 SW0-30，VW0-2046 LW0-62，AC0-3 T0-255，C0-255 AIW0-30，AQW0-30 常数	IW0-14，QW0-14 MW0-30，SMW0-178 SW0-30，VW0-5118 LW0-62，AC0-3 T0-255，C0-255 AIW0-30，AQW0-30 常数
双字	ID0-12，QD0-12 MD0-28，SMD0-176 SD0-28，VD0-2044 LD0-60，AC0-3 HC0，3，4，5 常数	ID0-12，QD0-12 MD0-28，SMD0-176 SD0-28，VD0-2044 LD0-60，AC0-3 HC0，3，4，5 常数	ID0-12，QD0-12 MD0-28，SMD0-176 SD0-28，VD0-5116 LD0-60，AC0-3 HC0-5 常数

2．梯形图的基本绘制规则

（1）能流。

梯形图是在继电器电路图基础之上演变过来的，其结构和继电器电路十分相似。在梯形图中以左母线和右母线（通常不画出）代替电源线，而用“能流”（能量流）的概念来代替继电器电路中的电流。和真实电流一样，梯形图中的能流只能单向流动（从左到右，从上到下）。

梯形图中的触点闭合时，能流就可以从左母线通过触点（如图 4.1 中的 I0.0）向后传送；而功能指令（如图 4.1 中 ADD_I 和 MOV_W）只有 EN 端（能流输入端）有能流流入，且功能指令被正确执行后，其 ENO 端（能流输出端）才把能流传到下一个单元，否则能流在此终止（相当于实际电路中的断路）。在图 4.1 所示梯形图中，触点 I0.0 闭合后，能流从左母线传送至功能指令 ADD_I；ADD_I 正确执行后，其 ENO 端为 1，能流向后传送到功能指令 MOV_W，MOV_W 指令被执行。

（2）网络（Network）。

在梯形图中，程序被划分成称为网络（Network）的一些段。一个网络是触点、线圈和功能块的有序排列组成的完整电路。STEP 7-Micro/WIN 32 允许以网络为单位给梯形图程序建立注释；语句表程序不使用网络，但可以使用 Network 关键词对程序分段，以便通过编程软件自动在 STL、LAD 和 FBD 程序之间进行转换。

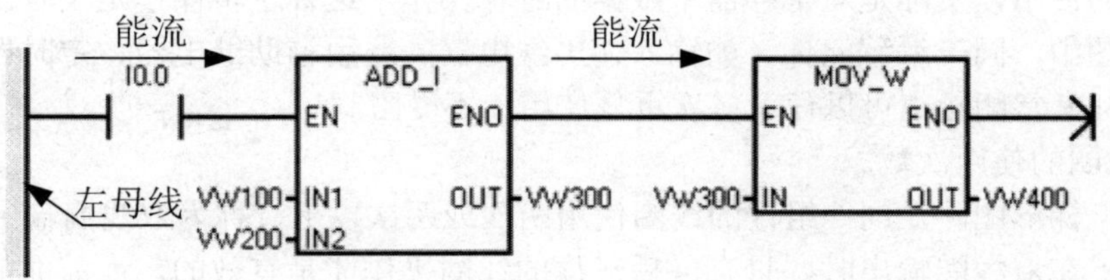

图 4.1　梯形图中的能流

（3）编程顺序。

梯形图按照从上到下，从左到右的顺序绘制。每个逻辑行开始于左母线，一般来说，触点要放在左侧，线圈和指令盒放在右侧，线圈和指令盒的右边不能再有触点，整个梯形图呈阶梯形结构。

（4）编号分配。

对外接电路各元件分配编号，编号的分配必须是主机或扩展模块本身实际提供的，而且是可以用来进行编程的（无论是输入设备还是输出设备）。每个元件都必须分配不同的输入和输出点。两个设备不能共用一个输入输出点。

（5）内、外触点的配合。

可编程序控制器无法识别输入设备用的是常开还是常闭触点，只能识别输入电路是接通还是断开。梯形图中的常开、常闭触点只是反映对应输入、输出映象寄存器中的相应位的状态，而不是现场物理开关触点的实际状态。因此设计 PLC 程序时必须注意物理开关触点（外触点）和梯形图中使用的触点（内触点）之间的配合。

通常情况下，内外触点的选择没有特殊的要求，但在某些特殊情况下要求必须使用特定的外触点时（比如停止开关、热继电器登必须使用常闭触点），就必须根据需要选择对应的内触点。内触点的选择决定于外触点的类型和控制电路的要求两方面。内、外触点的配合关系如表 4.3 所示。

表 4.3　内外触点的配合关系

外触点类型	控制电路的要求	内触点类型
常开	启动	常开
常开	停止	常闭
常闭	启动	常闭
常闭	停止	常开

当起动按钮用常开触点时，在梯形图中输入触点应用常开触点；当起动按钮用常闭触点时，在梯形图中输入触点应用常闭触点。

当停止按钮用常开触点时，在梯形图中输入触点应用常闭触点；当停止按钮用常闭触点时，在梯形图中输入触点则用常开触点。

（6）触点的使用次数。

梯形图中的触点并不是真正的物理触点，而是保存了外部触点状态的寄存器，梯形图中对某一触点的使用，实际是对寄存器中数据的逻辑操作，这种逻辑操作是没有次数限制的。因此在梯形图中，同一编程元件（如输入输出继电器、通用辅助继电器、定时器和计数器等元件）的常开、常闭触点可以任意多次重复使用，不受限制。

（7）线圈的使用次数。

若在同一梯形图中，同一组件的线圈使用两次或两次以上，称为双线圈输出。PLC 的扫描特性决定了在双线圈输出时，只有最后一次的线圈操作才是有效的，而前面的线圈操作是无效的。因此在绘制梯形图时，最好不要使用双线圈。

（8）线圈的连接。

用一个使能条件驱动多个线圈性质的指令或指令盒（如定时器指令），连接时必须用并联，不能出现串联形式。非线圈性质的指令盒（如上图的 ADD_I 指令），其 ENO 输出可以连接其他指令盒或线圈，但习惯上仍采用并联结构。

4.1.2 基本逻辑指令

基本逻辑指令在语句表语言中是指对位存储单元的简单逻辑运算，在梯形图中是指对触点的简单连接和对标准线圈的输出。

语句表编程语言用指令助记符创建控制程序，它是一种面向具体机器的语言，可被 PLC 直接执行，一般来说，语句表语言更适合于熟悉可编程序控制器和逻辑编程方面有经验的编程人员。用这种语言可以编写出用梯形图或功能框图无法实现的程序，但利用语句表时进行位运算时需要考虑主机的内部存储结构。

S7-200 可编程序控制器使用一个逻辑堆栈来分析控制逻辑，用语句表编程时要根据这一堆栈逻辑进行组织程序，用相关指令来实现堆栈操作。用梯形图和功能框图时，程序员不必考虑主机的这一逻辑，编程软件会自动地插入必要的指令来处理各种堆栈逻辑操作。

可编程序控制器中的堆栈是一组能够存储和取出数据的暂时存储单元。堆栈的存取特点是“后进先出”，S7-200 可编程序控制器的主机逻辑堆栈结构如表 4.4 所示。

表 4.4 逻辑堆栈结构

堆栈结构	名称	说明
S0	STACK 0	第一个堆栈（即栈顶）
S1	STACK 1	第二个堆栈
S2	STACK 2	第三个堆栈
S3	STACK 3	第四个堆栈
S4	STACK 4	第五个堆栈
S5	STACK 5	第六个堆栈
S6	STACK 6	第七个堆栈
S7	STACK 7	第八个堆栈
S8	STACK 8	第九个堆栈

这种逻辑堆栈结构是由九个堆栈存储器位组成的串联堆栈，栈顶是布尔型数据进出堆栈的必由之路。进栈时，数据由栈顶压入，堆栈中原来所存的数据被串行下移一格，如果原来STACK 8 中存有数据，则这一数据将被推出堆栈而自动丢失。出栈时，数据从栈顶被取出，所有数据串行上移一格，STACK 8 中随机地装入一个数值，用语句表编程时程序员应该注意这一特点。

栈顶 STACK 0 在此逻辑堆栈的位运算中兼有累加器的作用，存放第一操作数。对于简单逻辑指令，通常是进栈操作和一些最简单的位运算，这些运算是栈顶与第二个堆栈的内容进行与、或、非等逻辑运算。对于复杂指令，可以是堆栈中的其他数据位直接进行运算，结果经栈顶弹出。

基本逻辑指令主要包括标准触点指令、正负跳变指令、置位和复位指令、立即指令。

1．标准触点指令

标准触点指令有 LD、LDN、A、AN、O、ON、NOT、=指令（语句表），如表 4.5 所示。这些指令在逻辑堆栈中对寄存器位进行操作。标准触点指令中如果有操作数，则为BOOL 型，操作数的编址范围可以是 I、Q、M、SM、T、C、S、VL。

表 4.5　标准触点指令

指令	语句	描述
LD（Load）	LD　　bit	装载，电路开始的常开触点
LDN（Load Not）	LDNbit	装载非，电路开始的常闭触点
A（And）	A　　bit	与，串联一个常开触点
AN（And Not）	AN　　bit	非与，串联一个常闭触点
O（Or）	O　　bit	并联一个常开触点
ON（Or Not）	ON　　bit	并联一个常闭触点
NOT	NOT　bit	取反，（无操作数）
=	=　　bit	输出指令，将逻辑运算结果输出到指定存储器位或输出继电器对应的映像寄存器位，以驱动本位线圈

应用举例：图 4.2 所示程序段用于介绍标准触点指令在梯形图和语句表语言编程中的应用，程序执行的时序图如图 4.3 所示。

梯形图绘制技巧提示：

（1）梯形图每一行都是从左母线开始，而且输出线圈接在最右边，输入触点不能放在输出线圈的右边。

（2）输出线圈不能直接与左母线连接。

（3）遵循“上重下轻，左重右轻，避免混联”，即梯形图应把串联触点较多的电路放在梯形图上方；把并联触点较多的电路放在梯形图最左边。

2．正负跳变指令

正负跳变指令在梯形图中以触点形式使用。用于检测脉冲的正跳变（上升沿）或负跳变（下降沿），利用跳变让能流接通一个扫描周期，即可以产生一个扫描周期长度的微分脉冲，常用此脉冲触发内部继电器线圈。

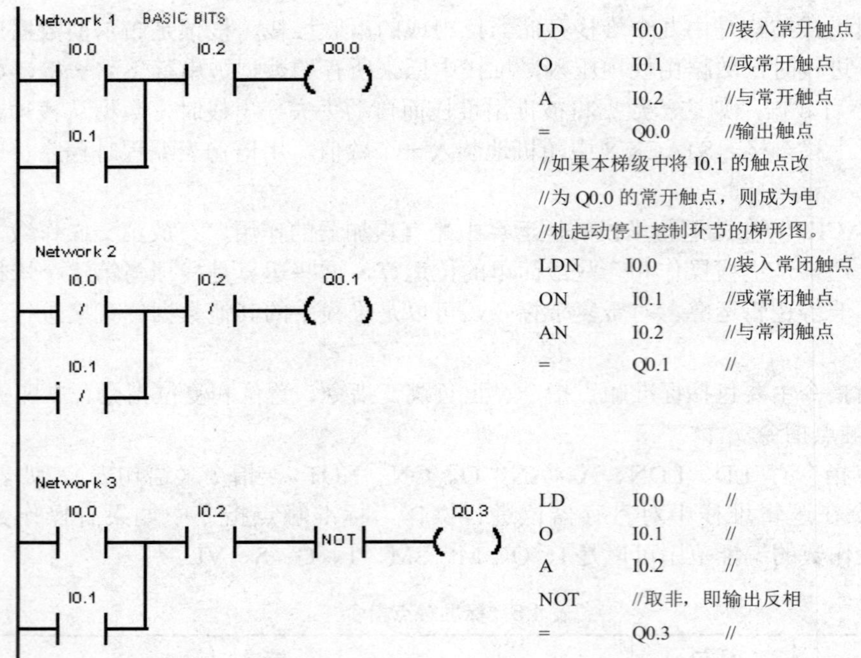

图 4.2　标准触点 LAD 和 STL 例

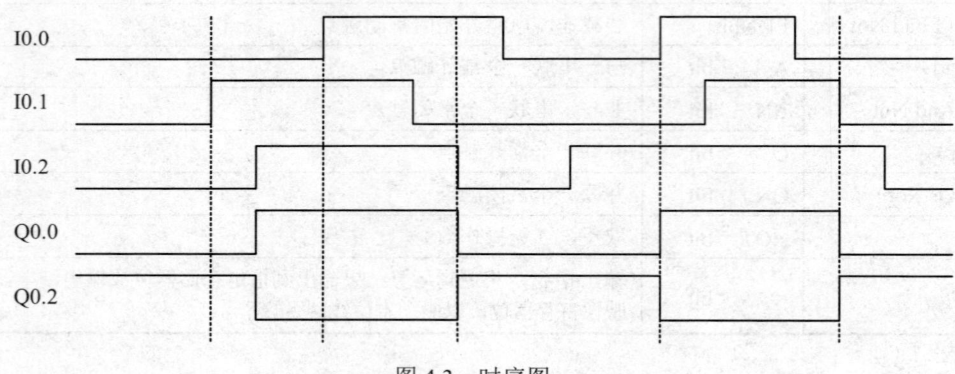

图 4.3　时序图

（1）EU，正跳变指令。

正跳变触点检测到脉冲的每一次正跳变后，产生一个微分脉冲，脉冲持续时间为一个扫描周期。

指令格式：EU（无操作数）

（2）ED，负跳变指令。

负跳变触点检测到脉冲的每一次负跳变后，产生一个微分脉冲，脉冲持续时间为一个扫描周期。

指令格式：ED（无操作数）

应用举例：图 4.4 所示是跳变指令的程序片断，图 4.5 所示是图 4.4 指令执行的时序。

3．置位和复位指令

置位即置 1，复位即置 0。置位和复位指令可以将位存储区的某一位开始的一个或多个

（最多可达 255 个）同类存储器位置 1 或置 0。这两条指令在使用时需指明 3 点：操作性质、开始位和位的数量。各操作数类型及范围如表 4.6 所示。

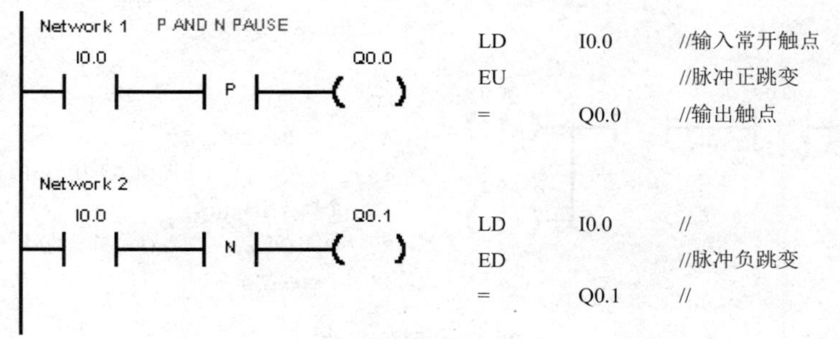

图 4.4　跳变应用

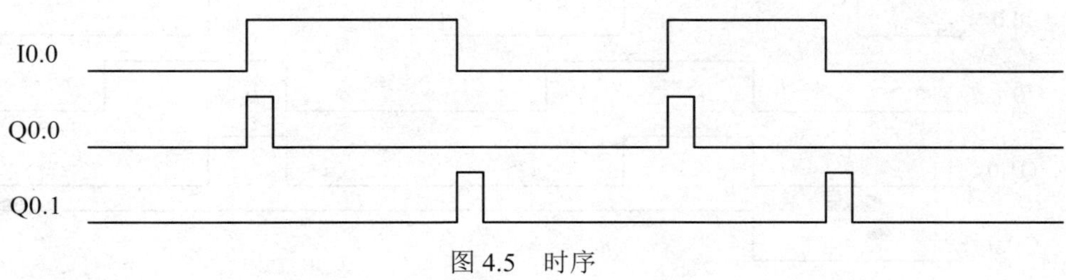

图 4.5　时序

表 4.6　操作数

操作数	范围	类型
位 bit	I, Q, M, SM, TC, V, S, L	BOOL 型
数量 N	VB , IB , QB , MB , SMB , LB , SB , AC , *VD , *AC , *LD	BYTE 型

（1）S，置位指令。

将位存储区的指定位（位 bit）开始的 N 个同类存储器位置位。

用法：S　bit,　N

例：　S　Q0.0, 1

（2）R，复位指令。

将位存储区的指定位（位 bit）开始的 N 个同类存储器位复位。当用复位指令时，如果是对定时器 T 位或计数器 C 位进行复位，则定时器位或计数器位被复位，同时，定时器或计数器的当前值被清零。

用法：R　bit,　N

例：　R　Q0.2, 3

应用举例：图 4.6 为置位和复位指令应用程序片断，图 4.7 为指令执行的时序图。

注意　在存储区的一位或多位被置位后，不能自己恢复，必须用复位指令由 1 跳回到 0。

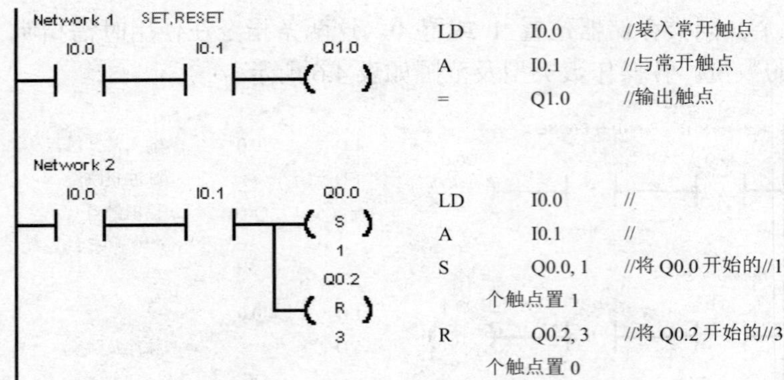

图 4.6 置位复位

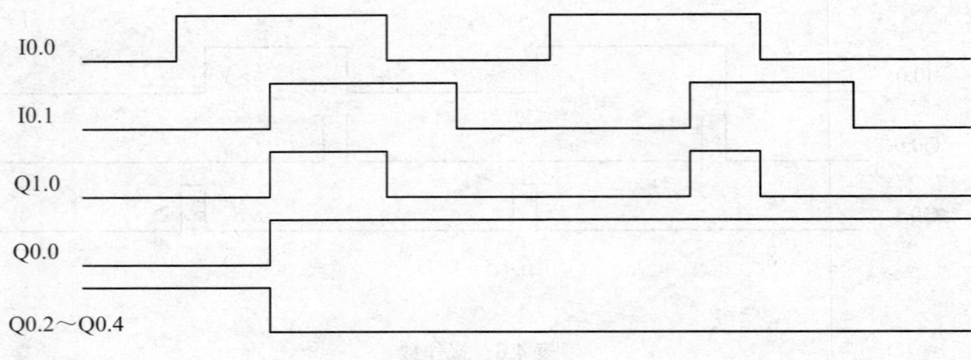

图 4.7 时序图

4. 立即指令

立即指令允许直接访问物理输入和输出点。当用立即指令读取输入点的状态时，相应输入映像寄存器中的值不会同时更新；用立即指令访问输出点时，输出点和相应的输出寄存器的内容同时被更新。

注意 只有输入继电器 I 和输出继电器 Q 可以使用立即指令。

（1）立即触点指令。

在每个标准触点指令的后面加“I”。指令执行时，立即读取物理输入点的值，但是不刷新对应映像寄存器的值。

这类指令包括：LDI、LDNI、AI、ANI、OI 和 ONI。下面以 LDI 指令为例。

用法： LDI bit

例： LDI I0.2

注意 bit 只能是 I 类型。

（2）=I，立即输出指令。

用立即指令访问输出点时，把栈顶值立即复制到指令所指出的物理输出点，同时，相应的输出映像寄存器的内容也被刷新。

用法：=I　　bit

例：　=I　　Q0.2

注意　bit 只能是 Q 类型。

（3）SI，立即置位指令。

用立即置位指令访问输出点时，从指令所指出的位（bit）开始的 N 个（最多为 128 个）物理输出点被立即置位，同时，相应的输出映像寄存器的内容也被刷新。

用法：SI　　bit,　N

例：　SI　　Q0.0, 2

注意　bit 只能是 Q 类型。SI 和 RI 指令的操作数类型及范围如表 4.7 所示。

表 4.7　操作数

操作数	范围	类型
位 bit	Q	BOOL
数量 N	VB，IB，QB，MB，SMB，LB，SB，AC，*VD，*AC，*LD，常数	BYTE

（4）RI，立即复位指令。

用立即复位指令访问输出点时，从指令所指出的位（bit）开始的 N 个（最多为 128 个）物理输出点被立即复位，同时，相应的输出映像寄存器的内容也被刷新。

用法：RI　　bit,　N

例：　RI　　Q0.0, 1

应用举例：图 4.8 所示为立即指令应用中的一段程序，图 4.9 所示是程序对应的时序图。

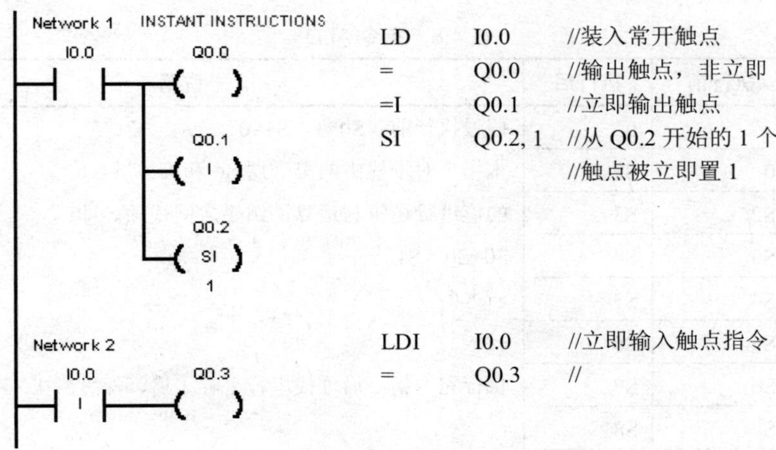

图 4.8　立即指令程序

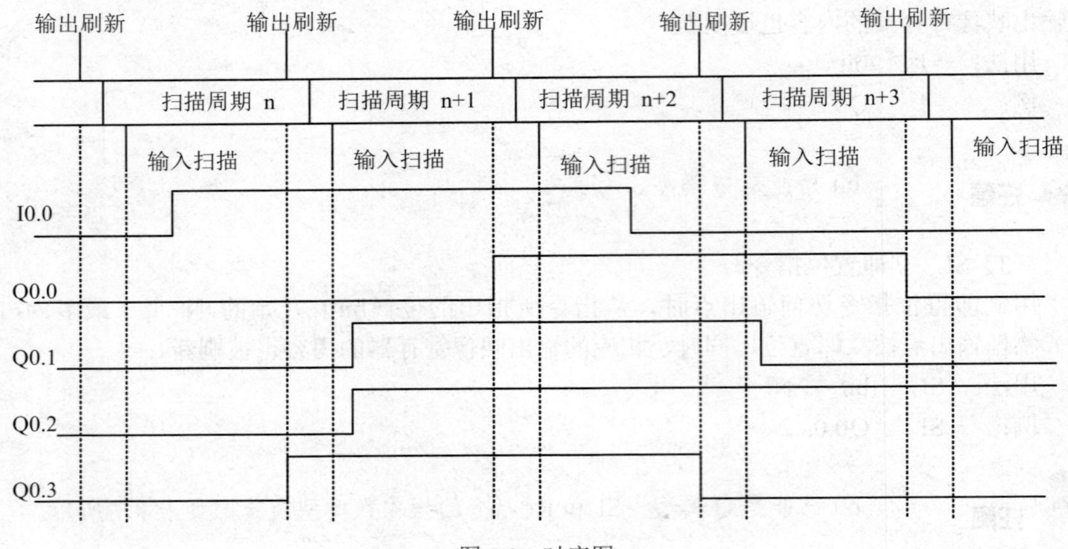

图 4.9 时序图

时序图中的 Q0.1 和 Q0.2 的跳变与扫描周期的输入扫描时刻不同步，这是由于两者的跳变发生在程序执行阶段，立即输出和立即置位指令执行完成的一刻。

4.1.3 复杂逻辑指令

基本逻辑指令涉及可编程元件的触点和线圈的简单连接，不能表达在梯形图中触点的复杂连接结构，而复杂逻辑指令则可以实现对触点复杂连接的描述。

本类指令包括 ALD、OLD、LPS、LRD、LPP 和 LDS，这些指令中除 LDS 外，其余指令都无操作数。

1．栈装载与指令

ALD，栈装载与指令（块与）。在梯形图中用于将并联电路块进行串联连接。

在语句表中指令 ALD 执行情况如表 4.8 所示。

表 4.8 指令 ALD

名称	执行前	执行后	说明
STACK 0	1	0	假设执行前，S0=1，S1=0 本指令对堆栈中的第一层 S0 和第二层 S1 的值进行逻辑与运算，结果放回栈顶。即： S0=S0×S1 =1×0 =0 执行完本指令后堆栈串行上移 1 格，深度减 1
STACK 1	0	S2	
STACK 2	S2	S3	
STACK 3	S3	S4	
STACK 4	S4	S5	
STACK 5	S5	S6	
STACK 6	S6	S7	
STACK 7	S7	S8	
STACK 8	S8	X	

2. 栈装载或指令

OLD，栈装载或指令（或块）。在梯形图中用于将串联电路块进行并联连接。

在语句表中指令 OLD 执行情况如表 4.9 所示。

表 4.9　指令 OLD

名称	执行前	执行后	说明
STACK 0	1	1	假设执行前，S0=1，S1=0 本指令对堆栈中的第一层 S0 和第二层 S1 的值进行逻辑或运算，结果放回栈顶。即： S0=S0+S1 =1+0 =1 执行完本指令后堆栈串行上移 1 个单元，深度减 1
STACK 1	0	S2	
STACK 2	S2	S3	
STACK 3	S3	S4	
STACK 4	S4	S5	
STACK 5	S5	S6	
STACK 6	S6	S7	
STACK 7	S7	S8	
STACK 8	S8	X	

3. 逻辑入栈指令

LPS，逻辑入栈指令（分支或主控指令）。在梯形图中的分支结构中，用于生成一条新的母线，左侧为主控逻辑块时，第一个完整的从逻辑行从此处开始。

注意　使用 LPS 指令时，本指令为分支的开始，以后必须有分支结束指令 LPP。即 LPS 与 LPP 指令必须成对出现。

在语句表中指令 LPS 执行情况如表 4.10 所示。

表 4.10　指令 LPS

名称	执行前	执行后	说明
STACK 0	1	1	假设执行前，S0=1 本指令对堆栈中的栈顶 S0 进行复制，并将这个复制值由栈顶压入堆栈。即： S0=S0 =1 执行完本指令后堆栈串行下移 1 格，深度加 1 原来的栈底 S8 内容将自动丢失
STACK 1	S1	1	
STACK 2	S2	S1	
STACK 3	S3	S2	
STACK 4	S4	S3	
STACK 5	S5	S4	
STACK 6	S6	S5	
STACK 7	S7	S6	
STACK 8	S8	S7	

4. 逻辑出栈指令

LPP，逻辑出栈指令（分支结束或主控复位指令）。在梯形图中的分支结构中，用于将 LPS 指令生成一条新的母线进行恢复。

注意：使用 LPP 指令时，必须出现在 LPS 的后面，与 LPS 成对出现。

在语句表中指令 LPP 执行情况如表 4.11 所示。

表 4.11 指令 LPP

名称	执行前	执行后	说明
STACK 0	1	1	假设执行前，S0=1，S1=1。 本指令将堆栈的栈顶 S0 弹出，则第二层 S1 的值上升进入栈顶，用以进行本指令之后的操作。即： S0=S1 =1 执行完本指令后堆栈串行上移 1 格，深度减 1 栈底 S8 内容将生成一个随机值 X
STACK 1	1	S1	
STACK 2	S1	S2	
STACK 3	S2	S3	
STACK 4	S3	S4	
STACK 5	S4	S5	
STACK 6	S5	S6	
STACK 7	S6	S7	
STACK 8	S7	X	

5. 逻辑读栈指令

LRD，逻辑读栈指令。在梯形图中的分支结构中，当左侧为主控逻辑块时，开始第二个和后边更多的从逻辑块。

在语句表中指令 LRD 执行情况如表 4.12 所示。

表 4.12 指令 LRD

名称	执行前	执行后	说明
STACK 0	1	0	假设执行前，S0=1，S1=0 本指令将堆栈中的第二层 S1 中的值进行复制，然后将这个复制值放入栈顶 S0，本指令不对堆栈进行压入和弹出操作。即： S0=S1 =0 执行完本指令后堆栈不串行上移或下移，除栈顶值之外，其他部分的值不变
STACK 1	0	0	
STACK 2	S2	S2	
STACK 3	S3	S3	
STACK 4	S4	S4	
STACK 5	S5	S5	
STACK 6	S6	S6	
STACK 7	S7	S7	
STACK 8	S8	S8	

注意　LPS 后第一个和最后一个从逻辑块不用本指令。

6. 装入堆栈指令

LDS，装入堆栈指令。本指令编程时较少使用。

指令格式：　LDS　　n（n 为 0～8 的整数）

例：　　　LDS　　4

指令　　　LDS　　4

在语句表中执行情况如表 4.13 所示。

表 4.13　指令 LDS

名称	执行前	执行后	说明
STACK 0	1	0	假设执行前，S0=1，S4=0
STACK 1	S1	1	本指令对堆栈中的第五层 S4 进行复制，并将这个
STACK 2	S2	S1	复制值由栈顶压入堆栈。即：
STACK 3	S3	S2	S0=S4
STACK 4	0	S3	=0
STACK 5	S5	0	执行完本指令后堆栈串行下移 1 格，深度加 1
STACK 6	S6	S5	原来的栈底 S8 内容将自动丢失
STACK 7	S7	S6	
STACK 8	S8	S7	

应用举例：图 4.10 所示是复杂逻辑指令在实际应用中的一段程序的梯形图。

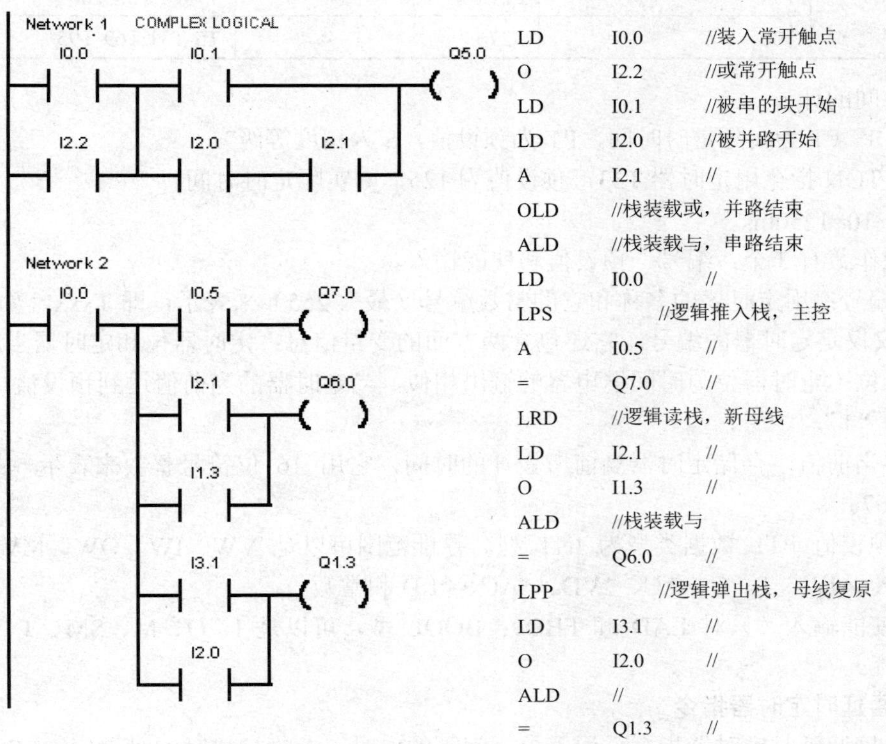

图 4.10　复杂逻辑指令的应用

4.1.4 定时器指令

定时器是 PLC 中的重要编程元件，主要用于和时间相关的操作。定时器编程时需要提前输入时间预设值，在运行时当定时器的输入条件满足时开始计时，当前值从 0 开始按一定的时间单位增加，当定时器的当前值达到预设值时，定时器发生动作（相应的常开触点闭合，常闭触点断开），以便 PLC 响应而作出相应的动作。利用定时器的输入与输出触点就可以得到控制所需的延时时间。

S7-200 PLC 系统提供了 256 个定时器，定时器可以使用的定时指令分为 TON、TONR 和 TOF 3 种。每种定时指令都有 3 个精度等级（时间增量/时间单位/分辨率）：1ms、10ms 和 100ms，定时器类型、精度等级和定时器号关系如表 4.14 所示。

表 4.14 定时精度与编号

定时器类型	精度等级（ms）	最大当前值（s）	定时器编号
TON	1	32.767	T32,T96
	10	327.67	T33-T36,T97-T100
TOF	100	3276.7	T37-T63,T101-T255
TONR	1	32.767	T0,T64
	10	327.67	T1-T4,T65-T68
	100	3276.7	T5-T31,T69-T95

定时时间的计算：

T=PT×S （T 为实际定时时间，PT 为预设值，S 为精度等级）

例如：TON 指令用定时器 T33，预设值为 125，则实际定时时间

T=125×10=1250ms

指令操作数有 3 个：编号、预设值和使能输入。

（1）编号：用定时器的名称和它的常数编号（最大 255）来表示，即 Txxx，如 T4。

T4 不仅仅是定时器的编号，它还包含两方面的变量信息：定时器位和定时器当前值。

定时器位：定时器位与时间继电器的输出相似，当定时器的当前值达到预设值 PT 时，该位被置为“1”。

定时器当前值：存储定时器当前所累计的时间，它用 16 位符号整数来表示，故最大计数值为 32767。

（2）预设值 PT：数据类型为 INT 型。寻址范围可以是 VW、IW、QW、MW、SW、SMW、LW、AIW、T、C、AC、*VD、*AC、*LD 和常数。

（3）使能输入（只对 LAD 和 FBD）：BOOL 型，可以是 I、Q、M、SM、T、C、V、S、L 和能流。

1. 接通延时定时器指令

TON，接通延时定时器指令，用于单一间隔的定时。首次扫描时定时器位 OFF，当前值为 0；使能输入接通时，定时器位为 OFF，当前值从 0 开始计数；当前值达到预设值时，定时器位 ON，当前值连续计数到 32767。使能输入断开，定时器自动复位，即定时器位

OFF，当前值为 0。

指令格式： TON　　Txxx,PT

例： TON　　T120,8

2．保持型接通延时定时器指令

TONR，保持型接通延时定时器指令，用于对许多间隔的累计定时。首次扫描时定时器位 OFF，当前值保持；使能输入接通时，定时器位为 OFF，当前值从 0 开始计数；使能输入断开，定时器位和当前值保持最后状态；使能输入再次接通时，当前值从上次的保持值继续计数，当累计当前值达到预设值时，定时器位 ON，当前值连续计数到 32767。

TONR 定时器只能用复位指令进行复位操作。

指令格式： TONR　　Txxx,PT

例： TONR　　T20,63

3．断开延时定时器指令

TOF，断开延时定时器指令。用于断开后的单一间隔定时。首次扫描时定时器位 OFF，当前值为 0；使能输入接通时，定时器位为 ON，当前值为 0；当使能输入由接通到断开时，定时器开始计数；当前值达到预设值时，定时器位 OFF，定时器停止计数。

TOF 复位后，如果使能输入再有从 ON 到 OFF 的负跳变，则可实现定时器再次启动。

指令格式： TOF　　Txxx,PT

例： TOF　　T35,6

注意

（1）TON 定时器和 TOF 定时器不能使用相同的地址，比如不能同时使用 TON　T32 和 TOF　T32。

（2）3 种定时器都可以用复位指令复位，复位指令的执行结果是：定时器位变为 OFF；定时器当前值变为 0。

4．应用举例

例 1：图 4.11 所示是介绍 3 种定时器工作特性的程序片断，其中 T35 为通电延时定时器，T2 为保持型通电延时定时器，T36 为断电延时定时器。

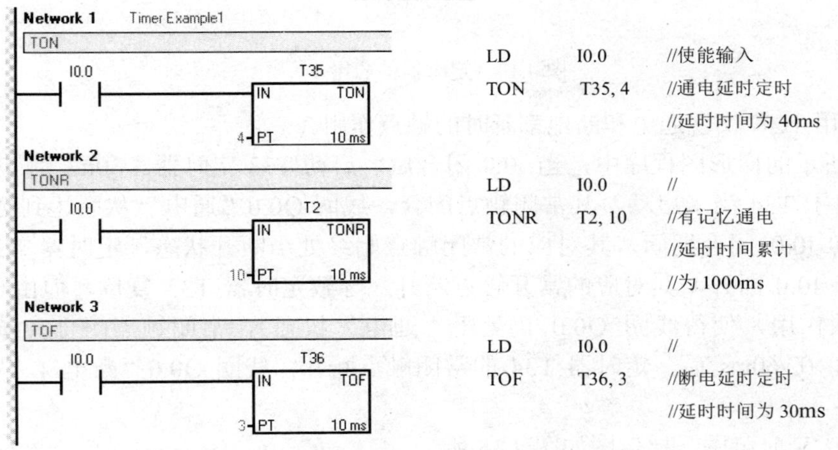

图 4.11　定时器特性

本梯形图程序中输入输出执行时序关系如图 4.12 所示。

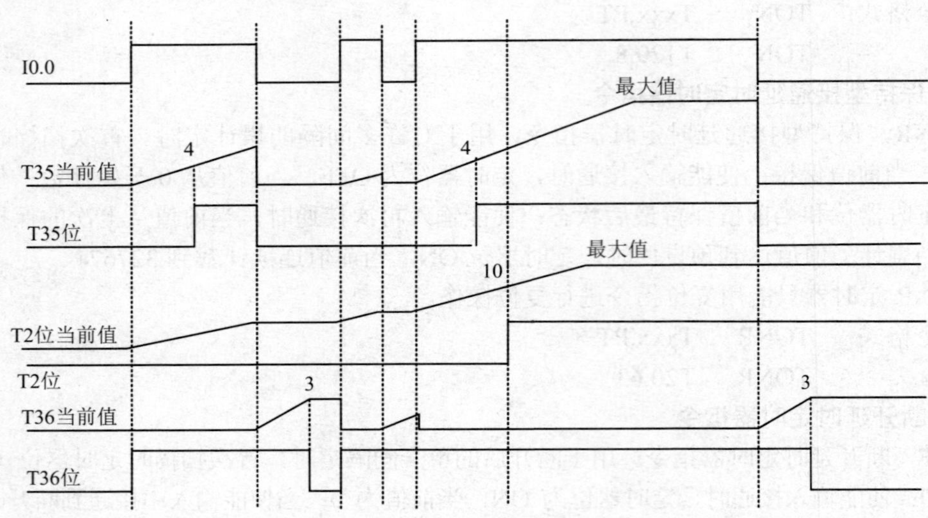

图 4.12　定时器时序

例 2：用 TON 类型定时器构造其他类型定时器。

某些 PLC 只有 TON 定时器，如果程序设计时需要其他类型的定时器，则可以利用 TON 来构造。

图 4.13 所示是利用 TON 构造的 TOF 类型定时器，其时序图与 TOF 的时序完全相同。

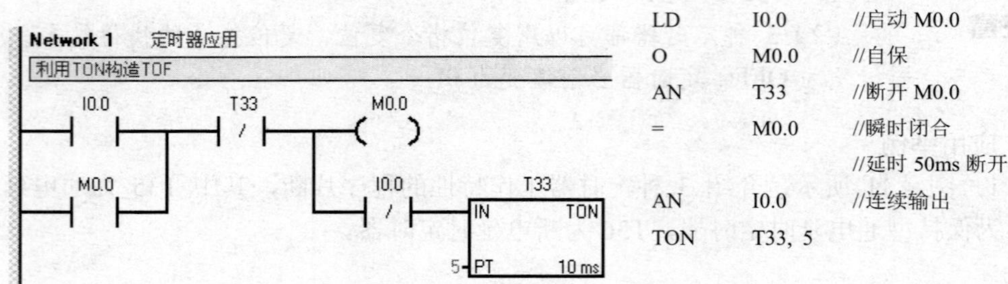

图 4.13　定时器的应用 1

例 3：利用 TON 实现通电和断电都延时的触点作用。

图 4.14 所示的梯形图程序中，当 I0.0 闭合后，启动 T33 定时器。30ms 后 T33 的常开触点闭合，由于 T34 尚未启动，其常闭触点闭合，线圈 Q0.0“通电”从而达到延时通电的效果。在触点 I0.0 闭合期间，其对应的常闭触点始终处于断开状态，定时器 T34 无法启动；一旦触点 I0.0 断开，其对应的常开触点断开（导致定时器 T33 复位，但由于 Q0.0 常开触点的自锁作用，使得线圈 Q0.0 仍处于“通电”状态），常闭触点闭合（导致定时器 T34 的启动）。在 60ms 后，定时器 T34 的常闭触点断开，线圈 Q0.0“断电”，从而达到延时断电的效果。

例 4：扩大延时范围，梯形图如图 4.15 所示。

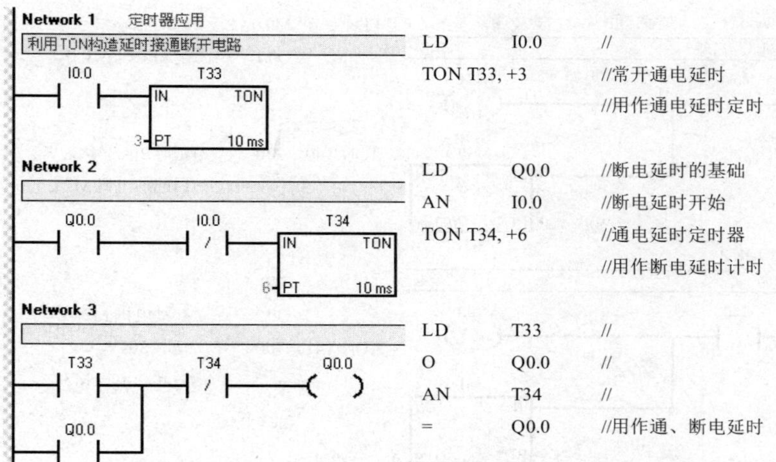

图 4.14　定时器的应用 2

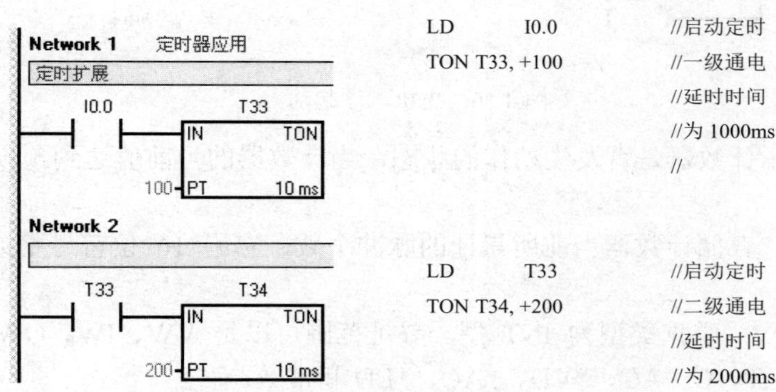

图 4.15　定时器的应用 3

例 5：电机顺序起动

控制要求：3 台电机按顺序起动。电机 M1 先起动，运行 20 秒后，M2 起动，再经 30 秒后，M3 起动。

程序如图 4.16 所示。图中 3 台电机 M1、M2、M3 分别由 Q0.0、Q0.1 和 Q0.2 控制。

4.1.5　计数器指令

计数器用于累计输入脉冲的次数，是应用非常广泛的编程元件，经常用来对产品进行计数。计数器与定时器的使用基本相似，编程时输入它的预设值 PV（计数的次数），计数器累计它的脉冲输入端电位上升沿（正跳变）个数，当计数器达到预设值 PV 时，计数器动作以便 PLC 作出相应的处理。

计数器指令有 3 种：增计数 CTU、增减计数 CTUD 和减计数 CTD。

指令操作数包含 4 项：编号、预设值、脉冲输入和复位输入。

（1）编号：用计数器名称和它的常数编号（最大 255）来表示，即 Cxxx，如 C6。

C6 不仅仅是计数器的编号，它还包含两方面的变量信息：计数器位和计数器当前值。

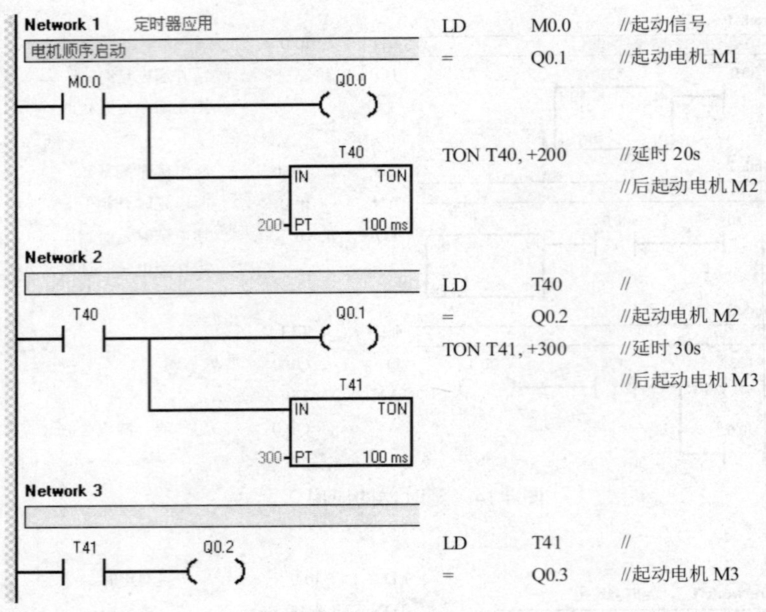

图 4.16 电机顺序起动

计数器位：表示计数器是否发生动作的状态，当计数器的当前值达到预设值 PV 时，该位被置为“1”。

计数器当前值：存储计数器当前所累计的脉冲个数，它用 16 位符号整数来表示，故最大计数值为 32767。

（2）预设值 PV：数据类型为 INT 型。寻址范围可以是 VW、IW、QW、MW、SW、SMW、LW、AIW、T、C、AC、*VD、*AC、*LD 和常数。

（3）复位输入、脉冲输入：BOOL 型，可以是 I、Q、M、SM、T、C、V、S、L 和能流。

1．增计数器

CTU，增计数器指令。首次扫描时定时器位 OFF，当前值为 0。脉冲输入的每个上升沿，计数器计数 1 次，当前值增加 1 个单位，当前值达到预设值时，计数器位 ON，当前值继续计数到 32767 停止计数。复位输入有效或执行复位指令，计数器自动复位，即计数器位 OFF，当前值为 0。

指令格式： CTU Cxxx,PV

例： CTU C20,3

2．增减计数器

CTUD，增减计数器指令。有两个脉冲输入端：CU 输入端用于递增计数，CD 输入端用于递减计数。首次扫描时定时器位 OFF，当前值为 0。CU 输入的每个上升沿，计数器当前值增加 1 个单位，CD 输入的每个上升沿，计数器当前值减小 1 个单位，当前值达到预设值时，计数器位 ON。

增减计数器计数到 32767（最大值）后，下一个 CU 输入的上升沿将使当前值跳变为最小值（-32768）；反之，当前值达到最小值（-32768）时，下一个 CD 输入的上升沿将使当前值跳变为最大值（32767）。复位输入有效或执行复位指令，计数器自动复位，即计数器位

OFF，当前值为 0。

指令格式：　CTUD　Cxxx,PV

例：　　　　CTUD　C30,5

3．减计数器

CTD，减计数器指令。脉冲输入端 CD 用于递减计数。首次扫描时定时器位 OFF，当前值为等于预设值 PV。计数器检测到 CD 输入的每个上升沿时，计数器当前值减小一个单位，当前值减到 0 时，计数器位 ON。复位输入有效或执行复位指令，计数器自动复位，即计数器位 OFF，当前值复位为预设值，而不是 0。

指令格式：　CTD　Cxxx,PV

例：　　　　CTD　C40,4

注意

（1）可以用复位指令来对 3 种计数器复位，复位指令的执行结果是：计数器位变为 OFF；计数器当前值变为 0（CTD 除外）。

（2）同一个计数器编号线圈只能使用一次。

4．应用举例

例 1：图 4.17 所示为增计数器的程序片断和时序图。

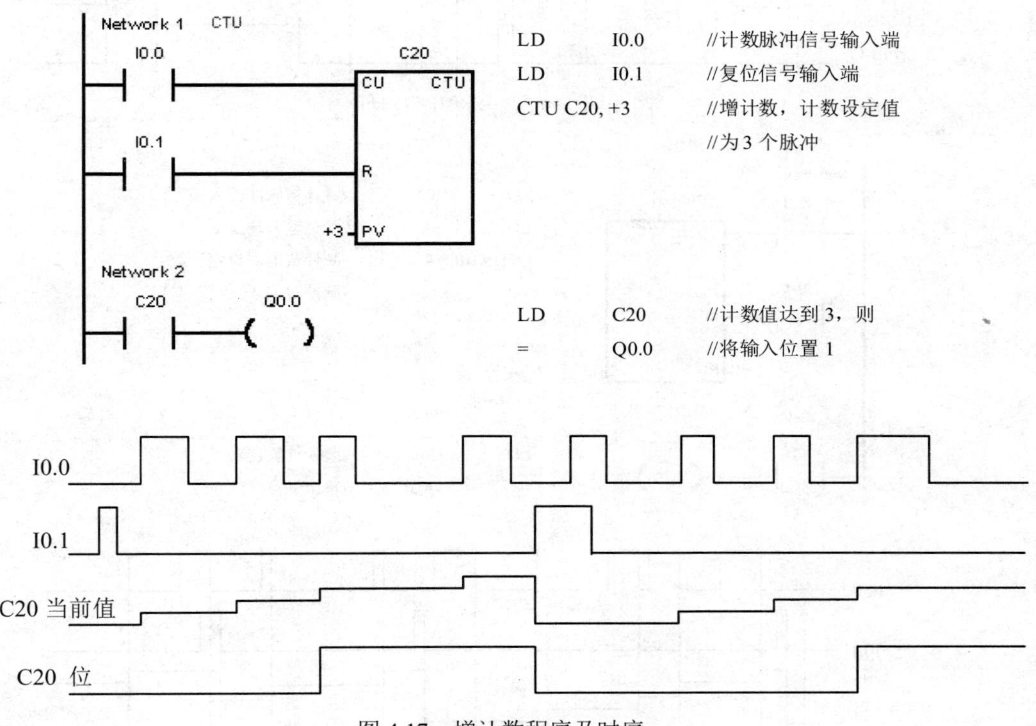

图 4.17　增计数程序及时序

例 2：图 4.18 所示为增减计数器的程序片断和时序图。

例 3：图 4.19 所示为减计数器的程序片断和时序图。

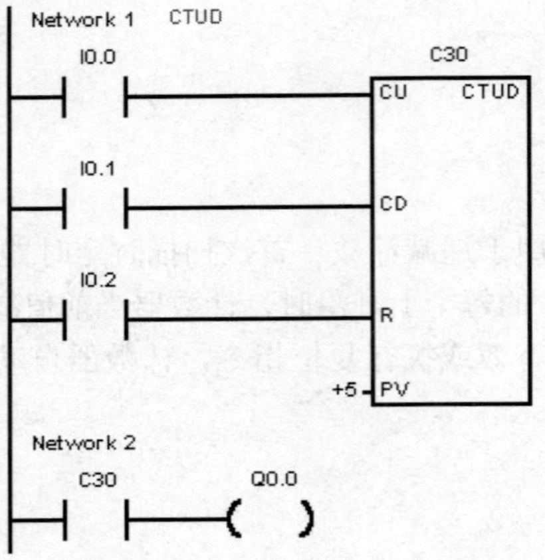

```
LD      I0.0      //增计数输入端
LD      I0.1      //减计数输入端
LD      I0.2      //复位输入端
CTUD    C30, +5   //增减计数，设定
                  //脉冲数为 5
LD      C30       //计数器触点
=       Q0.0      //输出触点
```

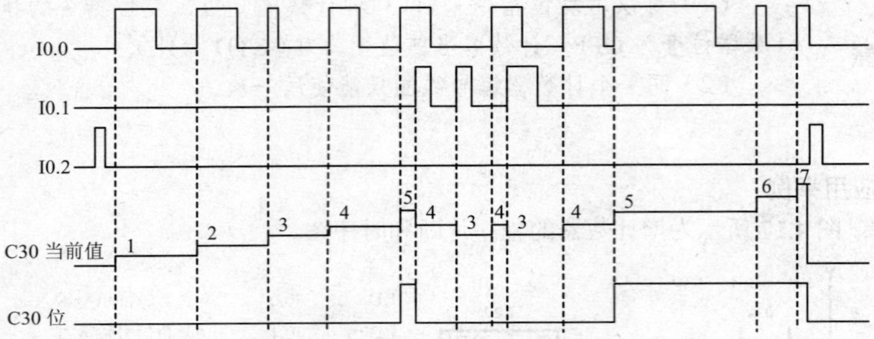

图 4.18 增减计数程序及时序

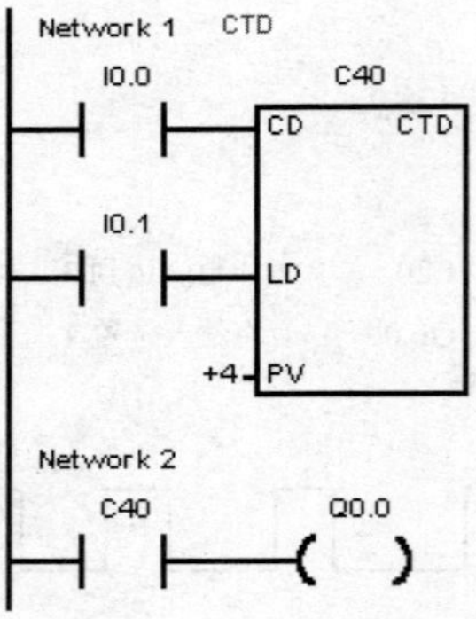

```
LD      I0.0      //减计数脉冲输入端
LD      I0.1      //复位输入端
CTD C40, +4       //减计数器，设定计数
                  //脉冲数为 4
LD      C40       //装入计数器触点
=       Q0.0      //输出触点
```

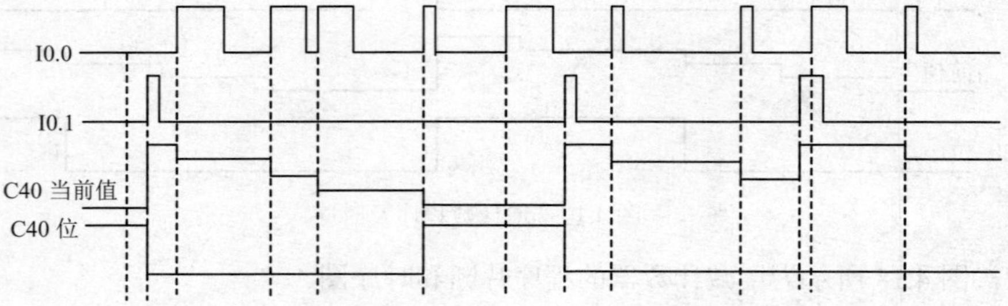

图 4.19 减计数程序及时序

例 4：循环计数。

以上三种类型的计数器如果在使用时，将计数器位的常开触点作为复位输入信号，就可以实现循环计数。

例 5：用计数器和定时器配合增加延时时间，如图 4.20 所示。试分析以下程序中实际延时为多长时间。

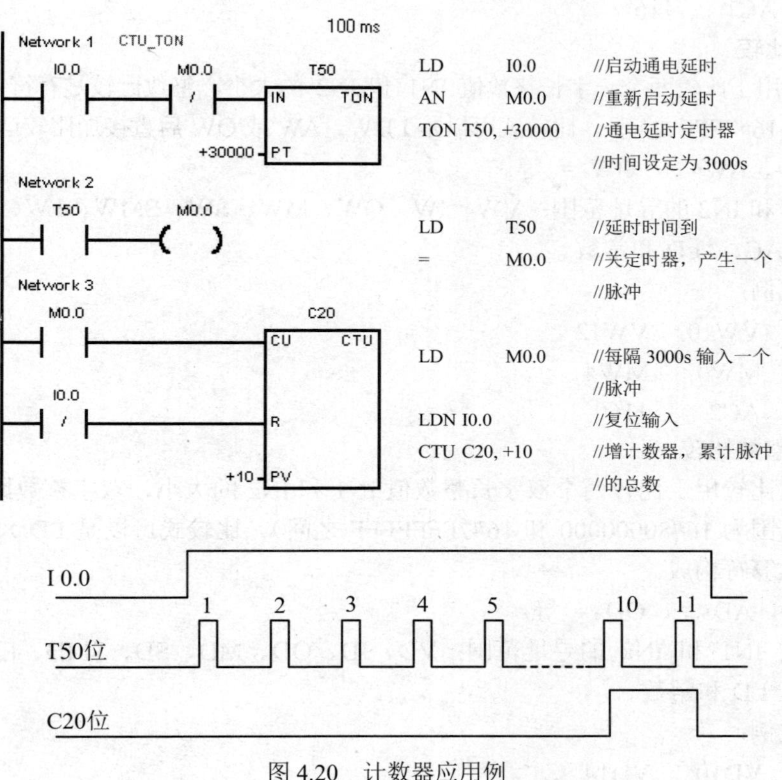

图 4.20　计数器应用例

4.1.6　比较指令

比较指令用于比较两个符号数或无符号数。

在梯形图中以带参数和运算符号的触点的形式编程，当这两个数比较式的结果为真时，该触点闭合。

在功能框图中以指令盒的形式编程，当比较式结果为真时，输出接通。

在语句表中使用 LD、A 和 O 指令进行编程，当比较式为真时，主机将栈顶置 1。

比较指令的类型有：字节比较、整数比较、双字整数比较和实数比较。

比较运算符有：=、>=、<=、>、<和< >6 种。

1．字节比较

字节比较用于比较两个字节型整数值 IN1 和 IN2 的大小，字节比较是无符号的。比较式可以是 LDB、AB 或 OB 后直接加比较运算符构成。

如 LDB=、AB< >、OB>= 等。

整数 IN1 和 IN2 的寻址范围：VB、IB、QB、MB、SB、SMB、LB、*VD、*AC、*LD 和常数。

指令格式例：

LDB=　VB10,　VB12

AB<>　MB0,　MB1

OB<=　AC1,　116

2．整数比较

整数比较用于比较两个一字长整数值 IN1 和 IN2 的大小，整数比较是有符号的（整数范围为 16#8000 和 16#7FFF 之间）。比较式可以是 LDW、AW 或 OW 后直接加比较运算符构成。

如 LDW=、AW< >、OW>= 等。

整数 IN1 和 IN2 的寻址范围：VW、IW、QW、MW、SW、SMW、LW、AIW、T、C、AC、*VD、*AC、*LD 和常数。

指令格式例：

LDW=　VW10,　VW12

AW<>　MW0,　MW4

OW<=　AC2,　1160

3．双字整数比较

双字整数比较用于比较两个双字长整数值 IN1 和 IN2 的大小，双字整数比较是有符号的（双字整数范围为 16#80000000 和 16#7FFFFFFF 之间）。比较式可以是 LDD、AD 或 OD 后直接加比较运算符构成。

如 LDD=、AD< >、OD>= 等。

双字整数 IN1 和 IN2 的寻址范围：VD、ID、QD、MD、SD、SMD、LD、HC、AC、*VD、*AC、*LD 和常数。

指令格式例：

LDD=　VD10,　VD14

AD< >　MD0,　MD8

OD<=　AC0,　1160000

LDD>=　HC0,　*AC0

4．实数比较

实数比较用于比较两个双字长实数值 IN1 和 IN2 的大小，实数比较是有符号的（负实数范围为-1.175495E-38 和-3.402823E+38，正实数范围为+1.175495E-38 和+3.402823E+38）。比较式可以是 LDR、AR 或 OR 后直接加比较运算符构成。

如：LDR=、AR< >、OR>= 等。

整数 IN1 和 IN2 的寻址范围：VD、ID、QD、MD、SD、SMD、LD、AC、*VD、*AC、*LD 和常数。

指令格式例：

LDR=　VD10,　VD18

AR<>　MD0,　MD12

OR<=　AC1,　1160.478

AR>　　*AC1,　　VD100

5. 应用举例

控制要求：一自动仓库存放某种货物，最多 6000 箱，需对所存的货物进出计数。货物多于 1000 箱，灯 L1 亮；货物多于 5000 箱，灯 L2 亮。其中，L1 和 L2 分别受 Q0.0 和 Q0.1 控制，数值 1000 和 5000 分别存储在 VW20 和 VW30 字存储单元中。

本控制系统的程序如图 4.21 所示。

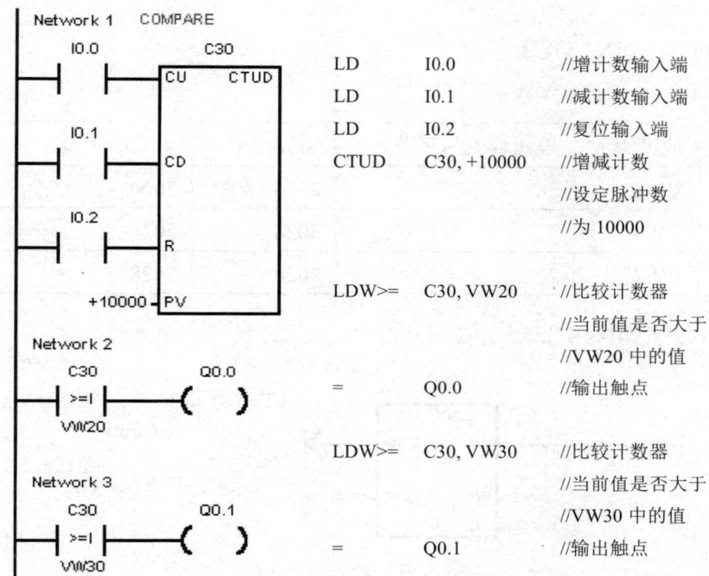

图 4.21　程序举例

4.2　运算指令

运算功能的加入是现代可编程序控制器与早期可编程逻辑控制器的最大区别，目前各厂商生产的各种型号 PLC 普遍具备较强的运算功能。运算包括算术运算和逻辑运算。

4.2.1～4.2.6 节讲述的都属于算术运算，包括加、减、乘、除和一些常用的数学函数；其余为逻辑运算，如逻辑与、逻辑或和取反等。

4.2.1　加法

加法指令是对有符号数进行相加操作。包括：整数加法、双整数加法和实数加法。

1. 整数加法

+I，整数加法指令。使能输入有效时，将两个单字长（16 位）的符号整数 IN1 和 IN2 相加，产生一个 16 位整数结果 OUT。

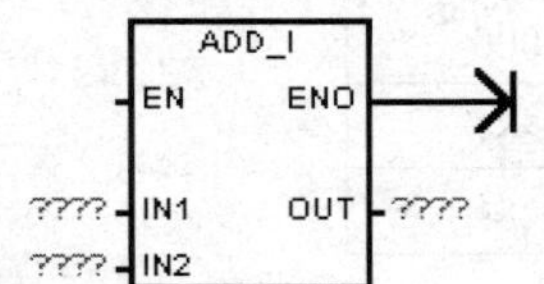

在 LAD 和 FBD 中，以指令盒形式编程，执行结果：IN1+IN2=OUT。

在 STL 中，执行结果：IN1+OUT=OUT。

IN1 和 IN2 的寻址范围：VW、IW、QW、MW、SW、SMW、LW、AIW、T、C、AC、*VD、*AC、*LD 和常数。

OUT 的寻址范围：VW、IW、QW、MW、SW、SMW、LW、T、C、AC、*VD、*AC 和*LD。

本指令影响的特殊存储器位：SM1.0（零）、SM1.1（溢出）、SM1.2（负）。

使能流输出 ENO 断开的出错条件：SM1.1（溢出）、SM4.3（运行时间）、0006（间接寻址）。

指令格式：　+I　　IN1,OUT

例：　　　　+I　　VW0,VW4

操作数	地址单元	单元长度（字节）	运算前值	运算结果值
IN1	VW0	2	2000	2000
IN2	VW4	2	3028	5028
OUT	VW4	2	3028	5028

程序实例：梯形图如图 4.22 所示。

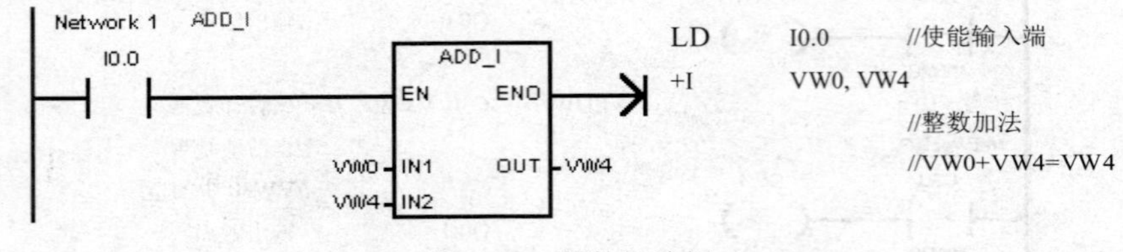

图 4.22　整数加法例

2．双整数加法

+D，双整数加法指令。使能输入有效时，将两个双字长（32 位）的符号双整数 IN1 和 IN2 相加，产生一个 32 位双整数结果 OUT。

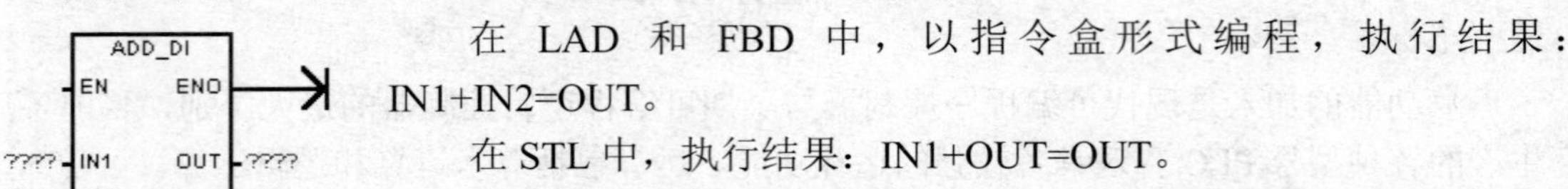

在 LAD 和 FBD 中，以指令盒形式编程，执行结果：IN1+IN2=OUT。

在 STL 中，执行结果：IN1+OUT=OUT。

IN1 和 IN2 的寻址范围：VD、ID、QD、MD、SD、SMD、LD、HC、AC、*VD、*AC、*LD 和常数。

OUT 的寻址范围：VD、ID、QD、MD、SD、SMD、LD、AC、*VD、*AC 和*LD。

本指令影响的特殊存储器位：SM1.0（零）、SM1.1（溢出）、SM1.2（负）。

使能流输出 ENO 断开的出错条件：SM1.1（溢出）、SM4.3（运行时间）、0006（间接寻址）。

操作数	地址单元	单元长度（字节）	运算前值	运算结果值
IN1	VD0	4	120000	120000
IN2	VD4	4	30281	150281
OUT	VD4	4	30281	150281

指令格式：　+D　IN1,OUT

例：　　　+D　VD0,VD4

3．实数加法

+R，实数加法指令。使能输入有效时，将两个双字长（32 位）的实数 IN1 和 IN2 相加，产生一个 32 位实数结果 OUT。

在 LAD 和 FBD 中，以指令盒形式编程，执行结果：IN1+IN2=OUT。

在 STL 中，执行结果：IN1+OUT=OUT。

IN1 和 IN2 的寻址范围：VD、ID、QD、MD、SD、SMD、LD、AC、*VD、*AC、*LD 和常数。

OUT 的寻址范围：VD、ID、QD、MD、SD、SMD、LD、AC、*VD、*AC 和*LD。

本指令影响的特殊存储器位：SM1.0（零）、SM1.1（溢出）、SM1.2（负）。

使能流输出 ENO 断开的出错条件：SM1.1（溢出）、SM4.3（运行时间）、0006（间接寻址）。

操作数	地址单元	单元长度（字节）	运算前值	运算结果值
IN1	VD0	4	200.03	200.03
IN2	VD4	4	302.815	502.845
OUT	VD4	4	302.815	502.815

指令格式：+R　　IN1,OUT

例：　　　+R　　VD0,VD4

4.2.2 减法

减法指令是对有符号数进行相减操作，包括整数减法、双整数减法和实数减法。这 3 种减法指令与所对应的加法指令除运算法则不同之外，其他方面基本相同。

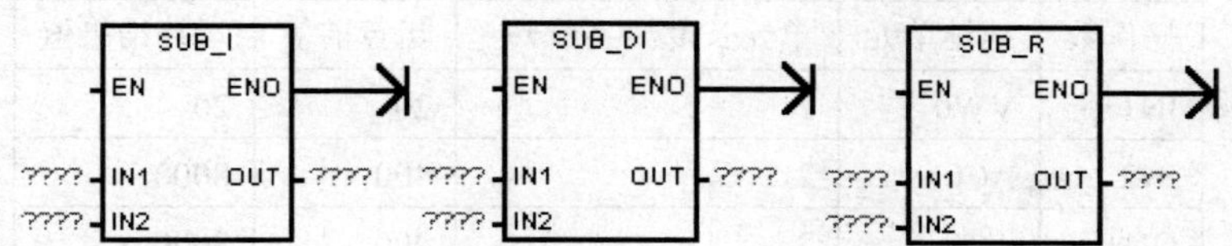

在 LAD 和 FBD 中，以指令盒形式编程，执行结果：IN1-IN2=OUT。

在 STL 中，执行结果：　OUT- IN2=OUT。

指令格式：　-I　　IN2,　OUT　（整数减法）

　　　　　　-D　　IN2,　OUT　（双整数减法）

　　　　　　-R　　IN2,　OUT　（实数减法）

例：　　　　-I　　AC0,　VW4

操作数	地址单元	单元长度（字节）	运算前值	运算结果值
IN1	VW4	2	3000	1000
IN2	AC0	2	2000	2000
OUT	VW4	2	3000	1000

4.2.3 乘法

乘法指令是对有符号数进行相乘运算，包括整数乘法、完全整数乘法、双整数乘法和实数乘法。

1．整数乘法

*I，整数乘法指令。使能输入有效时，将两个单字长（16 位）的符号整数 IN1 和 IN2 相乘，产生一个 16 位整数结果 OUT。

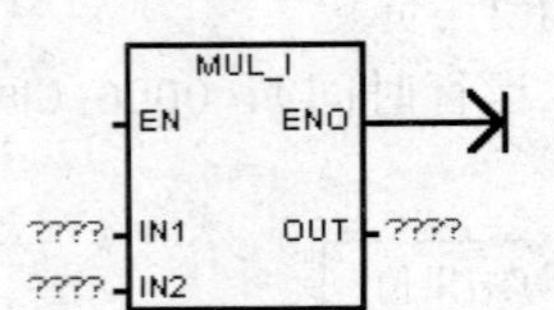

运算结果如果大于 16 位二进制表示的范围，则产生溢出。

在 LAD 和 FBD 中，以指令盒形式编程，执行结果：IN1*IN2=OUT。

在 STL 中，执行结果：IN1*OUT=OUT。

IN1 和 IN2 的寻址范围：VW、IW、QW、MW、SW、SMW、LW、AIW、T、C、AC、*VD、*AC、*LD 和常数。

OUT 的寻址范围：VW、IW、QW、MW、SW、SMW、LW、T、C、AC、*VD、*AC 和*LD。

本指令影响的特殊存储器位：SM1.0（零）、SM1.1（溢出）、SM1.2（负）、SM1.3（被 0 除）。

使能流输出 ENO 断开的出错条件：SM1.1（溢出）；SM4.3（运行时间）；0006（间接寻址）。

指令格式：*I　　IN1,OUT

例：　　　*I　　VW0,AC0

操作数	地址单元	单元长度（字节）	运算前值	运算结果值
IN1	VW0	2	20	20
IN2	AC0	2	400	8000
OUT	AC0	2	400	8000

2．完全整数乘法

MUL，完全整数乘法指令。使能输入有效时，将两个单字长（16 位）的符号整数 IN1 和 IN2 相乘，产生一个 32 位双整数结果 OUT。

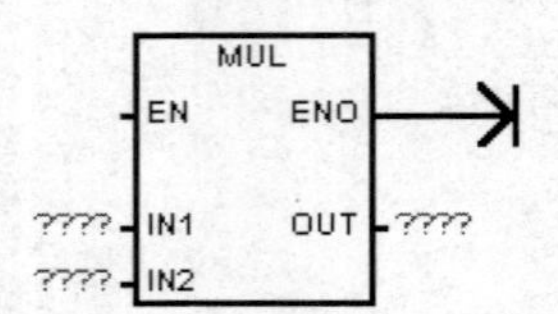

在 LAD 和 FBD 中，以指令盒形式编程，执行结果：IN1*IN2=OUT。

在 STL 中，执行结果：IN1*OUT=OUT（32 位结果的低 16 位曾被用作乘数）。

IN1 和 IN2 的寻址范围：VW、IW、QW、MW、SW、SMW、LW、AIW、T、C、

AC、*VD、*AC、*LD 和常数。

OUT 的寻址范围：VD、ID、QD、MD、SD、SMD、LD、AC、*VD、*AC 和*LD。

本指令影响的特殊存储器位：SM1.0（零）、SM1.1（溢出）、SM1.2（负）、SM1.3（被 0 除）。

使能流输出 ENO 断开的出错条件：SM1.1（溢出）、SM4.3（运行时间）、0006（间接寻址）。

指令格式：MUL　IN1,OUT

例：　　　MUL　AC0,VD10

操作数	地址单元	单元长度（字节）	运算前值	运算结果值
IN1	AC0	2	20	20
IN2	VW12	2	400	8000
OUT	VD10	4	400	8000

在梯形图中用本指令编程时，如果 OUT 为存储器单元，则必须考虑到存储器的编址特点。输入数据 IN2 与 OUT 的低 16 位用的是同一单元。

3．双整数乘法

*D，双整数乘法指令。使能输入有效时，将两个双字长（32 位）的符号整数 IN1 和 IN2 相乘，产生一个 32 位双整数结果 OUT。

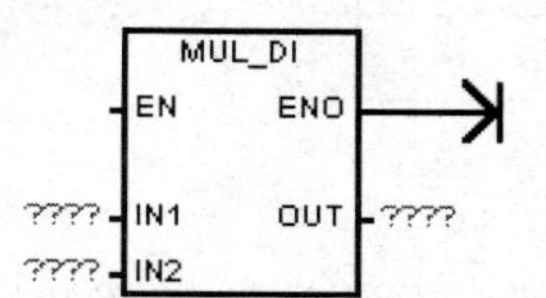

运算结果如果大于 32 位二进制表示的范围，则产生溢出。

在 LAD 和 FBD 中，以指令盒形式编程，执行结果：IN1*IN2=OUT。

在 STL 中，执行结果：IN1*OUT=OUT。

IN1 和 IN2 的寻址范围：VD、ID、QD、MD、SD、SMD、LD、HC、AC、*VD、*AC、*LD 和常数。

OUT 的寻址范围：VD、ID、QD、MD、SD、SMD、LD、AC、*VD、*AC 和*LD。

本指令影响的特殊存储器位：SM1.0（零）、SM1.1（溢出）、SM1.2（负）、SM1.3（被 0 除）。

使能流输出 ENO 断开的出错条件：SM1.1（溢出）、SM4.3（运行时间）、0006（间接寻址）。

指令格式：*D　　IN1,OUT

例：　　　*D　　VD0,AC0

操作数	地址单元	单元长度（字节）	运算前值	运算结果值
IN1	VD0	4	200	200
IN2	AC0	4	400	80000
OUT	AC0	4	400	80000

4．实数乘法

*R，实数乘法指令。使能输入有效时，将两个双字长（32 位）的实数 IN1 和 IN2 相

乘，产生一个 32 位实数结果 OUT。

运算结果如果大于 32 位二进制表示的范围，则产生溢出。溢出以及输入非法参数，或运算中产生非法值，都会使特殊标志位 SM1.1 置位。

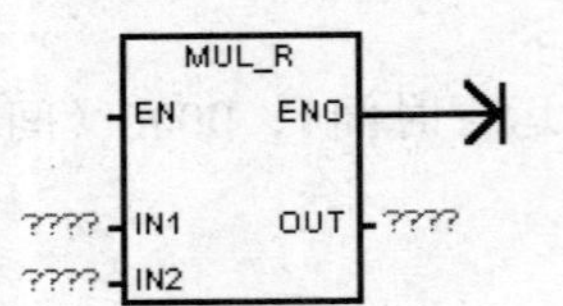

在 LAD 和 FBD 中，以指令盒形式编程，执行结果：IN1*IN2=OUT。

在 STL 中，执行结果：IN1*OUT=OUT。

IN1 和 IN2 的寻址范围：VD、ID、QD、MD、SD、SMD、LD、AC、*VD、*AC、*LD 和常数。

OUT 的寻址范围：VD、ID、QD、MD、SD、SMD、LD、AC、*VD、*AC 和*LD。

本指令影响的特殊存储器位：SM1.0（零）、SM1.1（溢出）、SM1.2（负）、SM1.3（被 0 除）。

使能流输出 ENO 断开的出错条件：SM1.1（溢出）；SM4.3（运行时间）；0006（间接寻址）。

指令格式：*R　　IN1,OUT

例：　　　*R　　VD0,AC0

操作数	地址单元	单元长度（字节）	运算前值	运算结果值
IN1	VD0	4	20.2	20.2
IN2	AC0	4	0.8	16.16
OUT	AC0	4	0.8	16.16

4.2.4 除法

除法指令是对有符号数进行相除操作。包括：整数除法、整数完全除法、双整数除法和实数除法。这 3 种除法指令与所对应的乘法指令除运算法则不同之外，其他方面基本相同。

在 LAD 和 FBD 中，以指令盒形式编程，执行结果：IN1/IN2=OUT。

在 STL 中，执行结果： OUT/ IN2=OUT。

指令格式：/I　　IN2,　OUT　（整数除法）

DIV　IN2,　OUT　（整数完全除法）

/D　　IN2,　OUT　（双整数除法）

/R　　IN2,　OUT　（实数除法）

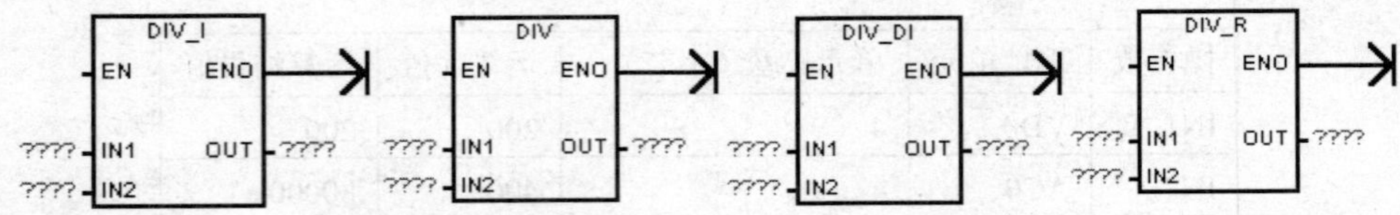

在整数除法中，两个 16 位的整数相除，产生一个 16 位的整数商，不保留余数。双整数除法也是同样的过程，只是位数变为 32 位。

在整数完全除法中，两个 16 位的符号整数相除，产生一个 32 位结果，其中，低 16 位为商，高 16 位为除数。32 位结果的低 16 位在运算前被兼用存放被除数。

例：DIV　　VW10,　VD100

　　/I　　　VW20,　VW200

两条指令的编程及执行情况比较如图 4.23 所示。

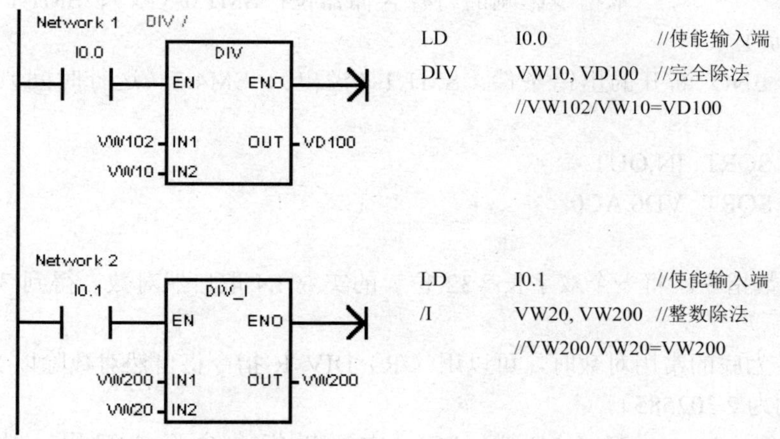

图 4.23　除法指令应用

对于完全除法指令：

<table>
<tr><td>操作数</td><td>地址单元</td><td>单元长度（字节）</td><td>运算前值</td><td colspan="2">运算结果值</td></tr>
<tr><td>IN1</td><td>VW102</td><td>2</td><td>2003</td><td colspan="2">50</td></tr>
<tr><td>IN2</td><td>VW10</td><td>2</td><td>40</td><td colspan="2">40</td></tr>
<tr><td rowspan="2">OUT</td><td rowspan="2">VD100</td><td rowspan="2">4</td><td rowspan="2">203</td><td>VW100</td><td>3</td></tr>
<tr><td>VW102</td><td>50</td></tr>
</table>

对于除法指令：

操作数	地址单元	单元长度（字节）	运算前值	运算结果值
IN1	VW200	2	2003	50
IN2	VW20	2	40	40
OUT	VW200	2	400	50

4.2.5　数学函数指令

本小节介绍几个常用的数学函数指令（也称数学功能指令）：平方根、自然对数、指数、正弦、余弦和正切。

这几条指令中的 IN 寻址范围：VD、ID、QD、MD、SD、SMD、LD、AC、*VD、*AC、*LD 和常数。

OUT 的寻址范围：VD、ID、QD、MD、SD、SMD、LD、AC、*VD、*AC 和*LD。

运算输入输出数据都为实数。结果如果大于 32 位二进制表示的范围，则产生溢出。

1．平方根

SQRT，平方根指令。把一个双字长（32 位）的实数 IN 开平方，得到 32 位的实数结果。

在 LAD 和 FBD 中，以指令盒形式编程，执行结果：SQRT(IN)=OUT。

在 STL 中，执行结果：SQRT(IN)=OUT。

本指令影响的特殊存储器位：SM1.0（零）、SM1.1（溢出和非法值）、SM1.2（负）。

使能流输出 ENO 断开的出错条件：SM1.1（溢出）、SM4.3（运行时间）、0006（间接寻址）。

指令格式：　SQRT　IN,OUT

例：　　　　SQRT　VD0,AC0

2．自然对数

LN，自然对数指令。将一个双字长（32 位）的实数 IN 取自然对数，得到 32 位的实数结果。

当求解以 10 为底的常用对数时，可以用（/R）DIV_R 指令将自然对数除以 2.302585 即可（LN10 的值约为 2.302585）。

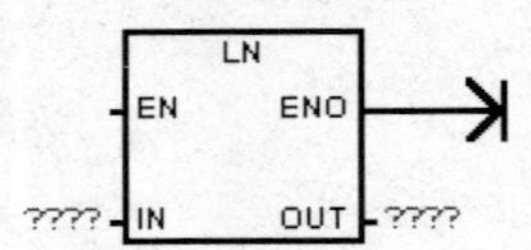

在 LAD 和 FBD 中，以指令盒形式编程，执行结果：LN(IN)=OUT。

在 STL 中，执行结果：LN(IN)=OUT。

本指令影响的特殊存储器位：SM1.0（零）、SM1.1（溢出和非法值）、SM1.2（负）、SM4.3（运行时间）。

使能流输出 ENO 断开的出错条件：SM1.1（溢出）、0006（间接寻址）。

指令格式：　LN　IN,OUT

例：　　　　LN　VD0,AC0

应用实例：求以 10 为底的 50（存于 VD0）的常用对数，结果放到 AC0。

本运算程序如图 4.24 所示。

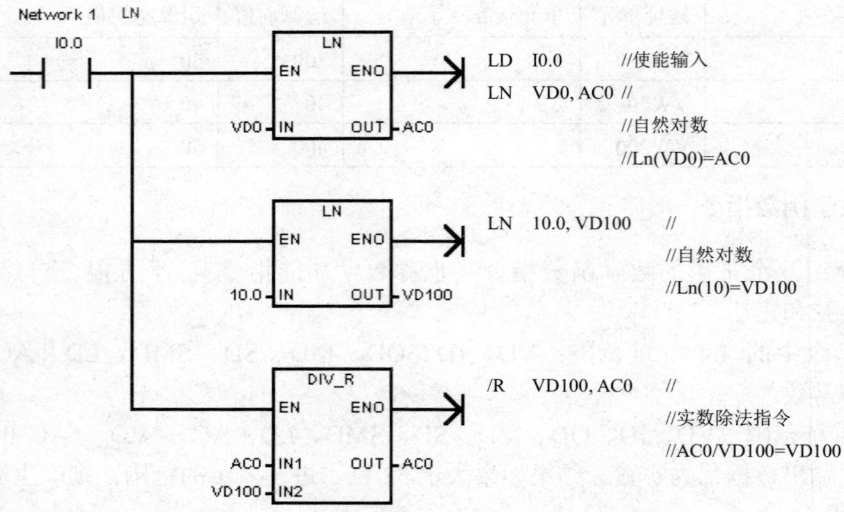

图 4.24　自然对数的应用

3．指数

EXP，指数指令。将一个双字长（32 位）的实数 IN 取以 e 为底的指数，得到 32 位的实数结果 OUT。

在 LAD 和 FBD 中，以指令盒形式编程，执行结果：EXP(IN)=OUT。

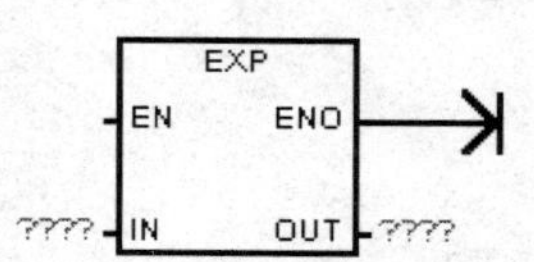

在 STL 中，执行结果：EXP(IN)=OUT。

本指令影响的特殊存储器位：SM1.0（零）、SM1.1（溢出和非法值）、SM1.2（负）、SM4.3（运行时间）。

使能流输出 ENO 断开的出错条件：SM1.1（溢出）、0006（间接寻址）。

指令格式：　EXP　IN，　OUT

例：　　　　EXP　VD0, AC0

若求解以任意常数为底的指数，可以用指数指令和自然对数指令相配合来完成。例如：18 的 6 次方=18＾6=EXP(6*LN(18))

4．正弦、余弦、正切

SIN、COS、TAN，即正弦、余弦、正切指令。将一个双字长（32 位）的实数弧度值 IN 分别取正弦、余弦、正切，各得到 32 位的实数结果。

如果已知输入值为角度，要先将角度值转化为弧度值，方法：使用（*R）MUL_R 指令用角度值乘以 π/180° 即可。

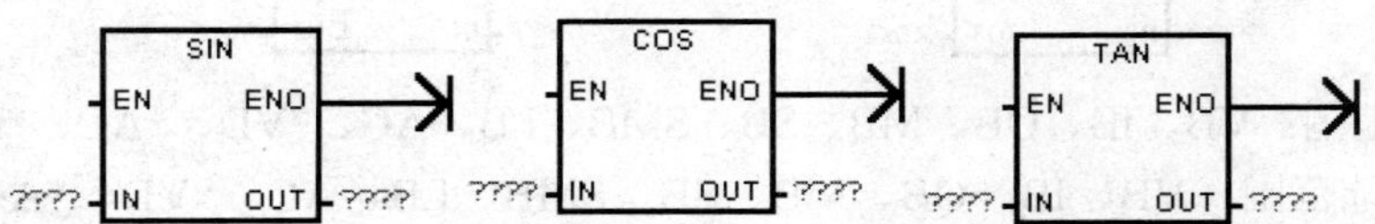

在 LAD 和 FBD 中，以指令盒形式编程，执行结果如：SIN(IN)=OUT。

在 STL 中，执行结果如：SIN(IN)=OUT。

这三条指令影响的特殊存储器位：SM1.0（零）、SM1.1（溢出和非法值）、SM1.2（负）；SM4.3（运行时间）。

使能流输出 ENO 断开的出错条件：SM1.1（溢出）、0006（间接寻址）。

指令格式：　SIN　IN，　OUT　（正弦）
　　　　　　COS　IN，　OUT　（余弦）
　　　　　　TAN　IN，　OUT　（正切）

例：　　　　TAN　VD0, AC0

应用实例：求 COS160° 的值，如图 4.25 所示。

4.2.6　增减

增、减指令，又称自增和自减，是对无符号或有符号表整数进行自动增加或减小一个单位的操作，数据长度可以是字节、字或双字。

1．字节增和字节减

INCB，字节增指令。使能输入有效时，把一字节长的无符号输入数（IN）加 1，得到一字节的无符号输出结果 OUT。

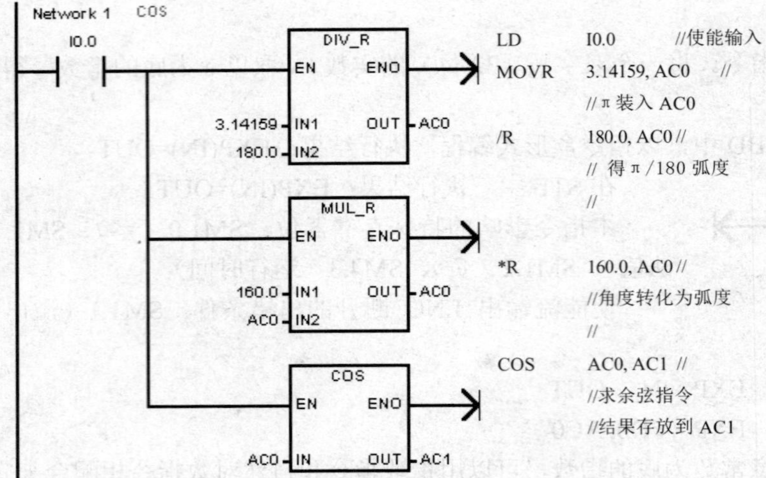

图 4.25　三角函数应用例

DECB，字节减指令。使能输入有效时，把一字节长的无符号输入数（IN）减 1，得到一字节的无符号输出结果 OUT。

IN 的寻址范围：VB、IB、QB、MB、SB、SMB、LB、AC、*VD、*AC、*LD 和常数。

OUT 的寻址范围：VB、IB、QB、MB、SB、SMB、LB、AC、*VD、*AC 和*LD。

在 LAD 和 FBD 中，以指令盒形式编程，执行结果：IN+1=OUT 和 IN-1=OUT。

在 STL 中，执行结果：OUT+1=OUT 和 OUT-1=OUT。

本指令影响的特殊存储器位：SM1.0（零）、SM1.1（溢出）。

使能流输出 ENO 断开的出错条件：SM1.1（溢出）、SM4.3（运行时间）、0006（间接寻址）。

指令格式：　INCB　OUT　（字节增指令）

　　　　　　DECB　OUT　（字节减指令）

例：　　　　INCB　VB40

　　　　　　DECB　AC0

2．字增和字减

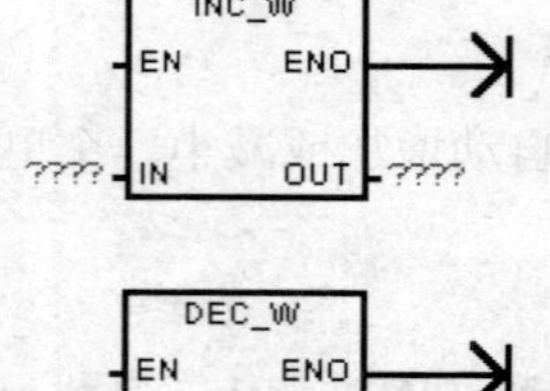

INCW，字增指令。使能输入有效时，把一字长（16 位）的有符号输入数（IN）加 1，得到 32 位的有符号输出结果 OUT。

DECW，字减指令。使能输入有效时，把一字长的有符号输入数（IN）减 1，得到一字长的有符号输出结果 OUT。

IN 的寻址范围：VW、IW、QW、MW、SW、SMW、LW、AIW、T、C、AC、*VD、*AC、*LD 和常数。

OUT 的寻址范围：VW、IW、QW、MW、SW、SMW、LW、

T、C、AC、*VD、*AC 和*LD。

在 LAD 和 FBD 中，以指令盒形式编程，执行结果：IN+1=OUT 和 IN-1=OUT。

在 STL 中，执行结果：OUT+1=OUT 和 OUT-1=OUT。

本指令影响的特殊存储器位：SM1.0（零）、SM1.1（溢出）、SM1.2（负）。

使能流输出 ENO 断开的出错条件：SM1.1（溢出）、SM4.3（运行时间）、0006（间接寻址）。

```
指令格式：   INCW    OUT      （字增指令）
            DECW    OUT      （字减指令）
例：         INCW    VW40
            DEC     AC0
```

此处字增指令的执行情况如下：

操作数	地址单元	单元长度（字节）	运算前值	运算结果值
IN	VW40	2	2000	2001
OUT	AC0	2	2000	2001

3．双字增和双字减

INCD，双字增指令。使能输入有效时，把双字长（32 位）的有符号输入数（IN）加 1，得到双字长的有符号输出结果 OUT。

DECD，双字减指令。使能输入有效时，把双字长的有符号输入数（IN）减 1，得到双字长的有符号输出结果 OUT。

IN 的寻址范围：VD、ID、QD、MD、SD、SMD、LD、HC、AC、*VD、*AC、*LD 和常数。

OUT 的寻址范围：VD、ID、QD、MD、SD、SMD、LD、AC、*VD、*AC 和*LD。

在 LAD 和 FBD 中，以指令盒形式编程，执行结果：IN+1=OUT 和 IN-1=OUT。

在 STL 中，执行结果：OUT+1=OUT 和 OUT-1=OUT。

本指令影响的特殊存储器位：SM1.0（零）、SM1.1（溢出）、SM1.2（负）。

使能流输出 ENO 断开的出错条件：SM1.1（溢出）、SM4.3（运行时间）、0006（间接寻址）。

```
指令格式：   INCD    OUT      （双字增指令）
            DECD    OUT      （双字减指令）
例：         INCD    VB40
            DECD    AC0
```

4．应用实例

控制要求：食品加工厂对饮料生产线上的盒装饮料进行计数，每 24 盒为一箱，要求能记录生产的箱数。程序如图 4.26 所示。

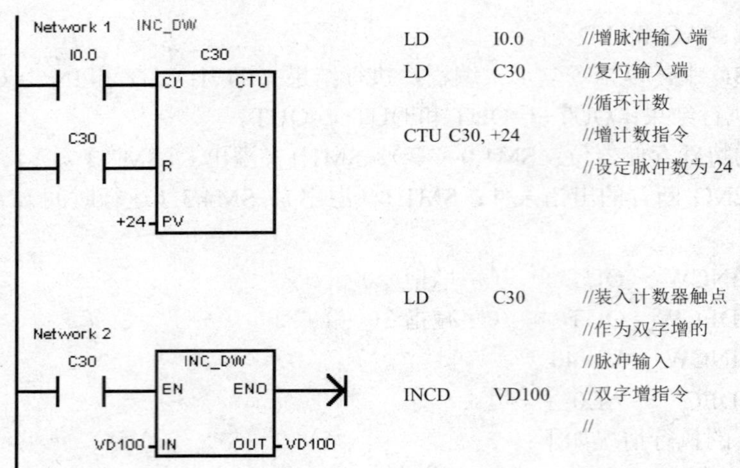

图 4.26 增减指令的应用

说明：程序中利用 VD100 存储箱数，其初始值需预设为 0。用 I0.0 检测脉冲，用增计数器 C30 的常开触点作为计数器的复位输入，从而构成循环计数器，计数器 C30 每检测到 24 个脉冲输入双字增指令执行一次，VD100 中的数据加 1，同时计数器 C30 自动复位进入下一计数过程。

4.2.7 逻辑运算

逻辑运算对逻辑数（无符号数）进行处理，按运算性质包括逻辑与、逻辑或、逻辑异或、取反等。按参与运算的操作数的长度可分为字节、字和双字逻辑运算操作。

在 LAD 和 FBD 中，以指令盒形式编程，执行结果为：对两数 IN1 与 IN2 逻辑运算，或对单数 OUT 逻辑处理（取反），结果由 OUT 输出。

在 STL 中，执行结果：对两数 IN 与 OUT 逻辑运算，或对单数 OUT 逻辑处理（取反），结果由 OUT 输出。

所有逻辑运算指令影响的特殊存储器位：SM1.0（零）。

使能流输出 ENO 断开的出错条件：SM4.3（运行时间）、0006（间接寻址）。

1．字节逻辑运算

字节逻辑运算包括字节与、字节或、字节异或、字节取反。

ANDB，字节与指令。使能输入有效时，把两个 1 字节长的输入逻辑数按位相与，得到 1 字节的逻辑数输出结果 OUT。

ORB，字节或指令。使能输入有效时，把两个 1 字节长的输入逻辑数按位求或，得到 1 字节的逻辑数输出结果 OUT。

XORB，字节异或指令。使能输入有效时，把两个 1 字节长的输入逻辑数按位求异或，得到 1 字节的逻辑数输出结果 OUT。

INVB，字节取反指令。使能输入有效时，把一个 1 字节长的输入逻辑数 IN 按位求反，得到 1 字节的逻辑数输出结果 OUT。

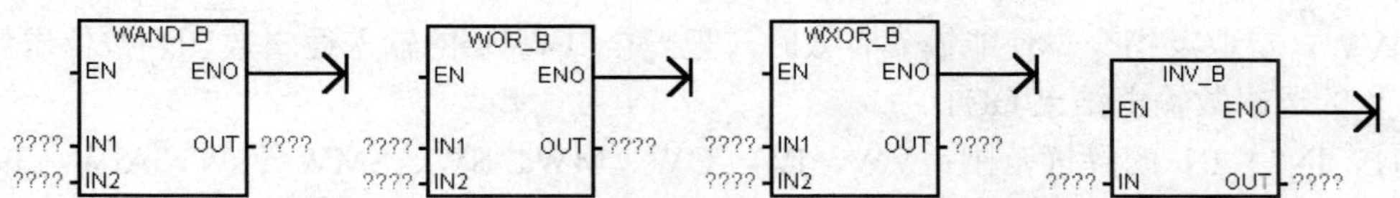

IN1、IN2、IN 的寻址范围：VB、IB、QB、MB、SB、SMB、LB、AC、*VD、*AC、*LD 和常数。

OUT 的寻址范围：VB、IB、QB、MB、SB、SMB、LB、AC、*VD、*AC 和*LD。

指令格式：ANDB IN1, OUT （字节与指令）
ORB IN1, OUT （字节或指令）
XORB IN1, OUT （字节异或指令）
INVB OUT （字节取反指令）

例：（1） ANDB VB0, AC1
（2） ORB VB0, AC0
（3） XORB VB0, AC2
（4） INVB VB10

这 4 条指令的执行情况分别如表 4.15 所示（各单元内容都用二进制表示）。

表 4.15 指令执行情况表

指令	操作数	地址单元	单元长度（字节）	运算前值	运算结果值
（1）	IN1	VB0	1	01010011	01010011
	IN2(OUT)	AC1	1	11110001	01010001
（2）	IN1	VB0	1	01010011	01010011
	IN2(OUT)	AC0	1	00110110	01110111
（3）	IN1	VB0	1	01010011	01010011
	IN2(OUT)	AC2	1	11011010	10001001
（4）	IN(OUT)	VB10	1	01010011	10101100

2．字逻辑运算

字逻辑运算包括字与、字或、字异或、字取反。

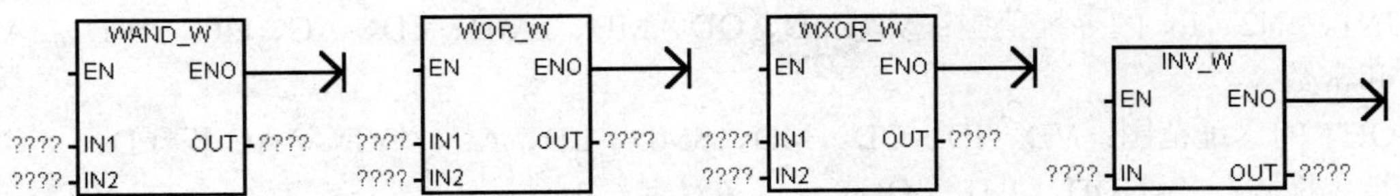

ANDW，字与指令。使能输入有效时，把两个 1 字长（16 位）的输入逻辑数按位相与，得到 1 字长的逻辑数输出结果 OUT。

ORW，字或指令。使能输入有效时，把两个 1 字长（16 位）的输入逻辑数按位求或，得到 1 字长的逻辑数输出结果 OUT。

XORW，字异或指令。使能输入有效时，把两个 1 字长的输入逻辑数按位求异或，得到 1 字长的逻辑数输出结果 OUT。

INVW，字取反指令。使能输入有效时，把一个 1 字长的输入逻辑数 IN 按位求反，得到 1 字长的逻辑数输出结果 OUT。

IN1、IN2、IN 的寻址范围：VW、IW、QW、MW、SW、SMW、LW、AIW、T、C、AC、*VD、*AC、*LD 和常数。

OUT 的寻址范围：VW、IW、QW、MW、SW、SMW、LW、T、C、AC、*VD、*AC 和*LD。

指令格式：　ANDW　IN1，OUT　　（字与指令）

　　　　　　ORW　IN1，OUT　　（字或指令）

　　　　　　XORW　IN1，OUT　　（字异或指令）

　　　　　　INVW　OUT　　（字取反指令）

例：　　　　ANDW　VB0，AC1

　　　　　　ORW　VB0，AC0

　　　　　　XORW　AC1，AC2

　　　　　　INVW　LB10

3．双字逻辑运算

字逻辑运算包括双字与、双字或、双字异或、双字取反。

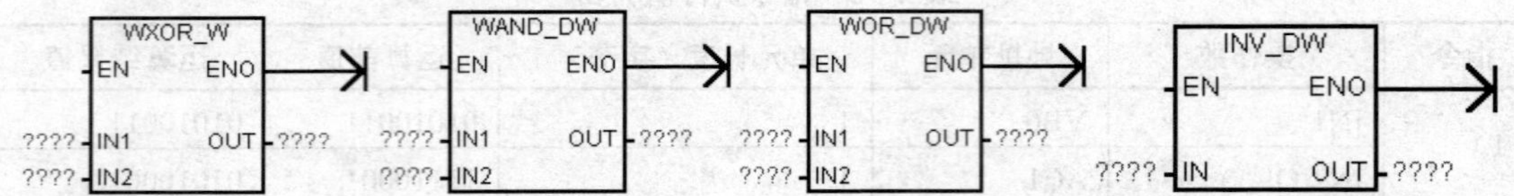

ANDD，双字与指令。使能输入有效时，把两个双字长（32 位）的输入逻辑数按位相与，得到双字长的逻辑数输出结果 OUT。

ORD，双字或指令。使能输入有效时，把两个双字长（32 位）的输入逻辑数按位求或，得到双字长的逻辑数输出结果 OUT。

XORD，双字异或指令。使能输入有效时，把两个双字长的输入逻辑数按位求异或，得到双字长的逻辑数输出结果 OUT。

INVD，双字取反指令。使能输入有效时，把一个双字长的输入逻辑数 IN 按位求反，得到双字长的逻辑数输出结果 OUT。

IN1、IN2、IN 的寻址范围：VD、ID、QD、MD、SMD、LD、AC、HC、*VD、*AC、*LD 和常数。

OUT 的寻址范围：VD、ID、QD、MD、SMD、LD、AC、*VD、*AC 和*LD。

指令格式：　ANDD　IN1，OUT　　（双字与指令）

　　　　　　ORD　IN1，OUT　　（双字或指令）

　　　　　　XORD　IN1，OUT　　（双字异或指令）

　　　　　　INVD　OUT　　　　（双字取反指令）

例：　　　　ANDD　VB0，AC1

　　　　　　ORD　VB0，AC0

　　　　　　XORD　AC1，AC2

INVD　LB10

4.3　其他数据处理指令

此类指令主要涉及对数据的非数值运算类操作，主要包括传送、移位、字节交换、循环移位和填充。

4.3.1　传送类指令

传送类指令可用来在各存储单元之间进行一个或多个数据的传送。按指令一次所传送数据的个数可分为单一传送指令和块传送指令。

1．单一传送

指令可用来进行一个数据的传送，数据类型可以是字节、字、双字和实数。本类指令使能流输出 ENO 断开的出错条件：SM4.3（运行时间）、0006（间接寻址）。

（1）MOVB，字节传送指令。

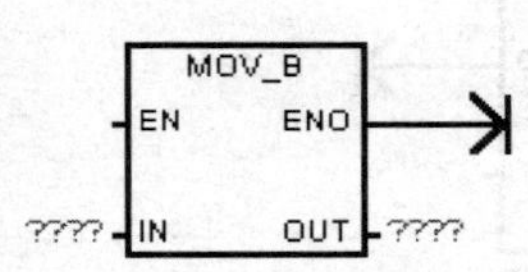

使能输入有效时，把一个单字节无符号数据由 IN 传送到 OUT 所指的字节存储单元。

IN 的寻址范围：VB、IB、QB、MB、SB、SMB、LB、AC、*VD、*AC、*LD 和常数。

OUT 的寻址范围：VB、IB、QB、MB、SB、SMB、LB、AC、*VD、*AC 和*LD。

指令格式：　MOVB　IN1，OUT

例：　MOVB　VB0，QB0

（2）BIR，传送字节立即读指令。

使能输入有效时，立即读取单字节物理输入区数据 IN，并传送到 OUT 所指的字节存储单元。

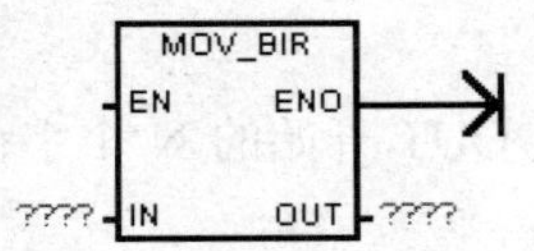

IN 的寻址范围：IB

OUT 的寻址范围：VB、IB、QB、MB、SB、SMB、LB、AC、*VD、*AC 和*LD。

指令格式：　BIR　IN1，OUT

例：　BIR　IB0，VB10

（3）BIW，传送字节立即写指令。

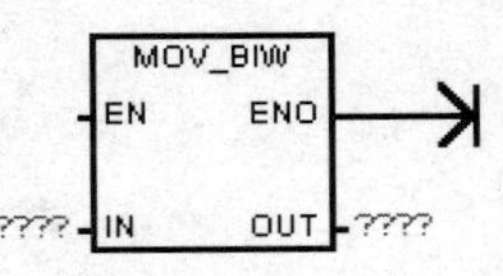

使能输入有效时，立即将 IN 单元的字节数据写到 OUT 所指的物理输出区。

IN 的寻址范围：VB、IB、QB、MB、SB、SMB、LB、AC、*VD、*AC、*LD 和常数。

OUT 的寻址范围：QB

指令格式：　BIW　IN1，OUT

例：　BIW　VB0，QB0

（4）MOVW，字传送指令。

使能输入有效时，把一个 1 字长有符号整数由 IN 传送到 OUT 所指的字存储单元。

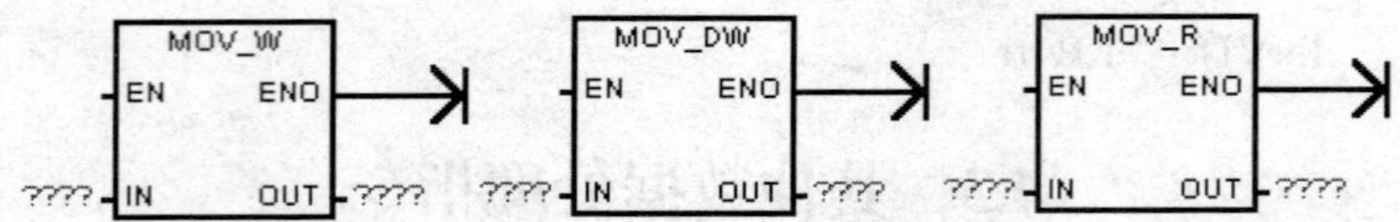

（5）MOVD，双字传送指令。

使能输入有效时，把一个双字长有符号数据由 IN 传送到 OUT 所指的双字存储单元。

（6）MOVR，实数传送指令。

使能输入有效时，把一个 32 位实数由 IN 传送到 OUT 所指的双字长存储单元。

2．块传送

指令可用来进行一次多个（最多 255 个）数据的传送，数据块类型可以是字节块、字块、双字块。

3 条指令中 N 的寻址范围都是：VB、IB、QB、MB、SB、SMB、LB、AC、*VD、*AC、*LD 和常数。

使 ENO 断开的出错条件：SM4.3（运行时间）、0006（间接寻址）、0091（数超界）。

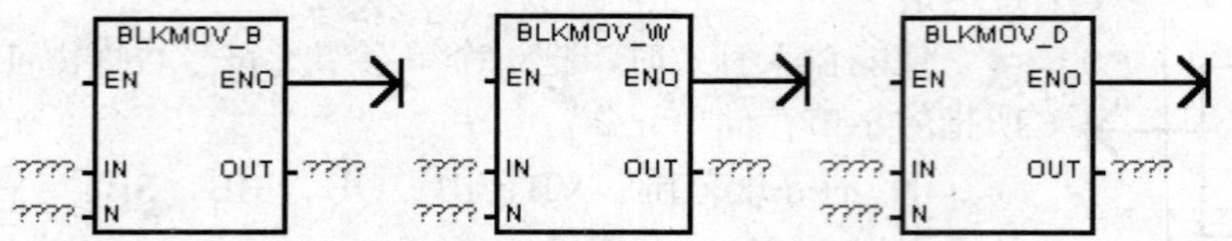

（1）BMB，字节块传送指令。

使能输入有效时，把从输入字节 IN 开始的 N 个字节型数据传送到从 OUT 开始的 N 个字节存储单元。

IN、OUT 的寻址范围：VB、IB、QB、MB、SB、SMB、LB、*VD、*AC、*LD。

指令格式：　BMB　　IN1，OUT，N

例：　　　　BMB　　VB0，LB0，30

（2）BMW，字块传送指令。

使能输入有效时，把从输入字 IN 开始的 N 个字型数据传送到从 OUT 开始的 N 个字存储单元。

IN 的寻址范围：VW、IW、QW、MW、SW、SMW、LW、AIW、T、C、*VD、*AC、*LD。

OUT 的寻址范围：VW、IW、QW、MW、SW、SMW、LW、AIW、T、C、AQW、*VD、*AC、*LD。

指令格式：　BMW　　IN1，OUT，N

例：　　　　BMW　　IW0，QW0，30

（3）BMD，双字块传送指令。

使能输入有效时，把从输入双字 IN 开始的 N 个双字型数据传送到从 OUT 开始的 N 个双字存储单元。

IN、OUT 的寻址范围：VD、ID、QD、MD、SD、SMD、LD、*VD、*AC、*LD。

指令格式：　BMD　　IN1，OUT，N

例：　　　　BMD　　VD0，LD0，10

4.3.2 移位指令

移位指令都是对无符号数进行的处理，执行时只考虑要移位的存储单元的每一位数字状态，而不管数据的值的大小。本类指令在一个数字量输出点对应多个相对固定状态的情况下有广泛的应用。

1. 左移和右移

左移和右移根据所移位的数的长度分别又可分为字节型、字型、双字型。

移位操作特点：

- 移位数据存储单元的移出端与 SM1.1（溢出）相连，所以最后被移出的位被放到 SM1.1 位存储单元。
- 移位时，移出位进入 SM1.1，另一端自动补 0。例如在右移时，移位数据的最右端位移入 SM1.1，左端每次补 0。SM1.1 始终存放最后一次被移出的位。
- 移位次数与移位数据的长度有关，如果所需移位次数大于移位数据的位数，则超出的次数无效。如字左移时，若移位次数设定为 20，则指令实际执行结果是只能移位 16 次，而不是设定值 20 次。
- 如果移位操作使数据变为 0，则零存储器位（SM1.0）自动置位。
- 移位次数 N 为字节型数据。

移位指令影响的特殊存储器位：SM1.0（零）、SM1.1（溢出）。

使能流输出 ENO 断开的出错条件：SM4.3（运行时间）、0006（间接寻址）。

（1）字节左移和字节右移

SLB 和 SRB，字节左移和字节右移。使能输入有效时，把字节型输入数据 IN 左移或右移 N 位后，再将结果输出到 OUT 所指的字节存储单元。最大实际可移位次数为 8。

指令格式：　SLB　　OUT,　N　（字节左移）
　　　　　　SRB　　OUT,　N　（字节右移）

例：　　　　SLB　　MB0,　2
　　　　　　SRB　　LB0,　3

以第一条指令为例，指令执行情况如表 4.16 所示。

表 4.16　指令 SLB 执行结果

移位次数	地址	单元内容	位 SM1.1	说明
0	MB0	10110101	x	移位前
1	MB0	01101010	1	数左移，移出位 1 进入 SM1.1，右端补 0
2	MB0	11010100	0	数左移，移出位 0 进入 SM1.1，右端补 0

（2）字左移和字右移。

SLW 和 SRW，字左移和字右移。指令盒与字节移位比较，只有名称变为 SHR_W 和 SHR_W。使能输入有效时，把字型输入数据 IN 左移或右移 N 位后，再将结果输出到 OUT 所指的字存储单元。最大实际可移位次数为 16。

指令格式： SLW　OUT，N（字左移）
　　　　　SRW　OUT，N（字右移）
例：　　　SLW　MW0，2
　　　　　SRW　LW0，3

以第二条指令为例，指令执行情况如表 4.17 所示。

表 4.17　指令 SRW 执行结果

移位次数	地址	单元内容	位 SM1.1	说明
0	LW0	1011010100110011	x	移位前
1	LW0	0101101010011001	1	右移，1 进入 SM1.1，左端补 0
2	LW0	0010110101001100	1	右移，1 进入 SM1.1，左端补 0
3	LW0	0001011010100110	0	右移，0 进入 SM1.1，左端补 0

（3）双字左移和双字右移。

SLD 和 SRD，双字左移和双字右移。指令盒与字节移位比较，只有名称变为 SHL_DW 和 SHR_DW，其他部分完全相同。使能输入有效时，把双字型输入数据 IN 左移或右移 N 位后，再将结果输出到 OUT 所指的双字存储单元。最大实际可移位次数为 32。

指令格式： SLD　OUT，N（双字左移）
　　　　　SRD　OUT，N（双字右移）
例：　　　SLD　MD0，2
　　　　　SRD　LD0，3

2．循环左移、循环右移

循环左移和循环右移根据所循环移位的数的长度分别又可分为字节型、字型、双字型。循环移位特点：

- 移位数据存储单元的移出端与另一端相连，同时又与 SM1.1（溢出）相连，所以最后被移出的位被移到另一端的同时，也被放到 SM1.1 位存储单元。例如在循环右移时，移位数据的最右端位移入最左端，同时又进入 SM1.1。SM1.1 始终存放最后一次被移出的位。
- 移位次数与移位数据的长度有关，如果移位次数设定值大于移位数据的位数，则执行循环移位之前，系统先对设定值取以数据长度为底的模，用小于数据长度的结果作为实际循环移位的次数。如字左移时，若移位次数设定为 36，则先对 36 取以 16 为底的模，得到小于 16 的结果 4，故指令实际循环移位 4 次。
- 移位次数 N 为字节型数据。

如果移位操作使数据变为 0，则零存储器位（SM1.0）自动置位。

移位指令影响的特殊存储器位：SM1.0（零）、SM1.1（溢出）。

使能流输出 ENO 断开的出错条件：SM4.3（运行时间）、0006（间接寻址）。

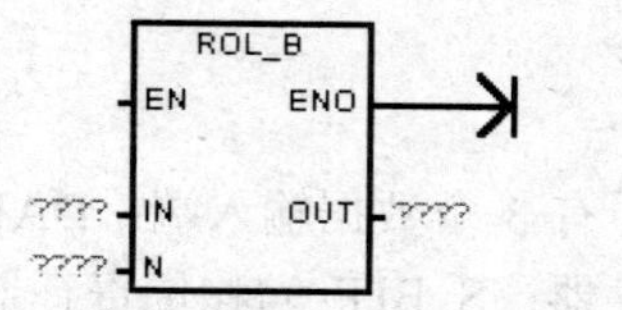

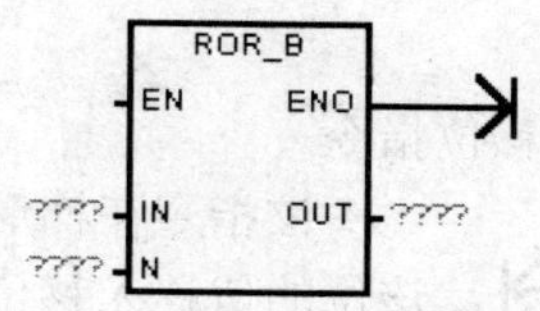

（1）字节循环左移和字节循环右移。

RLB 和 RRB，字节循环左移和字节循环右移。使能输入有效时，把字节型输入数据 IN 循环左移或循环右移 N 位后，再将结果输出到 OUT 所指的字节存储单元。实际移位次数为设定值取以 8 为底的模所得的结果。

指令格式：　RLB　　OUT,　N （字节循环左移）

　　　　　　RRB　　OUT,　N （字节循环右移）

例：　　　　RLB　　MB0,　2

　　　　　　RRB　　LB0,　3

（2）字循环左移和字循环右移。

RLW 和 RRW，字循环左移和字循环右移。指令盒与字节循环移位只有名称变为 ROL_W 和 ROR_W，其他部分完全相同。使能输入有效时，把字型输入数据 IN 循环左移或循环右移 N 位后，再将结果输出到 OUT 所指的字存储单元。实际移位次数为设定值取以 16 为底的模所得的结果。

指令格式：　RLW　　OUT,　N （字循环左移）

　　　　　　RRW　　OUT,　N （字循环右移）

例：　　　　RLW　　MW0,　2

　　　　　　RRW　　LW0,　3

（3）双字循环左移和双字循环右移。

RLD 和 RRD，双字循环左移和双字循环右移。指令盒与字节循环移位只有名称变为 ROL_DW 和 ROR_DW，其他部分完全相同。使能输入有效时，把双字型输入数据 IN 循环左移或循环右移 N 位后，再将结果输出到 OUT 所指的双字存储单元。实际移位次数为设定值取以 32 为底的模所得的结果。

指令格式：　RLD　　OUT,　N （双字循环左移）

　　　　　　RRD　　OUT,　N （双字循环右移）

例：　　　　RLD　　MD0,　2

　　　　　　RRD　　LD0,　3

以指令 RRW　LW0,　3 为例，指令执行情况如表 4.18　所示。

表 4.18　指令 RRW 执行结果

移位次数	地址	单元内容	位 SM1.1	说明
0	LW0	1011010100110011	x	移位前
1	LW0	1101101010011001	1	右端 1 移入 SM1.1 和 LW0 左端
2	LW0	1110110101001100	1	右端 1 移入 SM1.1 和 LW0 左端
3	LW0	0111011010100110	0	右端 0 移入 SM1.1 和 LW0 左端

3．寄存器移位

SHRB，寄存器移位指令。

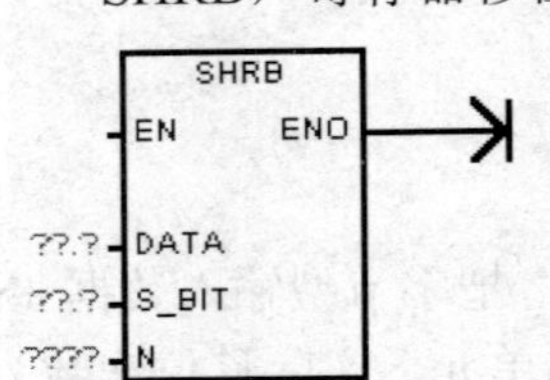

该指令在梯形图中有 3 个数据输入端：DATA 为数值输入，将该位的值移入移位寄存器；S_BIT 为移位寄存器的最低位端；N 指定移位寄存器的长度。每次使能输入有效时，整个移位寄存器移动 1 位。

移位特点：

移位寄存器长度在指令中指定，没有字节型、字型、双字型之分。可指定的最大长度为 64 位，可正也可负。

移位数据存储单元的移出端与 SM1.1（溢出）相连，所以最后被移出的位被放到 SM1.1 位存储单元。

移位时，移出位进入 SM1.1，另一端自动补以 DATA 移入位的值。

移位方向分为正向移位和反向移位。正向移位时长度 N 为正值，移位是从最低字节的最低位 S_BIT 移入，从最高字节的最高位移出；反向移位时，长度为 N 为负值，移位是从最高字节的最高位移入，从最低字节的最低位 S_BIT 移出。

最高位的计算方法：(N 的绝对值-1+(S_BIT 的位号))/8，相除结果中，余数即是最高位的位号，商与 S_BIT 的字节号之和即是最高位的字节号。

移位指令影响的特殊存储器位：SM1.1（溢出）。

使能流输出 ENO 断开的出错条件：SM4.3（运行时间）、0006（间接寻址）、0091（操作数超界）、0092（计数区错误）。

指令格式：　SHRB　DATA，　S_BIT，　N

例：　　　　SHRB　I0.5，　V20.0，　5

以本条指令为例，指令执行情况如表 4.19 所示。

表 4.19　指令 SHRB 执行结果

脉冲数	I0.5 值	VB20 内容	位 SM1.1	说明
0	1	101 10101	x	移位前。移位时，从 VB20.4 移出
1	1	101 01011	1	1 移入 SM1.1，I0.5 的脉冲前值进入右端
2	0	101 10111	0	0 移入 SM1.1，I0.5 的脉冲前值进入右端
3	0	101 01110	1	1 移入 SM1.1，I0.5 的脉冲前值进入右端

4.3.3　字节交换指令

SWAP，字节交换指令。使能输入有效时，将字型输入数据 IN 的高字节和低字节进行交换。

本指令只对字型数据进行处理，指令的执行不影响特殊存储器位。

使能流输出 ENO 断开的出错条件：SM4.3（运行时间）、0006（间接寻址）。

指令格式：　SWAP　IN　　　（字节交换）

例：　　　　SWAP　VW10

以第本指令为例，指令执行情况如表 4.20 所示。

表 4.20　指令 SWAP 执行结果

时间	单元地址	单元内容	说明
执行前	VW10	10110101 00000001	交换指令执行前
执行后	VW10	00000001 10110101	执行交换指令，将高、低字节的内容交换

4.3.4　填充指令

FILL，存储器填充指令。使能输入有效时，用字型输入数据 IN 填充从输出 OUT 所指的单元开始的 N 个字存储单元。

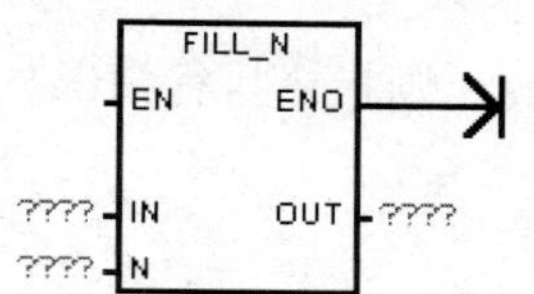

填充指令只对字型数据进行处理，N 值为字节型，可取从 1～255 的整数。指令的执行不影响特殊存储器位。

使能流输出 ENO 断开的出错条件：SM4.3（运行时间）、0006（间接寻址）、0091（操作数超界）。

指令格式：　FILL　　IN，　OUT，　N　（填充指令）

例：　　　　FILL　　10，　VW100，　12

本条指令的执行结果是：将数据 10 填充到从 VW100 到 VW122 共 12 个字存储单元中。

4.4　表功能指令

系统的表格存储格式：一个表由表地址（表的首地址）指明。 表地址和第二个字地址所对应的单元分别存放两个表参数（最大填表数 TL 和实际填表数 EC ）。之后是最多 100 个存表数据。

表只对字型数据存储，表的格式例如表 4.21 所示。

表 4.21　数据表格式

单元地址	单元内容	说明
VW100	0006	TL=6，最多可填 6 个数，VW100 为表地址
VW102	0004	EC=4，实际在表中存有 4 个数据
VW104	1203	数据 0
VW106	4467	数据 1
VW108	9086	数据 2
VW110	3592	数据 3
VW112	****	无效数据
VW114	****	无效数据

4.4.1　表存数指令

ATT，表存数指令。

该指令在梯形图中有 2 个数据输入端：DATA 为数值输入，指出将被存储的字型数据或其地址；TBL 表格的首地址，用以指明被访问的表格。当使能输入有效时，将输入字型数据添加到指定的表格中。

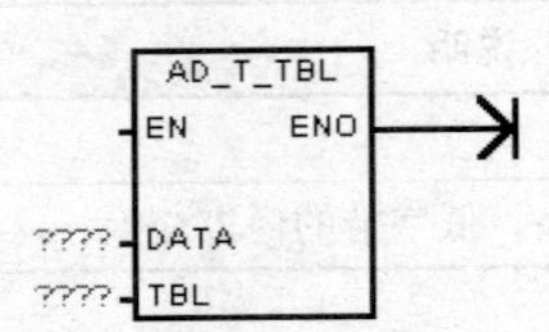

表存数特点：

表存数时，新存的数据添加在表中最后一个数据的后面。每向表中存一个数据，实际填表数 EC 会自动加 1。

表存数指令影响的特殊存储器位：SM1.4（溢出）。

使能流输出 ENO 断开的出错条件：SM4.3（运行时间）、0006（间接寻址）、0091（操作数超界）。

指令格式：　ATT　　DATA，TBL

例：　　　　ATT　　VW200，VW100

如果仍是对表 4.21 存取，指令执行前 VW200 中的内容为 2222，则指令执行情况如表 4.22 所示。

表 4.22　指令 ATT 执行结果

操作数	单元地址	执行前内容	执行后内容	说明
DATA	VW200	2222	2222	被填表数据及地址
TBL	VW100	0006	0006	TL=6，最大填表数为 6，不变化
	VW102	0004	0005	EC 实际存表数由 4 加 1 变为 5
	VW104	1203	1203	数据 0
	VW106	4467	4467	数据 1
	VW108	9086	9086	数据 2
	VW110	3592	3592	数据 3
	VW112	****	2222	将 VW200 中的数据填入表中
	VW114	****	****	无效数据

4.4.2　表取数指令

从表中移出一个字型数据可有两种方式：先进先出式和后进先出式。一个数据从表中取出之后，表的实际表数 EC 值减 1。两种方式指令在梯形图中都有两个数据端：输入端 TBL 表格的首地址，用以指明被访问的表格；输出端 DATA 指明数值取出后要存放的目标单元。

如果指令试图从空表中取走一个数值，则特殊标志寄存器位 SM1.5 置位。

表取数指令影响的特殊存储器位：SM1.5（表空）。

使能流输出 ENO 断开的出错条件：SM4.3（运行时间）、0006（间接寻址）、0091（操作数超界）。

1．FIFO，先进先出指令

当使能输入有效时，从 TBL 指明的表中移出第一个字型数据并将其输出到 DATA 所指定的字单元。

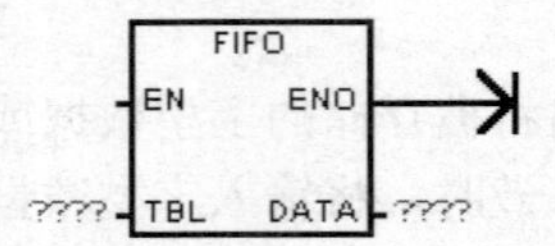

FIFO 表取数特点：

取数时，移出的数据总是最先进入表中的数据。每次从表中移出一个数据，剩余数据依次上移一个字单元位置，同时实际填表数

EC 会自动减 1。

指令格式：　FIFO　　TBL，DATA

例：　　　　FIFO　　VW100，AC0

如果仍是对表 4.21 存取，则指令执行情况如表 4.23 所示。

表 4.23　指令 FIFO 执行结果

操作数	单元地址	执行前内容	执行后内容	说明
DATA	AC0	空	1203	从表中取走的数据及输出
TBL	VW100	0006	0006	TL=6，最大填表数为 6，不变化
	VW102	0004	0003	EC 实际存表数由 4 减 1 变为 3
	VW104	1203	4467	数据 0，剩余数据依次上移一格
	VW106	4467	9086	数据 1
	VW108	9086	3592	数据 2
	VW110	3592	****	无效数据
	VW112	****	****	无效数据
	VW114	****	****	无效数据

2．LIFO，后进先出指令

当使能输入有效时，从 TBL 指明的表中移出最后一个字型数据并将其输出到 DATA 所指定的字单元。

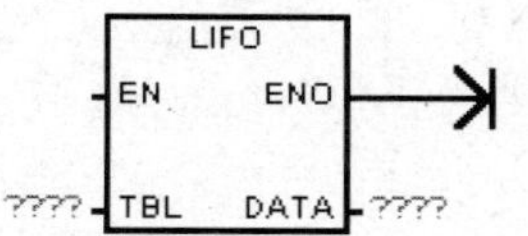

LIFO 表取数特点：

取数时，移出的数据是最后进入表中的数据。每次从表中取出一个数据，剩余数据位置保持不变，实际填表数 EC 会自动减 1。

指令格式：　LIFO　　TBL，DATA

例：　　　　LIFO　　VW100，AC0

如果仍是对表 4.21 存取，则指令执行情况如表 4.24 所示。

表 4.24　指令 LIFO 执行结果

操作数	单元地址	执行前内容	执行后内容	说明
DATA	AC0	空	1203	从表中取走的数据输出到 AC0
TBL	VW100	0006	0006	TL=6，最大填表数为 6，不变化
	VW102	0004	0003	EC 实际存表数由 4 减 1 变为 3
	VW104	1203	1203	数据 0，剩余数据不移动
	VW106	4467	4467	数据 1
	VW108	9086	9086	数据 2
	VW110	3592	****	无效数据
	VW112	****	****	无效数据
	VW114	****	****	无效数据

4.4.3 表查指令

FND?，表查指令。通过表查指令可以从字型数表中找出符合条件的数据所在的表中数据编号，编号范围为0～99。

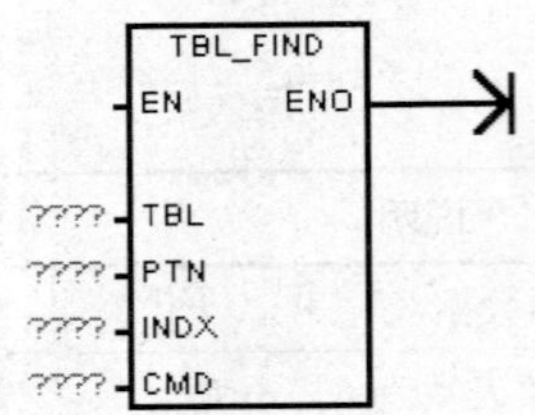

在梯形图中有4个数据输入端：TBL表格的首地址，用以指明被访问的表格；PTN是用来描述查表条件时进行比较的数据；CMD是比较运算符“？”的编码，它是一个1～4的数值，分别代表=、<>、<和>运算符；INDX用来指定表中符合查找条件的数据的地址。

由PTN和CMD就可以决定对表的查找条件。例如，PTN为16#2555，CMD为3，则查找条件为“<2555（16进制）”。

表查指令执行之前，应先对INDX的内容清0。当使能输入有效时，从INDX开始搜索表TBL，寻找符合由PTN和CMD所决定的条件的数据，如果没有发现符合条件的数据，则INDX的值等于EC。如果找到一个符合条件的数据，则将该数据的表中地址装入INDX中。

表查指令执行完成，找到一个符合条件的数据，如果想继续向下查找，必须先对INDX加1，以重新激活表查找指令。

查表指令不影响特殊存储器位。使能流输出ENO断开的出错条件：SM4.3（运行时间）；0006（间接寻址）；0091（操作数超界）。

在语句表中运算符直接表示，而不用各自的编码。

指令格式：FND= TBL，PTN，INDX （查找条件：=PTN）
FND<> TBL，PTN，INDX （查找条件：<>PTN）
FND< TBL，PTN，INDX （查找条件：<PTN）
FND> TBL，PTN，INDX （查找条件：>PTN）

例： FND> VW100，VW300，AC0

如果仍是对表4.21进行操作，指令的执行结果如表4.25所示。

表4.25 表查指令执行结果

操作数	单元地址	执行前内容	执行后内容	说明
PTN	VW300	2000	5000	用来比较的数据
INDX	AC0	0	2	符合查表条件的单元地址
CMD	无	4	4	4表示为>
TBL	VW100	0006	0006	TL=6，最大填表数，不需要
	VW102	0004	0004	EC实际存表数
	VW104	1203	1203	数据0
	VW106	4467	4467	数据1
TBL	VW108	9086	9086	数据2
	VW110	3592	3592	数据3
	VW112	****	****	无效数据
	VW114	****	****	无效数据

4.5 转换指令

转换指令是指对操作数的类型进行转换，包括数据的类型转换、码的类型转换以及数据和码之间的类型转换。

4.5.1 数据类型转换

数据类型主要包括字节、整数、双整数、实数，现在的可编程序控制器对 BCD 码十进制数据和 ASCII 字符型数据的处理能力也大大增强。不同性质的指令对操作数的类型要求不同，类型转换指令可将固定的一个数值用到不同类型要求的指令，而不必对数据进行针对类型的重新装载。

1. 字节与整数

（1）字节到整数。

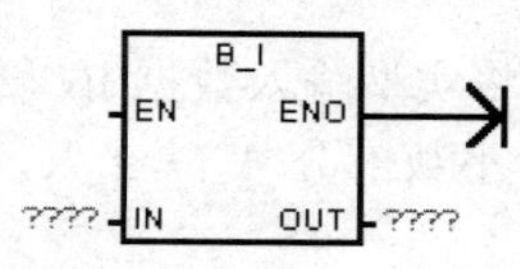

BTI，字节转换为整数指令。使能输入有效时，将字节输入数据 IN 转换成整数类型，并将结果送到 OUT 输出。字节型是无符号的，所以没有符号扩展。

使能流输出 ENO 断开的出错条件：SM4.3（运行时间）、0006（间接寻址）。

指令格式：　BTI　　IN，OUT

例：　　　　BTI　　VB0，AC0

（2）整数到字节。

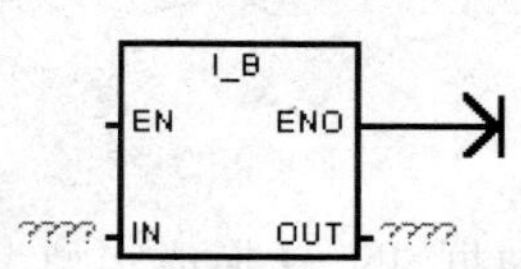

ITB，整数转换为字节指令。使能输入有效时，将整数输入数据 IN 转换成字节类型，并将结果送到 OUT 输出。输入数据超出字节范围（0～255）则产生溢出。

转换指令影响的特殊存储器位：SM1.1（溢出）。

使能流输出 ENO 断开的出错条件：SM1.1（溢出）、SM4.3（运行时间）、0006（间接寻址）。

指令格式：　ITB　　IN，OUT

例：　　　　ITB　　AC0，VB10

2. 整数与双整数

（1）双整数到整数。

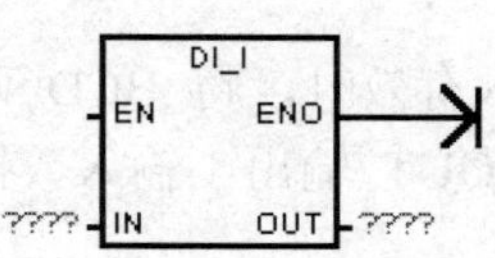

DTI，双整数转换为整数指令。使能输入有效时，将双整数输入数据 IN 转换成整数类型，并将结果送到 OUT 输出。输入数据超出整数范围则产生溢出。

转换指令影响的特殊存储器位：SM1.1（溢出）。

使能流输出 ENO 断开的出错条件：SM1.1（溢出）、SM4.3（运行时间）、0006（间接寻址）。

指令格式：　DTI　　IN，OUT

例：　　　　DTI　　AC0，VW20

（2）整数到双整数。

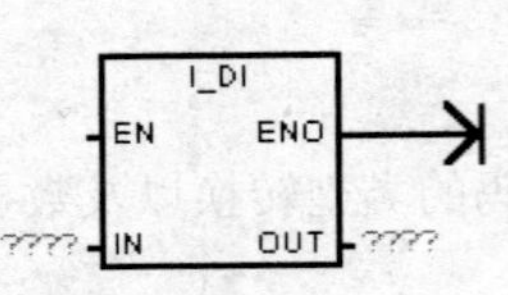

ITD，整数转换为双整数指令。使能输入有效时，将整数输入数据 IN 转换成双整数类型（符号进行扩展），并将结果送到 OUT 输出。

使能流输出 ENO 断开的出错条件：SM4.3（运行时间）、0006（间接寻址）。

指令格式：　ITD　　IN,　OUT

例：　　　　ITD　　VW0,　AC0

3．双整数与实数

（1）实数到双整数。

ROUND 和 TRUNC，实数转换为双整数指令。使能输入有效时，将实型输入数据 IN 转换成双整数类型，并将结果送到 OUT 输出。两条指令的区别是：前者小数部分 4 舍 5 入，而后者小数部分直接舍去。

转换指令影响的特殊存储器位：SM1.1（溢出）。

使能流输出 ENO 断开的出错条件：SM1.1（溢出）、SM4.3（运行时间）、0006（间接寻址）。

指令格式：　ROUND IN,　OUT

　　　　　　TRUNC IN,　OUT

例：　　　　ROUND VD0,　AC0

（2）双整数到实数。

DTR，双整数转换为实数指令。使能输入有效时，将双整数输入数据 IN 转换成实型，并将结果送到 OUT 输出。

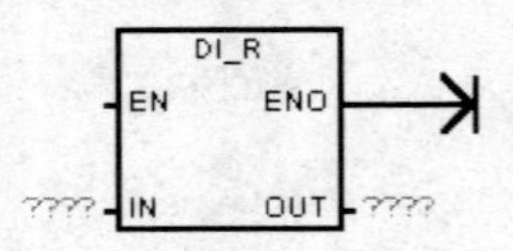

使能流输出 ENO 断开的出错条件：SM4.3（运行时间）、0006（间接寻址）。

指令格式：　DTR　　IN,　OUT

例：　　　　DTR　　AC0,　VD100

4．整数与 BCD 码

（1）BCD 码到整数。

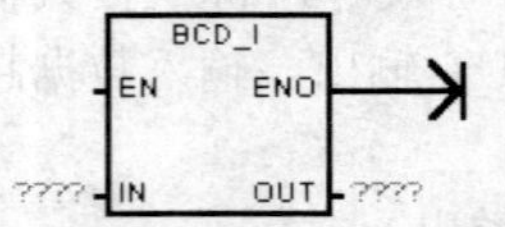

BCDI，BCD 码转换为整数指令。使能输入有效时，将 BCD 码输入数据 IN 转换成整数类型，并将结果送到 OUT 输出。输入数据 IN 的范围为 0～9999。

指令格式：　BCDI　　OUT

例：　　　　BCDI　　AC0

（2）整数到 BCD 码

IBCD，整数转换为 BCD 码指令。使能输入有效时，将整数输入数据 IN 转换成 BCD 码

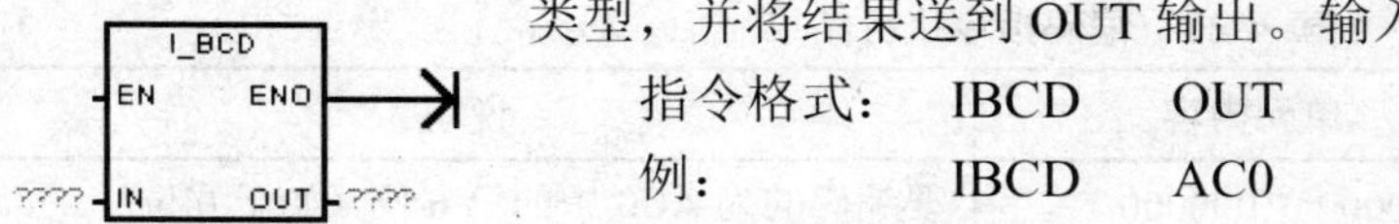

类型，并将结果送到 OUT 输出。输入数据 IN 的范围为 0～9999。

指令格式：　IBCD　OUT

例：　　　　IBCD　AC0

5．程序实例

功能：模拟量控制程序中的数据类型转换。将模拟量输入端采样值由整数转换为双整数，然后由双整数转换为实数，再除以一个比例因子得到 PLC 可以处理范围内的值。

本程序如图 4.27 所示。

4.5.2　编码和译码

1．编码

ENCO，编码指令。使能输入有效时，将字型输入数据 IN 的最低有效位（值为 1 的位）的位号输出到 OUT 所指定的字节单元的低 4 位。即用半个字节来对一个字型数据 16 位中的 1 位有效位进行编码。

使能流输出 ENO 断开的出错条件：SM4.3（运行时间）、0006（间接寻址）。

指令格式：　ENCO　IN，OUT

例：　　　　ENCO　AC0，VB0

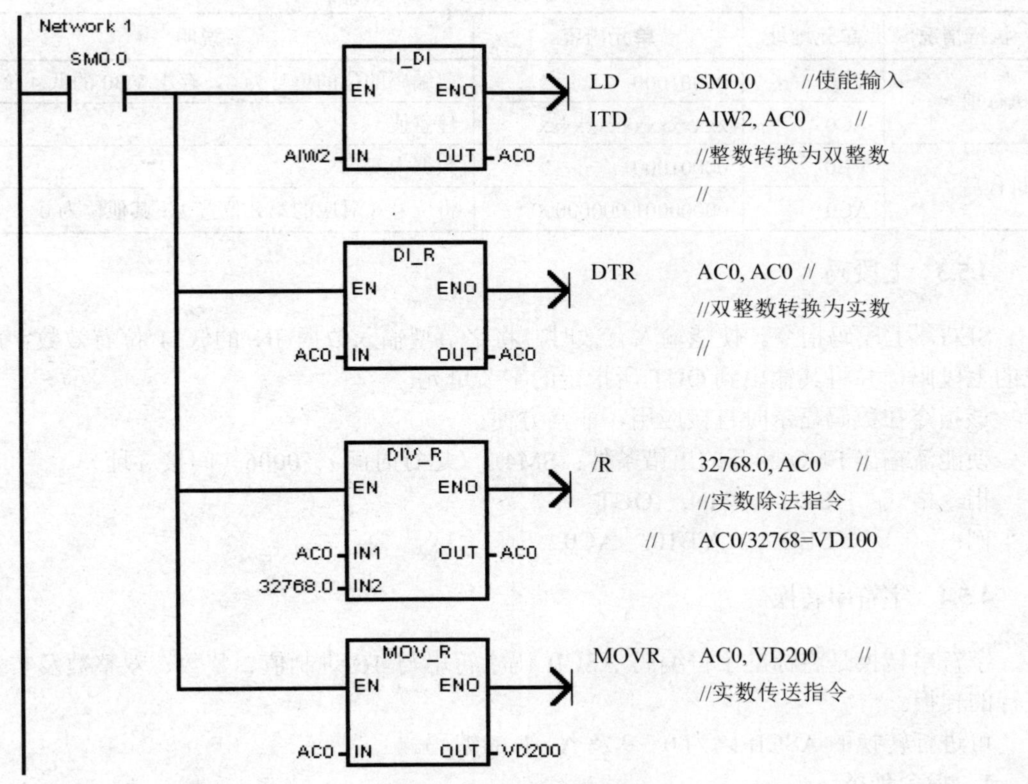

图 4.27　数据类型转换程序例

以本指令为例，指令执行情况如表 4.26 所示。

表 4.26　编码指令执行结果

时间	单元地址	单元内容	说明
执行前	AC0	00000000 01000000	要编码的为 AC0 中的第 6 位（始于 0 位）
	VB0	xxxxxxxx	任意值
执行后	AC0	00000000 01000000	数据未变
	VB0	00000110	将位号 6 写入 VB0 的低 4 位

2．译码

DECO，译码指令。使能输入有效时，将字节型输入数据 IN 的低 4 位所表示的位号对 OUT 所指定的字单元的对应位置 1，其他位置 0。即对半个字节的编码进行译码来选择一个字型数据 16 位中的 1 位。

使能流输出 ENO 断开的出错条件：SM4.3（运行时间）、0006（间接寻址）。

指令格式：　DECO　IN，OUT

例：　DECO　VB0，AC0

本指令执行情况如表 4.27 所示。

表 4.27　译码指令执行结果

执行情况	单元地址	单元内容	说明
执行前	VB0	00001000	要编码的位的位号为 8，存于 VB0 的低 4 位
	AC0	xxxxxxxxxxxxxxxx	任意值
执行后	VB0	00001000	数据未变
	AC0	00000001 00000000	将位号 8 对应的第 8 位置 1，其他位为 0

4.5.3　七段码

SEG，七段码指令。使能输入有效时，将字节型输入数据 IN 的低 4 位有效数字产生相应的七段码，并将其输出到 OUT 所指定的字节单元。

该指令在数码显示时直接应用，非常方便。

使能流输出 ENO 断开的出错条件：SM4.3（运行时间）、0006（间接寻址）

指令格式：　SEG　IN，OUT

例：　SEG　VB10，AC0

4.5.4　字符串转换

字符串转换是将标准字符编码 ASCII 码字符串与 16 进制值、整数、双整数及实数之间进行的转换。

可进行转换的 ASCII 码为 0～9 及 A～F 的编码。

1．指令种类

（1）ASCII 码转换为十六进制指令。

（2）十六进制转换为 ASCII 码指令。

（3）整数转换为 ASCII 码指令。

（4）双整数转换为 ASCII 码指令。

（5）实数转换为 ASCII 码指令。

2．指令介绍

下面仅以 ASCII 码转换为十六进制指令为例说明字符串与其他数据类型之间的转换。

ATH，ASCII 码转换为十六进制指令。指令盒中有 3 个操作数：IN，开始字符的字节地址，字节类型；LEN，字符串的长度，字节类型，最大长度为 255；OUT，输出目的开始字节地址，字节类型。使能输入有效时，把从 IN 开始的长度为 LEN 的 ASCII 码转换为十六进制数，并将结果送到 OUT 开始的字节进行输出。

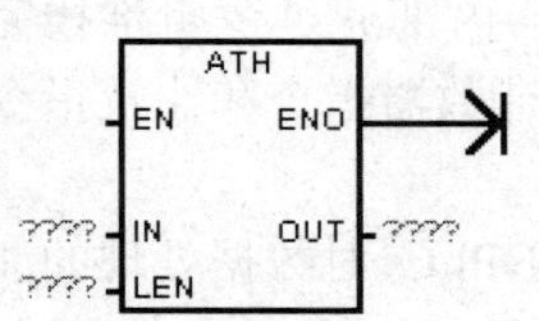

指令影响的特殊标志位：SM1.7 非法（ASCII 码）。

使能流输出 ENO 断开的出错条件：SM4.3（运行时间）、0006（间接寻址）、0091（操作数超界）。

指令格式：　ATH　　IN,　　OUT, LEN

例：　　　　ATH　　VB100, VB200,　　3

3．程序实例

以上面的指令为例，该条指令的执行结果如表 4.28 所示，程序如图 4.28 所示。

表 4.28　指令 ATH 执行结果

位置	首地址	含义	字节 1	字节 2	字节 3	说明
ASCII 码区	VB100	二进制	0011 0010	0011 0100	0100 0101	原信息的存储形式及对应的 ASCII 编码
		含义	2	4	E	
16 进制区	VB200	二进制	0010 0100	1110 xxxx	xxxx xxxx	转化结果信息编码及含义
		含义	2 4	E X	X X	

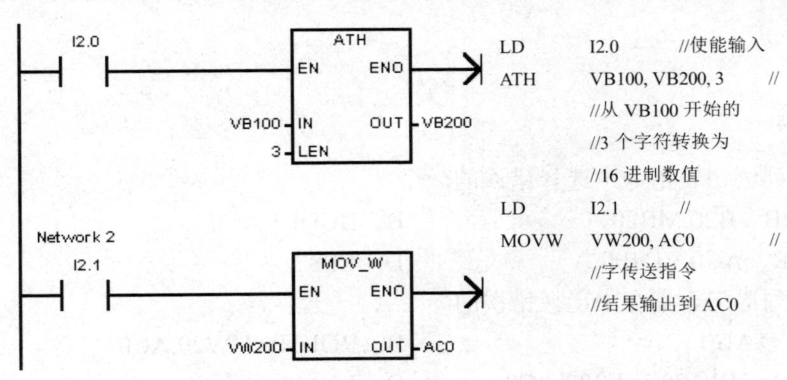

图 4.28　字符串转换

本章介绍 SIMATIC 指令集所包含的基本指令及使用方法，涉及的是位操作类指令和数

据运算及处理类指令。重点是掌握基本指令中常用指令的应用，并熟练掌握使用梯形图编程的方法。

（1）可编程序控制器的编程以指令系统为基础，指令又是以机器硬件为依据，编程时必须考虑到存储器中各编程元件的地址分配及操作数范围。

常用的构成梯形图的元素有触点、线圈、功能指令及相应的操作数等。

（2）通过位操作类指令的学习，基本上就可以用 PLC 实现原来继电接触控制系统所能实现的控制任务。这个类通常与位操作和位运算有关，位运算在机器内部通过逻辑堆栈完成。位操作类指令包括基本逻辑指令、复杂逻辑指令、定时器指令、计数器指令和比较指令等。

（3）各种运算指令包括算术运算指令和逻辑运算指令，使当前的 PLC 对数据处理的能力大大增强，开阔了 PLC 的应用领域。

算术运算是对有符号和大小含义的算术数进行处理，算术运算指令包括加法、减法、乘法、增减指令和一些常用的数学函数指令，如平方根、自然对数、三角函数等。逻辑运算是对无符号和大小含义的逻辑数进行处理，逻辑运算类指令包括逻辑与、逻辑或、逻辑异、逻辑取反等指令。

学会使用这些指令的同时，还应学会结合数学方法灵活运用这些指令，以完成较为复杂的运算任务。

（4）其他数据处理指令主要涉及非数值运算类的数据操作，包括传送类指令、移位指令、循环移位指令、字节交换指令、填充指令和数据类型转换指令等。

（5）表功能指令可以用来方便地建立和存取字类型的数据表，一个数据表由表的首地址来标识，首地址和第二个地址单元分别存放最大填表数和实际填表数，其后是最多 100 个存表字型数据。表功能指令包括表存数指令、表取数指令和表查找指令等。

一、选择题

1．请从下列语句表指令中选择错误的一个（　　）。

A．BMB VB20,MB20　　B．BCDI　AC0

C．DTR　AC0,VD100　　D．LPS

2．请从下列语句表指令中选择错误的一个（　　）。

A．IBCD AC0　　B．ROUND VW20,AC0

C．FND> VW100,VW300,AC0　　D．LDI I0.0

3．请从下列语句表指令中选择错误的一个（　　）。

A．SWAP VD20　　B．RRW AC0,2

C．RLB VB10,2　　D．INVW　VW10

4．请从下列语句表指令中选择错误的一个（　　）。

A．SQRT VD0,AC1　　B．EXP VD200,AC0

C．/I　VD20, AC0　　D．AB<> MB10,MB20

5．请从下列语句表指令中选择错误的一个（　　）。

A．TON T36,100　　B．TOF T0

C．LDS 5　　D．LRD

6．请从下列语句表指令中选择错误的一个（　　）。

A．LPS　　B．RLW 10,VB10

C．BIW VB10,QB0　　D．INVD VD100

7．请从下列语句表指令中选择错误的一个（　　）。

A．MOV 12,VB20　　B．LDNI SM5.4

C．SLW VW200,3　　D．SQRT VD10,AC0

8．请从下列语句表指令中选择错误的一个（　　）。

A．LN 16.0,VD100　　B．BIR IB0, VB10

C．BTI　VW0,AC0　　D．DTI AC0,VW20

9．请从下列语句表指令中选择错误的一个（　　）。

A．ROUND VD0,AC1　　B．ITD VW0,AC0

C．ITB AC0,VB20　　D．TRUNC VD30,80

10．请从下列语句表选项中选择错误的一个（　　）。

A．OI　I3.2　　B．MOV VW1,SMW0

C．RI　Q0.5,3　　D．CALL　SBR_0

11．下列（　　）属于双字寻址。

A．QW1　　B．V10　　C．IB0　　D．MD28

12．只能使用字寻址方式来存取信息的寄存器是（　　）。

A．S　　B．I　　C．H　　C．　　D．AI

13．SM 是（　　）存储器的标识符。

A．高速计数器　　B．累加器

C．内部辅助寄存器　　D．特殊辅助寄存器

14．字传送指令的操作数 IN 和 OUT 可寻址的寄存器不包括下列（　　）。

A．T　　B．M　　C．AQ　　D．AC

15．字节传送指令的操作数 IN 和 OUT 可寻址的寄存器不包括下列（　　）。

A．V　　B．I　　C．Q　　D．AI

16．若整数的加减法指令的执行结果发生溢出则影响（　　）位。

A．SM1.0　　B．SM1.1　　C．SM1.2　　D．SM1.3

17．字取反指令梯形图的操作码为（　　）。

A．INV-　　B．INV-W　　C．INV-　　D．INV-X

18．双字整数的加减法指令的操作数都采用（　　）寻址方式。

A．字　　B．双字　　C．字节　　D．位

19．若整数的乘/除法指令的执行结果是零则影响（　　）位。

A．SM1.0　　B．SM1.1　　C．SM1.2　　D．SM1.3

20．实数开方指令的梯形图操作码是（　　）。

A．EXP　　B．LN　　C．SQRT　　D．TIN

21．设 VW10 中存有数据 123.9，执行 TRUNC 指令后的的结果是（　）。

A．123.5　　B．124　　C．120　　D．123

22．取整指令的梯形图指令的操作码是（　）。

A．TRUNC　　B．ROUND　　C．EXP　　D．LN

23．指令 MOVB AC0,VB12 中累加器用的寻址方式是（　）。

A．位寻址　　B．字节寻址　　C．字寻址　　D．双字寻址

24．整数的加减法指令的操作数都采用（　）寻址方式。

A．字　　B．双字　　C．字节　　D．位

25．把一个 BCD 码转换为一个整数值的梯形图指令的操作码是（　）。

A．B-I　　B．I-BC　　C．BCD-I　　D．I-R

26．段译码指令的梯形图指令的操作码是（　）。

A．DECO　　B．ENCO　　C．SEG　　D．TRUNC

27．设 AC1 中的低 16 位存有十六进制数 16#8200，现执行 ENCO AC1, VB100 指令，则指令的执行结果 VB40 中的内容是（　）。

A．0009H　　B．09H　　C．08H　　D．04H

28．填表指令的功能是向表中增加一个数值，表中第一个数是（　）数。

A．要填进表中的数　　B．最大填表数

C．实际填表数　　D．表中已有的数值

29．在查表指令中，若被查数据与参考数据之间的关系是不等于，则查表指令的语句表的操作码是（　）。

A．FIFO　　B．FILO　　C．FIND=　　D．FIND<>

30．设 VW10 中的数据是 6543H，VW20 中的数据是 0897H，则执行 ANDW VW10,VW20 指令后，VW20 的内容是（　）。

A．4DD7H　　B．5489H　　C．0003H　　D．9ABCH

二、填空题

1．定时器包括________、________和________3 种类型。

2．把一个实数转换为一个双字整数值的 ROUND 指令，它的小数部分采用________原则处理。

3．段译码指令的操作码是________，它的源操作数的寻址方式是________寻址，目的操作数的寻址方式是________寻址。

4．填表指令可以往表格里最多填充________个数据。

5．字移位指令的最大移位位数为________。

6．正跳变指令的梯形图格式为________。

7．只有________和________可以使用立即指令。

8．计数器指令包括________、________和________3 种。

9．定时器的状态位在当前值________预置值时为 ON。

10．被置位的点一旦置位后，在执行________指令前不会变为 OFF，具有锁存功能。

11．定时器预设值 PT 采用的寻址方式为________。

12．定时器的两个变量是________和________。

13．如果加计数器 CTU 的复位输入电路（R）________，计数输入电路（CU）由断开变为接通，计数器的当前值加 1。当前值达到设定值（PV）时，其常开触点________，常闭触点________。复位输入电路（R）________时计数器被复位，复位后其常闭触点________，当前值为________。

三、语句表和梯形图的互换

1．将下列语句表转换为梯形图。

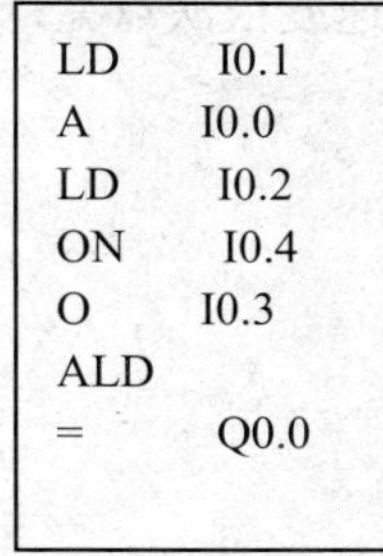

```
LD    I0.1
A     I0.0
LD    I0.2
ON    I0.4
O     I0.3
ALD
=     Q0.0
```

```
LD    I0.1
A     I0.0
LD    I0.2
A     I0.4
OLD
AN    I0.3
=I    Q0.1
ALD
=     Q0.0
```

```
LD    I0.0
A     I0.1
LD    I0.2
ONI   I0.4
AN    I0.3
OLD
=     Q0.0
```

```
LD   I0.0
AN   T37
TON  T37,1000
LD   T37
LD   Q0.0
CTU  C10,360
LD   C10
O    Q0.0
=    Q0.0
```

2．将下列梯形图转换为语句表。

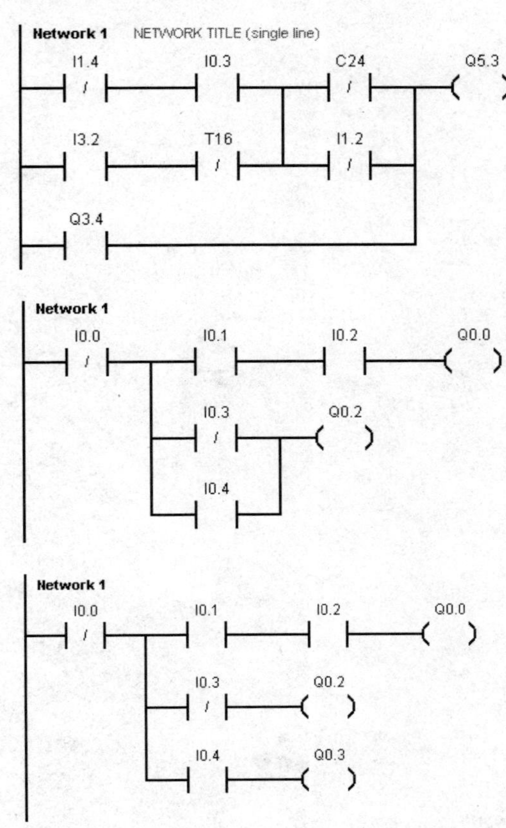

四、设计题

1．编写一段程序计算以下函数的值。

（1）[(100＋200)×10]/3。

（2）6 的 78 次方。

（3）求 SIN65° 的函数值。

2．编写一段梯形图程序，实现将 VB20 开始的 100 个字型数据移到 VB400 开始的存储区，这 100 个数据的相对位置在移动前后不发生变化。

3．编写一段输出控制程序，假设有 8 个指示灯，从左到右以 0.5s 速度依次点亮，到达最右端后，再从左到右依次点亮，如此循环显示。

第 5 章　应用指令

本章导读

PLC 的应用指令是指在完成基本逻辑控制、定时控制和顺序控制的技术上，用于实现用户的特殊控制要求的 PLC 指令。在基本指令中，除位操作指令外，像运算指令、数据处理指令、表功能指令和转换指令等也可以称为应用指令，而开发的应用指令在实际 PLC 应用中是不可缺少的，灵活运用应用指令可以简化对复杂控制问题的处理，在优化程序结构、提高系统的安全可靠性等方面有着重要作用。

应用指令主要包括程序控制类指令和特殊指令两类。

程序控制类指令主要用于控制程序结构及程序的执行，程序控制类指令可以影响程序执行的流向及内容，对合理安排程序的结构，有效提高程序的功能，实现某些技巧性运算，有着重要的意义。

如时钟、中断、通信、高速计数器、高速脉冲、PID 指令等特殊指令则可以方便地完成特殊控制任务。

- 程序控制类指令：包括顺序控制继电器、结束、看门狗、跳转、子程序、程序循环等
- 特殊指令：包括时钟、中断、通信、高速计数器、高速脉冲、PID 指令等

- 应用指令的实现形式
- 应用指令的梯形图编程方法
- 根据需要编制出结构较为复杂的梯形图程序

5.1　程序控制类指令

程序控制类指令使程序结构灵活，合理使用可以优化程序结构，增强程序的功能。这类指令主要包括顺序控制继电器、结束、看门狗、跳转、子程序和循环指令。

5.1.1　顺序控制继电器

顺序控制指令主要用于顺序过程和步进过程的控制程序设计。顺序控制程序设计包括定义顺序控制段和实现各种顺序控制结构。本部分内容涉及程序设计的流程图方法，相关具体内容可以参见第 7 章。

1. 顺序继电器指令

利用顺序继电器指令编写的顺序控制程序中包含了若干个顺序控制继电器段（SCR 段），一个 SCR 段有时也可称为一个工步。工步指的是一个相对稳定的状态，它必须包含 3 方面的内容：段开始、段结束和段转移。所对应的指令分别为 LSCR、SCRE 和 SCRT。

（1）段开始。

LSCR，段开始指令。定义一个顺序控制继电器段的开始。操作数为顺序控制继电器位 Sx.y，Sx.y 作为本段的段标志位。当 Sx.y 位为 1 时，允许该 SCR 段工作。

（2）段结束。

SCRE，段结束指令。一个 SCR 段必须用该指令来结束。

（3）段转移。

SCRT，段转移指令。该指令用来实现本段与下一个段之间的切换。操作数为顺序控制继电器位 Sx.y，Sx.y 是下一个 SCR 段的标志位。当使能输入有效时，一方面对 Sx.y 置位，以便让下一个 SCR 段开始工作，另一方面同时对本 SCR 段的标志位复位，以便本段停止工作。

指令格式：

LSCR	bit	（段开始指令）
SCRT	bit	（段转移指令）
SCRE		（段结束指令）

注意

（1）只能使用顺序控制继电器位作为段标志位。一个顺序控制继电器位 Sx.y 在各程序块中只能使用一次。

（2）在一个 SCR 段中不能出现跳入、跳出或段内跳转等程序结构。即在段中不能使用 JMP 和 LBL 指令。

（3）在一个 SCR 段中不允许出现循环程序结构和条件结束（即禁止使用 FOR、NEXT 和 END 指令）。

2. 程序实例

本例是用顺序继电器实现的顺序控制中的一个步的程序段，这一步实现的功能是使两个电机 M1 和 M2（分别由 Q1.2 和 Q1.3 控制）起动运行 20 秒后停止，切换到下一步。梯形图程序如图 5.1 所示。

5.1.2 结束及暂停

1. 结束指令

结束指令有两条：END 和 MEND。两条指令在梯形图中以线圈形式编程。指令不含操作数。结束指令的执行不考虑对特殊标志寄存器位和能流的影响。

END，条件结束指令。使能输入有效时，终止用户主程序。

MEND 无条件结束指令。无条件终止用户程序的执行，返回主程序的第一条指令。

注意

可以利用程序执行的结果状态、系统状态或外部设置切换条件来调用条件结束指令，使程序结束。

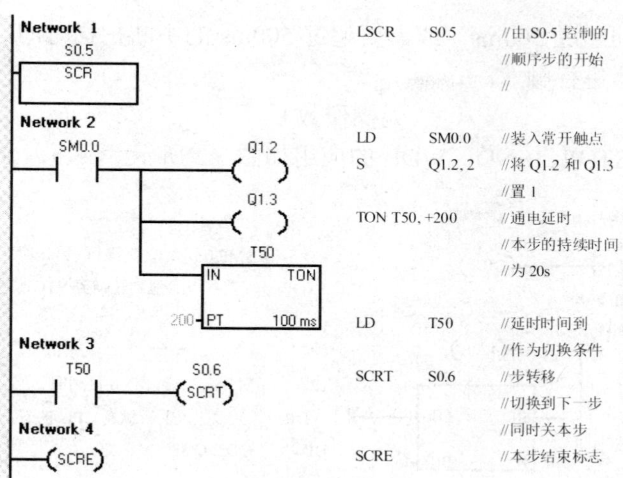

图 5.1　顺序继电器程序

结束指令只能用在主程序中，不能在子程序和中断程序中使用。END 指令通常用在主程序的内部，MEND 用在程序的结束。

—(END)

用 Micro/Win32 编程时，编程人员不需手工输入 MEND 指令，而是由软件自动加在主程序结尾。

指令格式：END　　　　（无操作数）

2. 暂停指令

STOP，暂停指令。使能输入有效时，该指令使主机 CPU 的工作方式由 RUN 切换到 STOP 方式，从而立即终止用户程序的执行。STOP 指令在梯形图中以线圈形式编程。指令不含操作数。指令的执行不考虑对特殊标志寄存器位和能流的影响。

—(STOP)

STOP 和 END 指令通常在程序中用来对突发紧急事件进行处理，可以有效避免实际生产中的重大损失。

STOP 指令可以用在主程序、子程序和中断程序中。如果在中断程序中执行 STOP 指令，则中断处理立即终止，并忽略所有挂起的中断，继续向前扫描程序的剩余部分。在本次扫描周期的结束，完成将主机从 RUN 切换到 STOP 方式。

指令格式：STOP　　　　（无操作数）

5.1.3　看门狗

WDR，看门狗复位指令。当使能输入有效时，执行 WDR 指令，每执行一次，看门狗定时器就被复位一次。用本指令可用以延长扫描周期，从而可以有效避免看门狗超时错误。

—(WDR)

WDR 指令在使用时要谨慎，如果过渡延迟了扫描完成的时间，则终止本次扫描之前，系统的下列操作过程将不预执行：非自由端口方式的通信、非立即输入输出更新、特殊标志存储器位的更新、运行时间诊断、中断程序中的 STOP 指令。同时，如果扫描时间过长，10ms 和 100ms 定时器不能正确累计时间。

如果希望扫描时间超过 500ms，或需要超过 500ms 的中断扫描时间，则最好使用本指令来重新对看门狗定时器进行触发。

指令格式：WDR　　　　　　　　（无操作数）

程序实例：指令 STOP、END、WDR 的应用如图 5.2 所示。

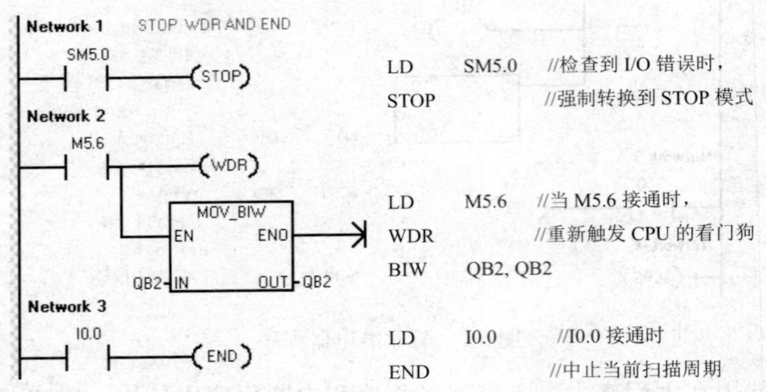

图 5.2　停止、结束、看门狗指令

5.1.4　跳转

跳转用跳转指令和标号指令配合实现，跳转的实现使 PLC 的程序灵活性和智能性大大提高，可以使主机根据对不同条件的判断，选择不同的程序段执行。

与跳转相关的指令有以下两条：

（1）跳转指令。

????
—(JMP)　JMP，跳转指令。使能输入有效时，使程序流程跳到同一程序中的指定标号 n 处执行。

（2）标号指令。

????
LBL　LBL，标号指令。标记程序段，作为跳转指令执行时跳转到的目的位置。操作数 n 为 0～255 的字型数据。

注意　JMP 和 LBL 指令只能配合用在同一程序块中，如主程序、同一子程序和同一中断程序。不能从主程序跳转到某一子程序或中断程序，也不能从某一中断程序跳转到其他中断程序、子程序或主程序。

指令格式：JMP　　n

　　　　　LBL　　n

程序实例：如图 5.3 所示。用增减计数器进行计数，如果当前值小于 500，则程序按原顺序执行，若当前值超过 500，则跳转到从标号 10 开始的程序执行。

5.1.5　子程序指令

子程序在结构化程序设计中是一种方便有效的工具。与子程序相关的操作有：建立子程序、子程序的调用和返回等。

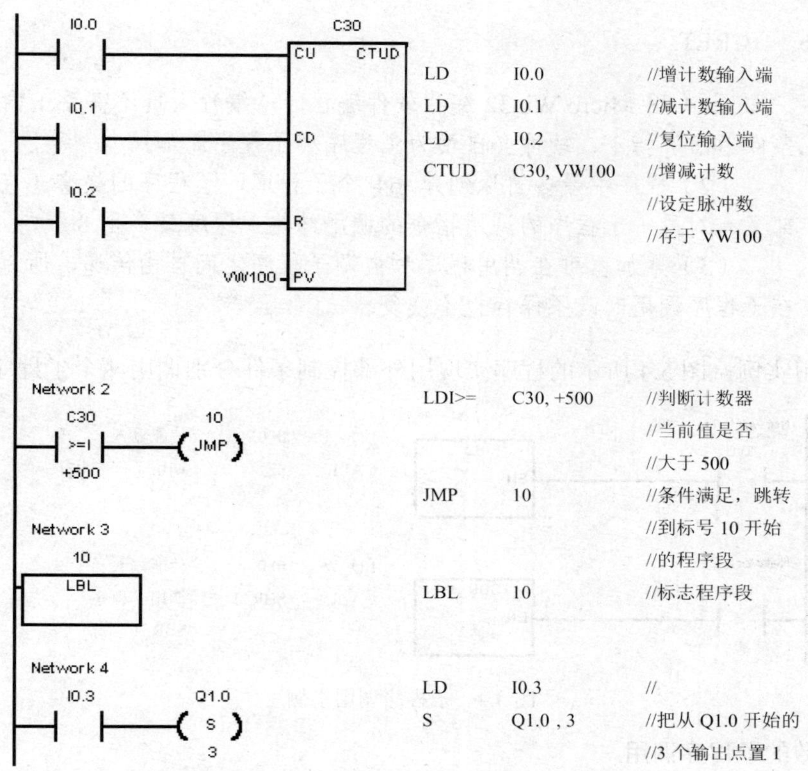

图 5.3 程序跳转实例

1．建立子程序

可用编程软件 Edit 菜单中的 Insert 选项，选择 Subroutine，以建立或插入一个新的子程序，在指令树窗口可以看到新建的子程序图标，默认的程序名是 SBR_n，编号 n 从 0 开始按递增顺序生成，可以在图标上直接更改子程序的程序名。在指令树窗口双击子程序的图标就可对它进行编辑。

2．子程序调用

主程序可以用子程序调用指令来调用一个子程序。子程序执行结束后必须返回主程序。

（1）子程序调用。

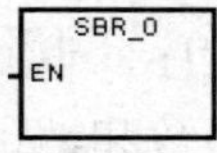

CALL，子程序调用指令。使能输入有效时，主机把程序控制权交给子程序 name。子程序的调用可以带参数，也可以不带参数。在梯形图中以指令盒的形式编程，指令盒名为子程序名 name。

指令格式： CALL name

例： CALL SBR_0

使能流输出 ENO 为 0 的出错条件：SM4.3（运行时间）、0008（子程序嵌套超界）。

（2）子程序条件返回。

CRET，子程序条件返回指令。在使能输入有效时，结束子程序的执行，返回主程序中此子程序调用指令的下一条指令。梯形图中以线圈的形式编程，指令不带参数。

指令格式：　CRET

（1）用 Micro/Win32 编程软件编程时，编程人员不需手工输入 RET（无条件返回）指令，软件会自动为主程序和子程序添加。

（2）程序中最多可以创建 64 个子程序，子程序的嵌套（在子程序的内部又有对另一子程序的调用指令的调用结构）深度最多是 8 级。

（3）累加器可在调用程序和被调子程序之间自由传递，所以累加器的值在子程序调用时既不保存也不恢复。

（3）应用实例：图 5.4 所示的程序实现用外部控制条件分别调用两个子程序。

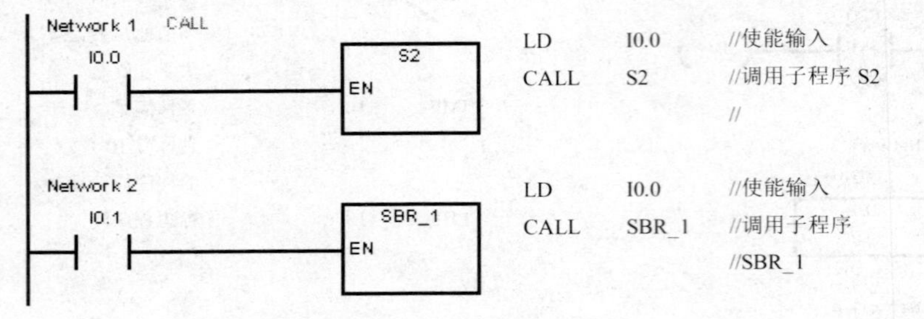

图 5.4　子程序调用举例

3．带参数的子程序调用

子程序的调用过程如果存在数据的传递，则调用指令中应包含相应的参数。

（1）子程序参数。

子程序最多可以传递 16 个参数。参数在子程序的局部变量表中加以定义。参数包含下列信息：变量名、变量类型和数据类型。

■　变量名：用最多 8 个字符表示，第一个字符不能是数字。

■　变量类型：变量类型是按变量对应数据的传递方向来划分的，可以是传入子程序（IN）、传入和传出子程序（IN/OUT）、传出子程序（OUT）、暂时（TEMP）4 种类型。4 种变量类型的参数在变量表中的位置必须按以下先后顺序。

IN 类型：传入子程序参数。所接的参数可以是：直接寻址数据（如 VB100）、间接寻址数据（如*AC1）、立即数（如 16#2344）、数据的地址值（如&VB106）。

IN/OUT 类型：传入/传出子程序参数。调用时将指定参数位置的值传到子程序，返回时从子程序得到的结果值被返回到同一地址。参数可采用直接和间接寻址，但立即数和地址编号不能作为参数。

OUT 类型：传出子程序参数。将从子程序返回的结果值送到指定的参数位置。输出参数可以采用直接和间接寻址，但不能是立即数或地址编号。

TEMP 类型：暂时变量类型。在子程序内部暂时存储数据，不能用来与主程序传递参数数据。

■　数据类型：局部变量表中还要对数据类型进行声明。数据类型可以是：能流、布尔型、字节型、字型、双字型、整数型、双整型和实型。

能流：仅允许对位输入操作，是位逻辑运算的结果。

布尔型：布尔类型用于单独的位输入和输出。

字节、字和双字型：这 3 种类型分别声明一个 1 字节、2 字节和 4 字节的无符号输入或输出参数。

整数、双整数型：这 2 种类型分别声明一个 2 字节或 4 字节的有符号输入或输出参数。

实型：该类型声明一个 IEEE 标准的 32 位浮点参数。

（2）参数子程序调用的规则。

常数参数必须声明数据类型。例如，把值为 223344 的无符号双字作为参数传递时，必须用 DW#223344 来指明。如果缺少常数参数的这一描述，常数可能会被当作不同类型使用。

输入或输出参数没有自动数据类型转换功能。例如，局部变量表中声明一个参数为实型，而在调用时使用一个双字，则子程序中的值就是双字。

参数在调用时必须按照一定的顺序排列，先是输入参数，然后是输入输出参数，最后是输出参数。

（3）变量表使用。

在局部变量表中要加入一个参数，右击要加入的变量类型区可得到一个选择菜单，选择“插入”，然后选择“下一行”即可。局部变量表使用局部变量存储器。

当在局部变量表中加入一个参数时，系统自动给各参数分配局部变量存储空间。

参数子程序调用指令格式：CALL n, Var 1, Var 2, … Var m

（其中 n 为子程序号，Var 1 到 Var m 为参数）

例：CALL SBR0,I0.2, VB20,VD30

（4）程序实例。

以上面指令为例，局部变量表分配如表 5.1 所示，程序段如图 5.5 所示。

表 5.1 局部变量表例

L 地址	参数名	参数类型	数据类型	说明
无	EN	IN	BOOL	指令使能输入参数，由系统自动分配
L0.0	in1	IN	BOOL	第一个参数，输入布尔类型，分以 L0.0 变量
LB1	in2	IN	BYTE	第二个参数，字节类型
LD2	in3	IN	REAL	第三个参数，实型

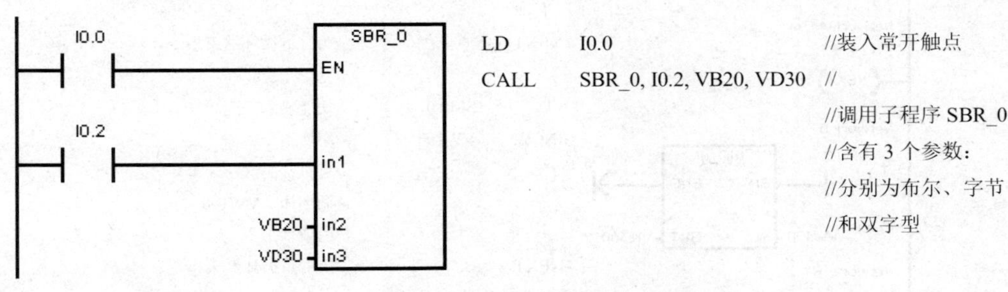

图 5.5 带参数的子程序调用

5.1.6 程序循环

程序循环结构可以描述需重复执行一定次数的程序片断，即循环体，循环程序设计所用的指令有两条：FOR 和 NEXT。

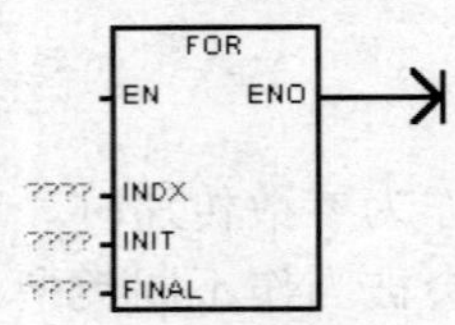

1．循环开始

FOR，循环开始指令。用来标记循环体的开始，在梯形图中有 3 个数据输入端：INDX，当前循环计数；INIT，循环初值；FINAL，循环终值。

2．循环结束

—(NEXT) NEXT，循环结束指令。用来标记循环体的结束，并且将栈顶置 1。该指令无操作数。

例如，设定循环初值 INIT 为 1，终值 FINAL 为 20，使能输入有效时，执行循环体，同时 INDX 从 1 开始计数，每执行一次循环体，INDX 当前计数值加 1，执行 20 次后，当前计数值增到 20，系统终止循环。如果设定的循环初值大于终值，则循环体一次也不会被执行。

3．程序实例

两重循环程序结构如图 5.6 所示。

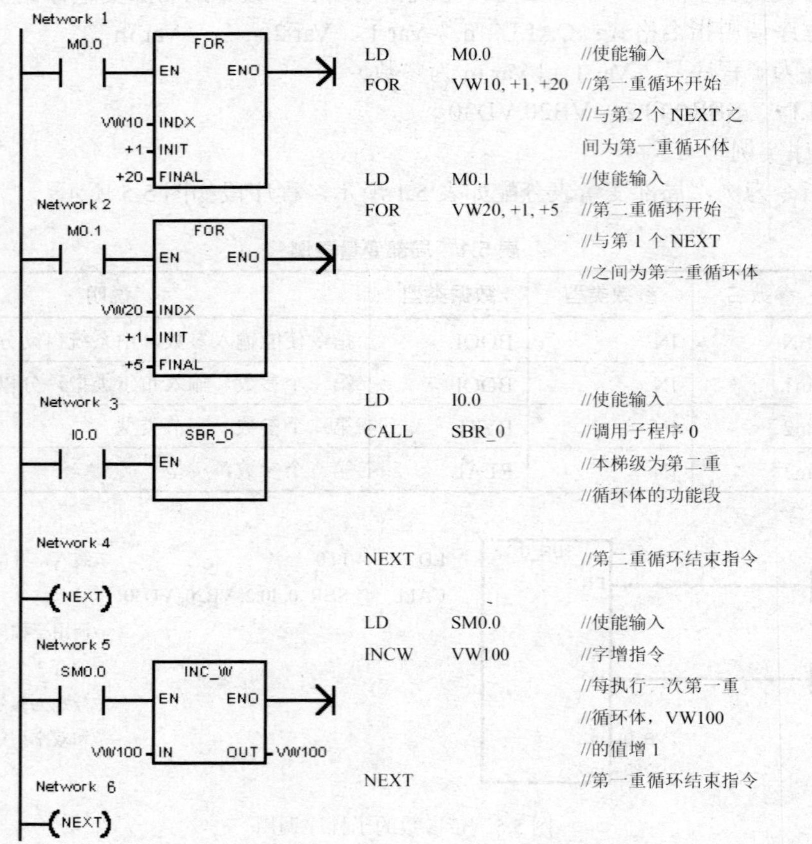

图 5.6 两重循环梯形图

（1）FOR 和 NEXT 之间的程序部分为循环体，两条指令必须成对使用。

（2）在循环执行的过程中可以修改循环终值，也可在循环体内部用指令修改终值。使能输入有效时，循环一直执行，直到循环结束。

（3）FOR 和 NEXT 循环体内部可以再含有 FOR、NEXT 循环体，称为循环嵌套，嵌套最大深度为 8 层。

（4）每次循环开始指令（FOR）能使输入重新有效，指令自动将各参数复位。

5.2　特殊指令

在可编程序控制器中增设一些特殊功能的硬件。这些硬件是通过特殊指令来使用，可以实现面向特定的复杂目的的控制任务，但程序编制非常简单。特殊指令主要包括时钟、中断、通信、高速计数、高速脉冲和 PID 回路等方面的指令。

5.2.1　时钟指令

利用时钟指令可以实现调用系统实时时钟，这对于控制系统的运行监视、运行记录等多方面的工作十分方便。时钟操作有两种：读实时时钟和设定实时时钟。

1．读实时时钟

TODR，读实时时钟指令。当使能输入有效时，系统读当前时间和日期，并把它装入一个 8 字节的缓冲区。操作数 T 用来指定 8 字节缓冲区的起始地址。

2．写实时时钟

TODW，写实时时钟指令。用来设定实时时钟。当使能输入有效时，系统将一个包含当前时间和日期的 8 字节缓冲区装入时钟。操作数 T 用来指定 8 字节缓冲区的起始地址。

时钟缓冲区的格式如表 5.2 所示。

表 5.2　时钟缓冲区

字节	T	T+1	T+2	T+3	T+4	T+5	T+6	T+7
含义	年	月	日	小时	分钟	秒	0	星期几
范围	00～99	01～12	01～31	00～23	00～59	00～59	0	01～07

两条指令中 T 的寻址范围：VB、IB、QB、MB、SB、SMB、LB、*VD、*AC、*LD。

使能流输出 ENO 断开的出错条件：SM4.3（运行时间）、0006（间接寻址）、000C（时钟模块不存在）。

指令格式：　TODR　T　（读实时时钟）

　　　　　　TODW　T　（写实时时钟）

例：　　　　TODR　VB100

（1）所有日期和时间的值用 BCD 码表示。

（2）系统不检查和核实时钟各量的正确与否，所以必须确保输入的数据是正确的。例如，2 月 31 日虽为无效日期，但可以被系统接受。

（4）不能同时在主程序和中断程序中使用读写实时时钟指令，否则，将产生非致命错误，中断程序中的实时时钟指令将不被执行。

程序实例：编写一段程序，可实现读、写实时时钟，并以 BCD 码显示分钟。时钟缓冲区从 VB100 开始。

程序中的子程序 SBR_0 为写时钟子程序，将当前时间写入从 VB100 开始的 8 字节时间缓冲区，时间设置如表 5.3 所示，读写时钟程序如图 5.7 所示。

表 5.3　时间设置

含义	年	月	日	小时	分钟	秒	0	星期几
字节	VB100	VB101	VB102	VB103	VB104	VB105	VB106	VB107
范围	01	02	01	16	45	18	0	3

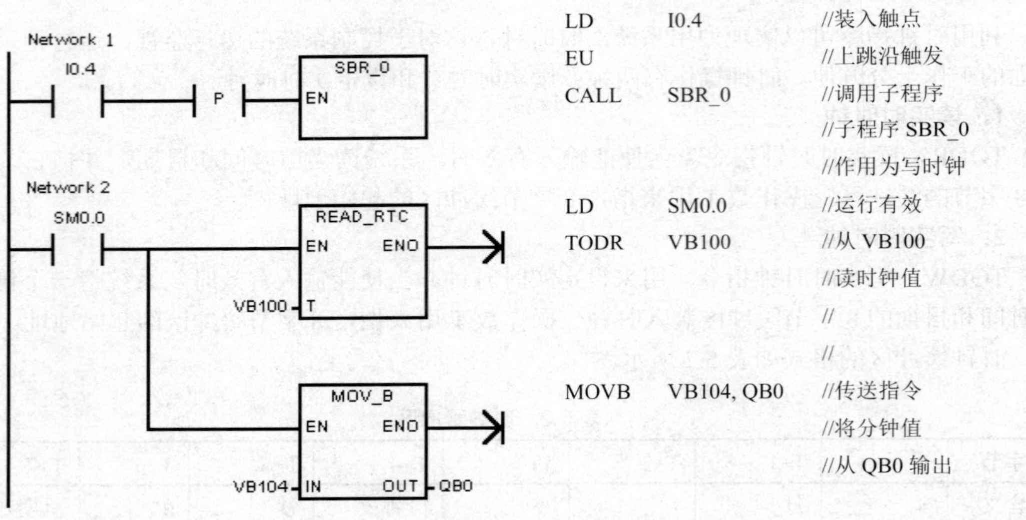


```
LD      I0.4          //装入触点
EU                    //上跳沿触发
CALL    SBR_0         //调用子程序
                      //子程序 SBR_0
                      //作用为写时钟
LD      SM0.0         //运行有效
TODR    VB100         //从 VB100
                      //读时钟值
                      //
                      //
MOVB    VB104, QB0    //传送指令
                      //将分钟值
                      //从 QB0 输出
```

图 5.7　读写时钟

5.2.2　中断

中断是由设备或其他非预期的急需处理的事件引起的，它使系统暂时中断现在正在执行的程序，而转到中断服务程序去处理这些事件，处理完毕后再返回原程序执行。

中断处理可以提供对突发事件的快速响应，因此中断在可编程序控制器的人机联系、实时处理、通信处理和网络中非常重要。

与中断相关的操作有：中断程序和中断调用。

1．中断源

（1）中断源及种类。

中断源，即中断事件发出中断请求的来源。S7-200 可编程序控制器具有最多可达 34 个中断源，每个中断源都分配一个编号用以识别，称为中断事件号。这些中断源大致分为三大类：通信中断、输入输出中断和时基中断。

- 通信中断：可编程序控制器的通信口可由程序来控制，通信中的这种操作模式称为自由通信口模式。在这种模式下，用户可以通过编程来设置波特率、奇偶校验和通信协议等参数。
- 输入输出中断：输入输出中断包括外部输入中断、高速计数器中断和脉冲串输出中断。外部输入中断是系统利用 I0.0 到 I0.3 的上升沿或下降沿产生中断，这些输入点可被用作连接某些一旦发生必须引起注意的外部事件；高速计数器中断可以响应当前值等于预设值、计数方向的改变、计数器外部复位等事件所引起的中断；脉冲串输出中断可以用来响应给定数量的脉冲输出的完成所引起的中断。
- 时基中断：时基中断包括定时中断和定时器中断。

定时中断可用来支持一个周期性的活动，周期时间以 1ms 为计量单位，周期时间可从 5ms～255ms。对于定时中断 0，把周期时间值写入 SMB34，对于定时中断 1，把周期时间值写入 SMB35。每当达到定时时间值，相关定时器溢出，执行中断处理程序。定时中断可以以固定的时间间隔作为采样周期来对模拟量输入进行采样，也可以用来执行一个 PID 控制回路。

定时器中断可以利用定时器来对一个指定的时间段产生中断。这类中断只能使用 1ms 通电和断电延时定时器 T32 和 T96。当所用定时器的当前值等于预设值时，在主机正常的定时刷新中，执行中断程序。

（2）中断优先级。

在中断系统中，将全部中断源按中断性质和处理的轻重缓急进行排队并给予优先权。所谓优先权，是指多个中断事件同时发出中断请求时，CPU 对中断响应的优先次序。

中断优先级由高到低依次是：通信中断、输入输出中断、时基中断。每种中断中的不同中断事件又有不同的优先权。

主机中的所有中断事件及优先级如表 5.4 所示。

表 5.4　中断事件及优先级

组优先级	组内类型	中断事件号	中断事件描述	组内优先级
通信中断（最高级）	通信口 0	8	通信口 0：接收字符	0
		9	通信口 0：发送完成	0
		23	通信口 0：接收信息完成	0
	通信口 1	24	通信口 1：接收信息完成	1
		25	通信口 1：接收字符	1
		26	通信口 1：发送完成	1
输入输出中断（次高级）	脉冲串输出	19	PTO 0 脉冲串输出完成中断	0
		20	PTO 1 脉冲串输出完成中断	1

续表

组优先级	组内类型	中断事件号	中断事件描述	组内优先级
输入输出中断（次高级）	外部输入	0	I0.0 上升沿中断	2
		2	I0.1 上升沿中断	3
		4	I0.2 上升沿中断	4
		6	I0.3 上升沿中断	5
		1	I0.0 下降沿中断	6
		3	I0.1 下降沿中断	7
		5	I0.2 下降沿中断	8
		7	I0.3 下降沿中断	9
	高速计数器	12	HSC 0 当前值等于预设值中断	10
		27	HSC 0 输入方向改变中断	11
		28	HSC 0 外部复位中断	12
		13	HSC 1 当前值等于预设值中断	13
输入输出中断（次高级）	高速计数器	14	HSC 1 输入方向改变中断	14
		15	HSC 1 外部复位中断	15
		16	HSC 2 当前值等于预设值中断	16
		17	HSC 2 输入方向改变中断	17
		18	HSC 2 外部复位中断	18
		32	HSC 3 当前值等于预设值中断	19
		29	HSC 4 当前值等于预设值中断	20
		30	HSC 4 输入方向改变中断	21
		31	HSC 4 外部复位中断	22
		33	HSC 5 当前值等于预设值中断	23
时基中断（最低级）	定时	10	定时中断 0	0
		11	定时中断 2	1
	定时器	20	定时器 T32 当前值等于预设置中断	2
		25	定时器 T96 等于预设置中断	3

在 PLC 中，CPU 按先来先服务的原则响应中断请求，一个中断程序一旦执行，就一直执行到结束为止，不会被其他甚至更高优先级的中断程序所打断。在任何时刻，CPU 只执行一个中断程序。中断程序执行中，新出现的中断请求按优先级排队等候处理。中断队列能保存的最大中断个数有限，如果超过队列容量，则会产生溢出，某些特殊标志存储器位被补置位。中断队列、溢出位及队列的容量如表 5.5 所示。

2．中断调用

即调用中断程序，使系统对特殊的内部或外部事件作出响应。系统响应中断时自动保存逻辑堆栈、累加器和某些特殊标志存储器位，即保护现场。中断处理完成时，又自动恢复这些单元原来的状态，即恢复现场。

表 5.5　各主机的中断队列

中断队列种类	中断队列溢出标志位	CPU 221	CPU 222	CPU 224	CPU 226
通信中断队列	SM4.0	4 个	4 个	4 个	4 个
I/O 中断队列	SM4.1	16 个	16 个	16 个	16 个
时基中断队列	SM4.2	8 个	8 个	8 个	8 个

（1）中断调用指令。

中断调用相关的指令有：ATCH、DTCH、ENI 和 DISI。

■　中断连接

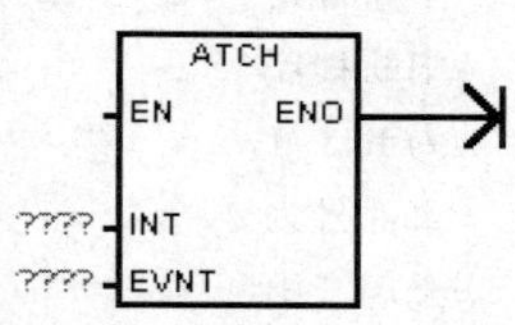

ATCH，中断连接指令。使能输入有效时，将一个中断事件和一个中断程序建立联系，并允许这个单一中断事件。梯形图的指令盒中有 2 个数据输入端：INT，中断程序号，用常数输入；EVNT，中断事件号，用常数输入。

指令中的 INT 和 EVNT 都以字节型常数形式输入，不同 CPU 主机的 EVNT 取值范围不同，分别对应如表 5.6 所示。

表 5.6　EVNT 取值范围

CPU 型号	CPU221	CPU222	CPU224	CPU226
EVNT 取值范围	0～12,19～23,27～33	0～12,19～23,27～33	0～23,27～33	0～33

使能流输出 ENO 断开的出错条件：SM4.3（运行时间）；0006（间接寻址）

指令格式：　ATCH　　INT,　EVNT

例：　　　　ATCH　　INT_0, 19

■　中断分离

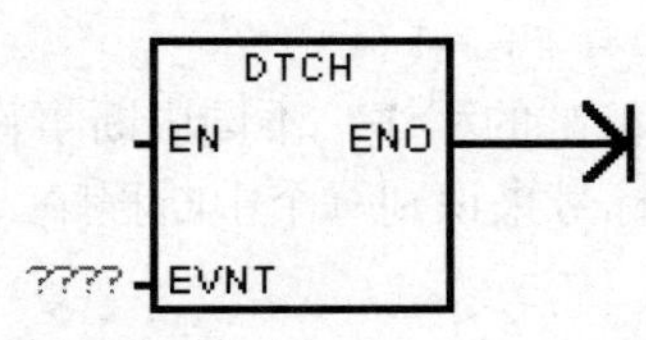

DTCH，中断分离指令。使能输入有效时，切断一个中断事件和所有中断程序的联系，使该事件的中断回到不激活或无效状态，因而禁止了该中断事件。指令中含有一个操作数 EVNT，用以指明被分离的中断事件。本指令主要用于对某一事件单独禁止中断。

指令格式：　DTCH　　EVNT

例：　　　　DTCH　　10

■　开中断及关中断

—(ENI)

ENI，开中断指令（中断允许指令）。使能输入有效时，全局地开放（或允许）所有被连接的中断事件。梯形图中以线圈形式编程，无操作数。

—(DISI)

DISI 关中断指令（中断禁止指令）。使能输入有效时，全局地关闭（或禁止）所有被连接的中断事件。梯形图中以线圈形式编程，无操作数。

指令格式：ENI（开中断指令）；DISI（关中断指令）

注意

（1）当系统由其他模式切换到 RUN 模式时，就自动关闭了所有的中断。

（2）在 RUN 模式下，可以通过编程用使能输入执行 ENI 指令来开放所有的中断，以实现对中断事件的处理。全局关中断指令 DISI 使所有中断子程序不能被激活，但允许发生的中断事件排队等候，直到采用开中断指令重新允许中断。

（2）程序实例。程序实现的功能是调用 I0.1 输入点的上升沿中断，若发现 I/O 错误，则禁止本中断，用外部条件可以禁止全局中断。本程序如图 5.8 所示。

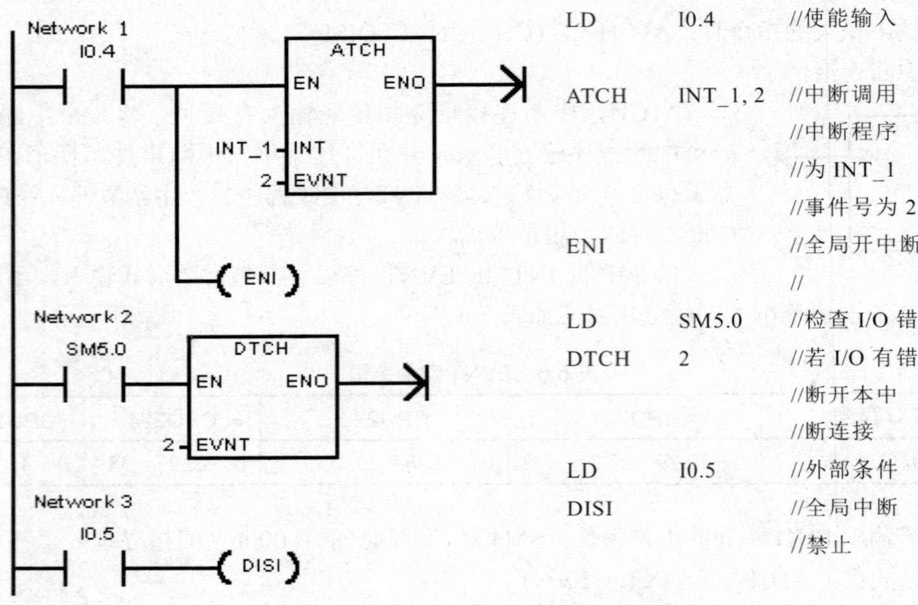

图 5.8 中断调用程序

3. 中断程序

中断程序也称中断服务程序，是用户为处理中断事件而事先编制的程序。不同中断事件的中断程序也不同。编程时可以用中断程序入口点处的中断程序标号来识别每个中断程序。

（1）构成。

中断程序必须由 3 部分构成：中断程序标号、中断程序指令和无条件返回指令。

中断程序标号，即中断程序的名称，它在建立中断程序时生成；中断程序指令是中断程序的实际有效部分，对中断事件的处理就是由这些指令组合来完成的，在中断程序中可以调用一个嵌套子程序；中断返回指令用来退出中断程序回到主程序，有两条返回指令，一是无条件中断返回指令 RETI，位于中断程序结束，是必选部分，也可在中断程序内部用条件返回指令 CRETI 退出。

（2）编制方法。

用编程软件，单击 Edit→Insert→Interrupt 命令，则自动生成一个新的中断程序编号，并进入该中断程序的编辑区，在此编写中断处理程序各条指令。

（1）多个事件可以调用同一个中断程序，但同一个中断事件不能同时指定调用多个中断服务程序。否则，在中断允许时，某个中断事件发生，系统默认只执行为该事件指定的最后一个中断程序。

（2）在中断程序中不能使用 DISI、ENI、HDEF、LSCR 和 END 指令。

（3）编写的中断程序必须短小精悍，以减少中断程序的执行时间，降低中断程序的执行对扫描周期的影响，否则意外的中断可能会导致由主程序控制的设备出现异常操作。

中断程序应用实例可以参见本节的高速指令和 PID 指令部分。

5.2.3 通信

可编程序控制器的通信指令可以使用户通过编制程序，按需要实现可编程序控制器与其他类型设备或其他 PLC 主机之间的信息交换。通信指令包括：

XMT：自由口发送指令。

RCV：自由口接收指令。

NETR：网络读指令。

NETW：网络写指令。

GPA：获取口地址指令。

有关通信指令的具体应用方法可以参见本书第 7 章（通信与网络）。

5.2.4 高速计数器

高速计数器 HSC（High Speed Counter）在现代自动控制中精确控制领域有很高的应用价值。高速计数器用来累计比可编程序控制器的扫描频率高得多的脉冲输入，利用产生的中断事件完成预定的操作。因为中断事件产生的速率远远低于高速计数器计数脉冲的速率，通常可以利用高速计数器实现对高速运动的精确控制。

1．高速计数器介绍

（1）数量及编号。

高速计数器在程序中使用时的地址编号用 HCn 来表示（在非程序中有时用 HSCn），HC 表示编程元件名称为高速计数器，n 为编号。

HCn 除了表示高速计数器的编号之外，还代表两方面的含义：高速计数器位和高速计数器当前值。编程时，从所用的指令可以看出是位还是当前值。

不同型号的 PLC 主机，高速计数器的数量对应如表 5.7 所示。

表 5.7 各主机的高速计数器数量

主机型号	CPU221	CPU222	CPU224	CPU226
可用 HSC 数量	4	4	6	6
HSC 编号范围	HC0，HC3，HC4，HC5	HC0，HC3，HC4，HC5	HC0～HC5	HC0～HC5

（2）中断事件类型。

高速计数器的计数和动作可采用中断方式进行控制，与 CPU 的扫描周期关系不大，各种型号的 PLC 可用的高速计数器的中断事件大致分为 3 类：当前值等于预设值中断、输入方向改变中断和外部复位中断。所有高速计数器都支持当前值等于预设值中断。

每个高速计数器的 3 种中断的优先级由高到低，不同高速计数器之间的优先级又按编号顺序由高到低。具体对应关系如表 5.8 所示。

表 5.8　高速计数中断

高速计数器	当前值等于预设值中断		计数方向改变中断		外部信号复位中断	
	事件号	优先级	事件号	优先级	事件号	优先级
HSC0	12	10	27	11	28	12
HSC1	13	13	14	14	15	15
HSC2	16	16	17	17	18	18
HSC3	32	19	无	无	无	无
HSC4	29	20	30	21	无	无
HSC5	33	23	无	无	无	无

（1）如果一个高速计数器编程时要使用多个中断（如 HSC1 在工作模式 3 下可以产生当前值等于预设值中断和计数方向改变中断），则每个中断可以分别地被允许和禁止。

（2）使用外部复位中断时，不能在中断子程序中写入一个新的当前值。

（3）在中断子程序内部不能改变控制字节中的 HSC 执行允许位。

（3）工作模式及输入点。

■　工作模式

每种高速计数器有多种工作模式以完成不同的功能，高速计数器的工作模式与其中断事件有密切关系。在使用一个高速计数器时，首先要给计数器选定一种工作模式，可用 HDEF 指令来进行设置。

高速计数器的工作模式共有 12 种。以模式 4 为例，时序如图 5.9 所示。

图中高速计数器在 A 点启动，当前值装入 0，预设值为 3，计数方向为增，计数器允许位置为允许。在 E 点产生当前值等于预设值中断，在 H 点又产生外部方向改变引起的中断。

■　输入端连接

选用某个高速计数器在某种工作模式下工作，高速计数器的输入端不是任意选择，必须按系统指定的输入点，如表 5.9 所示。

例如，如果 HSC0 在模式 4 下，必须用 I0.0 为时钟输入端，I0.1 为增减方向输入端，I0.2 为外部复位输入端。

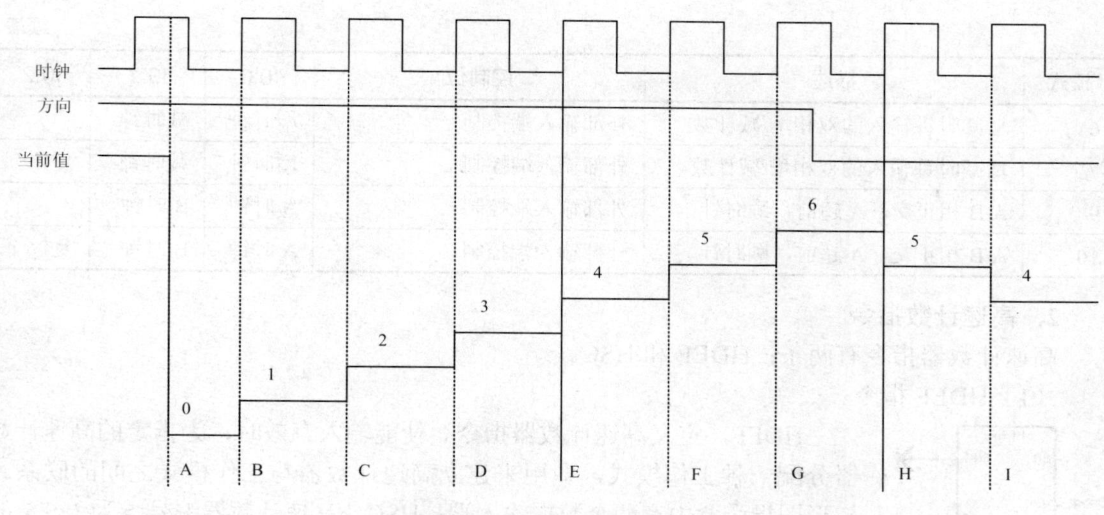

图 5.9　模式 4 操作时序

表 5.9　输入输出连接

高速计数器编号	I0.y，y 的取值								I1.y，y 的取值					
	0	1	2	3	4	5	6	7	0	1	2	3	4	5
HSC0	√	√	√											
HSC1							√	√	√	√				
HSC2											√	√	√	√
HSC3		√												
HSC4				√	√	√								
HSC5					√									
输入输出中断	√	√	√	√										

高速计数器输入点、输入输出中断输入点都包括在一般数字量输入点编号范围内。同一个输入点只能用作一种功能，如果程序使用了高速计数器，则高速计数器在这种工作模式下指定的输入点只能被高速计数器使用。只有高速计数器不用的输入点才可以作为输入输出中断或一般数字量输入点使用。例如，HSC0 在模式 0 下工作，只用 I0.0 作时钟输入，不使用 I0.1 和 I0.2，则这两个输入端可作为输入输出中断的输入点或一般数字量输入点。

以 HSC0 为例，适用的主机型号为 CPU221、CPU222、CPU224 和 CPU226。高速计数器 HSC0 各工作模式、各模式下的指定输入点之间的对应关系如表 5.10 所示。

表 5.10　HSC0 的工作模式

模式	描述	控制位	I0.0	I0.1	I0.2
0	内部方向控制的单相增/减计数	SM47.3=0,减；SM47.3=1,增	时钟		
1	内部方向控制的单相增/减计数	SM47.3=0,减；SM47.3=1,增	时钟		复位
3	外部方向控制的单相增/减计数	I0.1=0,减；I0.1=1,增	时钟	方向	
4	外部方向控制的单相增/减计数	I0.1=0,减；I0.1=1,增	时钟	方向	复位

续表

模式	描述	控制位	I0.0	I0.1	I0.2
6	增减时钟输入的双相增/减计数	外部输入端控制	增时钟	减时钟	
7	增减时钟输入的双相增/减计数	外部输入端控制	增时钟	减时钟	复位
9	A/B 相正交，A 超前，顺时针	外部输入端控制	A 时钟	B 时钟	
10	A/B 相正交，A 超前，顺时针	外部输入端控制	A 时钟	B 时钟	复位

2．高速计数指令

高速计数器指令有两条：HDEF 和 HSC。

（1）HDEF 指令。

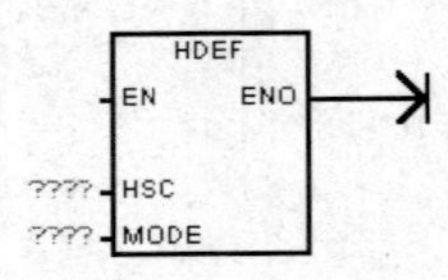

HDEF，定义高速计数器指令。使能输入有效时，为指定的高速计数器分配一种工作模式，即用来建立高速计数器与工作模式之间的联系。梯形图指令盒中有两个数据输入端：HSC，高速计数器编号，为 0～5 的常数，字节型；MODE，工作模式，为 0～11 的常数，字节型。

注意 每个高速计数器使用之前必须使用 HDEF 指令，而且只能使用一次。

指令格式： HDEF HSC，MODE

例： HDEF 0， 3

表示定义高速计数器 HC3，将其设置为工作模式 3。

使能流输出 ENO 为 0 的出错条件：SM4.3（运行时间）、0003（输入冲突）、0004（中断中的非法指令）、000A（HSC 重定义）。

（2）HSC 指令。

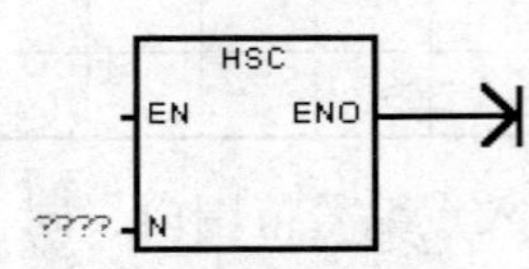

HSC，高速计数器指令。使能输入有效时，根据高速计数器特殊存储器位的状态，并按照 HDEF 指令指定的工作模式，设置高速计数器并控制其工作。梯形图指令盒中数据输入端 N：高速计数器编号，为 0～5 的常数，字型。

使能流输出 ENO 为 0 的出错条件：SM4.3（运行时间）、0001（在 HDEF 之前使用 HSC）、0005（同时操作 HSC/PLS）

指令格式： HSC N

例： HSC 0

3．高速计数器的使用方法

每个高速计数器都有固定的特殊功能存储器与之相配合，完成高速计数功能。具体对应关系如表 5.11 所示。

每个高速计数器都有一个状态字节，程序运行时根据运行状况自动使某些位置位，可以通过程序来读相关位的状态，用以作为判断条件实现相应的操作。状态字节中各状态位的功能如表 5.12 所示。

表 5.13 和表 5.15 中××的含义与表 5.12 中的寄存器编号相同，如 SM××6.5 可以是 SMB36.5、SMB46.5 等。

表 5.11　HSC 的特殊寄存器

高速计数器编号	状态字节	控制字节	当前值双字	预设值双字
HSC0	SMB36	SMB37	SMD38	SMD42
HSC1	SMB46	SMB47	SMD48	SMD52
HSC2	SMB56	SMB57	SMD58	SMD62
HSC3	SMB136	SMB137	SMD138	SMD142
HSC4	SMB146	SMB147	SMD148	SMD152
HSC5	SMB156	SMB157	SMD158	SMD162

表 5.12　状态字节

状态位	SM××6.0～SM××6.4	SM××6.5	SM××6.6	SM××6.7
功能描述	不用	当前计数方向 0 增，1 减	当前值=预设值 0 不等，1 等	当前值>预设值 0<=，1>

使用高速计数器时，要按以下步骤进行：

（1）选择计数器及工作模式。

包括两方面工作：根据使用的主机型号和控制要求，一是选用高速计数器；二是对所选的高速计数器选择工作模式。

例如，要对一高速脉冲信号进行增/减计数，计数当前值达到 12 产生中断，计数方向用一个外部信号控制，所用的主机型号为 CPU224。

分析：本控制要求是带外部方向控制的单相增/减计数，因此可用的高速计数器可以是 HSC0、HSC1、HSC2 或 HSC4 中任何一个。如果确定为 HSC0，由于不要求外部复位，所以应选择工作模式 3。同时也确定了各个输入点：I0.0 为计数脉冲的时钟输入；I0.1 为外部方向控制（I0.1=0，则为减计数；I0.1=1，则为增计数）。

（2）设置控制字节。

每个高速计数器都对应一个控制字节，通过对控制字节中指定位的编程，可以根据操作要求设置字节中各控制位，如复位与启动输入信号的有效状态、计数速率、计数方向、允许更新双字值和允许执行 HSC 指令等。控制字节中各控制位的功能如表 5.13 所示。

表 5.13　控制位含义

控制位	功能描述	适用的计数器 HCn
SM××7.0	复位高低有效控制位：0，高电位有效；1，低电位有效	0，1，2，4
SM××7.1	启动高低有效控制位：0，高电位有效；1，低电位有效	1，2
SM××7.2	正交计数速率选择位：0，4x 计数速率；1，1x 计数速率	0，1，2，4
SM××7.3	计数方向控制位：0，减计数；1，增计数	0，1，2，3，4，5
SM××7.4	写计数方向允许控制：0，不更新；1，更新计数方向	0，1，2，3，4，5
SM××7.5	写入预设值允许控制：0，不更新；1，更新预设值	0，1，2，3，4，5
SM××7.6	写入当前值允许控制：0，不更新；1，更新当前值	0，1，2，3，4，5
SM××7.7	HSC 指令执行允许控制：0，　禁止 HSC；1，允许 HSC	0，1，2，3，4，5

表中的前 3 位（0、1 和 2 位）只有在 HDEF 指令执行时进行设置，程序中其他位置不能更改（默认值为：启动和复位为高电位有效，正交计数速率为 4x）。第 3 位和第 4 位可以在工作模式 0、1 和 2 下直接更改，以单独改变计数方向。后 3 位可以在任何模式下在程序中更改，以单独改变计数器的当前值、预设值或对 HSC 禁止计数。

本例中，在选择用 HSC0 的工作模式 3 之后，对应的控制字节为 SMB37，如果向 SMB37 写入 2#11111000，即 16#F8，则对 HSC0 的功能设置为：复位与启动输入信号都是高电位有效、计数方向为增计数、允许更新双字值和允许执行 HSC 指令。

（3）执行 HDEF 指令。

本例中，执行 HDEF 指令时，HSC 的输入值为 0，MODE 的输入值为 3，指令如下：

HDEF 0, 3

（4）设定当前值和预设值。

每个高速计数器都对应一个双字长的当前值和一个双字长的预设值，两者都是有符号整数。当前值随计数脉冲的输入而不断变化，运行时当前值可以由程序直接读取 HCn 得到，n 为高速计数器编号，如 HC0。

本例中，选用 HSC0，所以对应的当前值和预设值分别存放到 SMD38 和 SMD42 中。如果希望从 0 开始计数，计数值达到 12 时产生中断，则可以用双字传送指令分别将 0 和 12 装入 SMD38 和 SMD42 中。

（5）设置中断事件并全局开中断。

高速计数器利用中断方式对高速事件进行精确控制。

本例中，用 HSC0 进行计数，要求在当前值等于预设值时产生中断。因此，中断事件是当前值等于预设值，中断事件号为 10。用中断调用 ATCH 指令将中断事件号 10 和中断子程序（假设中断子程序编号为 INT0）连接起来，并全局开中断。

指令如下： ATCH INT0, 10

ENI

注意 *必须编写中断程序 INT0 与之相对应。*

（6）执行 HSC 指令。

以上设置完成并用指令实现之后，即可用 HSC 指令对高速计数编程进行计数。本例中指令如下：

HSC 0

以上 6 步是对高速计数器的初始化，可以用主程序中的程序段来实现，也可以用子程序来实现，称为高速计数器初始化子程序。高速计数器在投入运行之前，必须要执行一次初始化操作。

初始化脉冲可以用外加脉冲信号，也可以使用系统特殊标志存储器位中的 SM0.1 位（初次扫描位）。

4．应用实例

要对一高速事件精确控制，通过对脉冲信号进行增计数，计数当前值达到 24 产生中断，重新从 0 计数，对中断次数进行累计。计数方向用一个外部信号控制，并能实现外部复位。所用的主机型号为 CPU221。

设计步骤：

（1）选择高速计数器 HSC0，并确定工作方式 4。采用初始化子程序，用初次扫描存储器位 SM0.1 调用子程序。

（2）令 SM37=16#F8

则：复位输入为高电位有效；计数方向为增；允许更新计数方向；允许写入新当前值；允许写入新设定值；允许执行 HSC 指令。

（3）执行 HDEF 指令，输入端 HSC 为 0，MODE 为 4。

（4）装入当前值，令 SMD38=0。

（5）装入设定值，令 SMD42=24。

（6）执行中断连接 ATCH 指令，输入端 INT 为 INT0，EVNT 为 10。执行中断允许指令 ENI。应在此编写中断程序 INT0，实现重新计数和中断累计。

（7）执行指令 HSC 对高速计数器编程并投入运行，输入值 IN 为 0。

主程序、初始化子程序和中断程序分别如图 5.10 至图 5.12 所示。

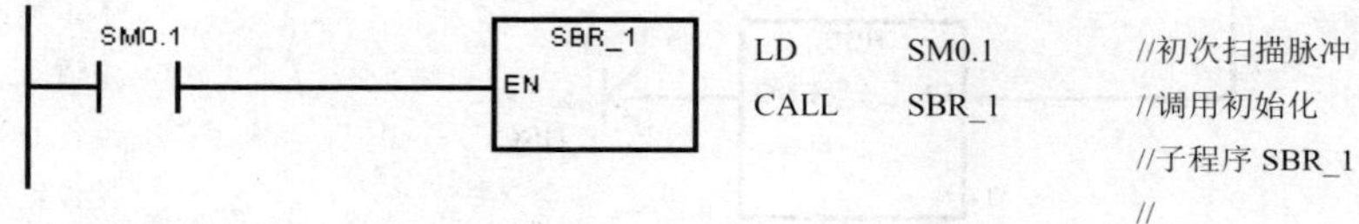

图 5.10 主程序

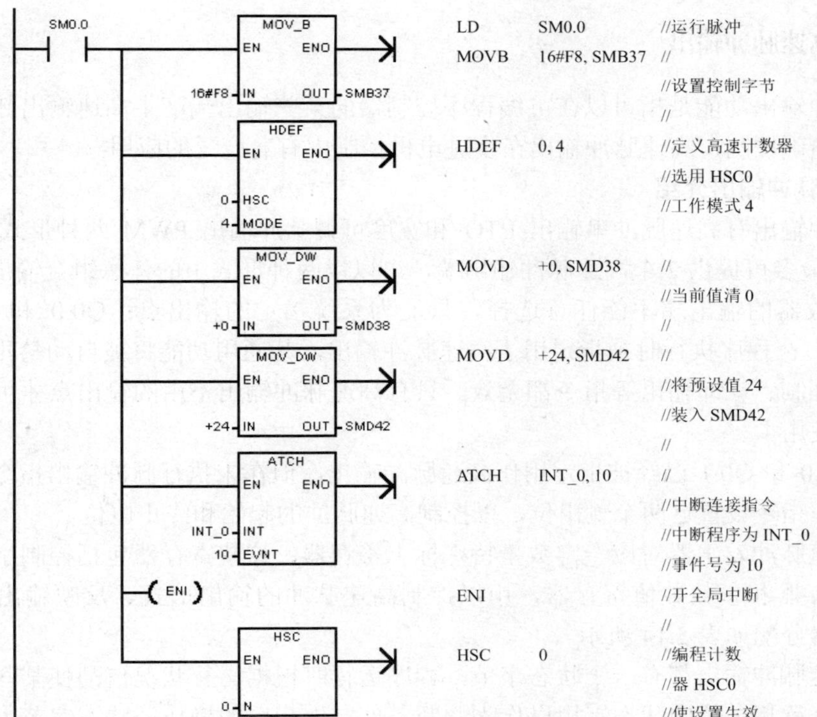

图 5.11 初始化子程序

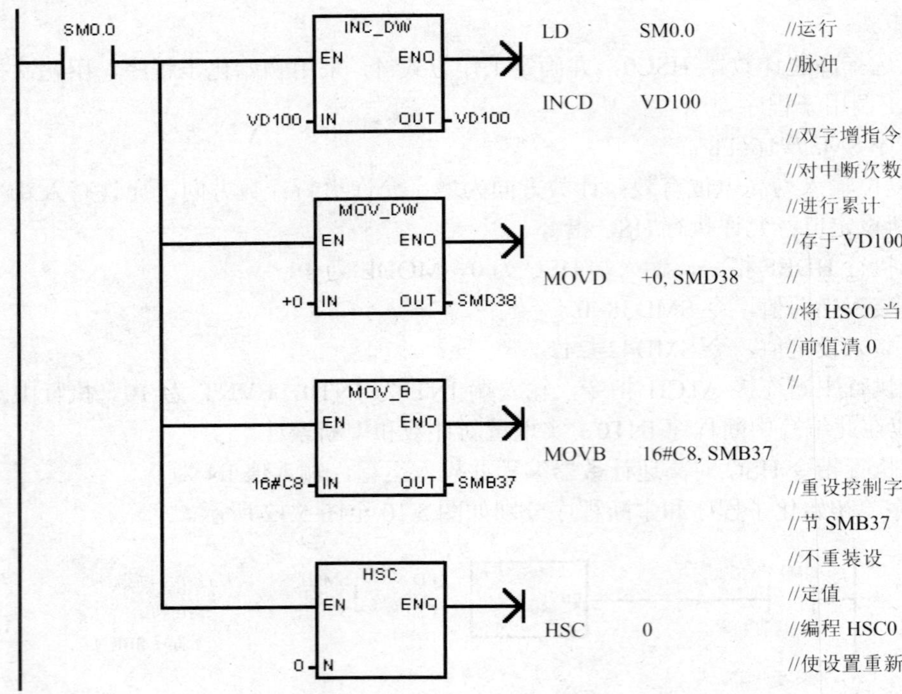

图 5.12 中断程序

5.2.5 高速脉冲输出

高速脉冲输出功能是指可以在可编程序控制器的某些输出端产生高速输出脉冲，用来驱动负载实现精确控制，高速脉冲输出在步进电机控制中有着广泛的应用。

1．高速脉冲输出介绍

高速脉冲输出有高速脉冲串输出 PTO 和宽度可调脉冲输出 PWM 两种形式，S7-200 系列 PLC 主机最多可提供 2 个高速脉冲输出端，可以以两种形式中的任意组合输出脉冲。

高速计数器的输出端不能任意选择，只能为系统指定的输出点：Q0.0 和 Q0.1。如果 Q0.0 和 Q0.1 在程序执行时被指定用于高速脉冲输出，其通用功能将被自动禁止，任何输出刷新、输出强制、立即输出等指令都无效。只有高速脉冲输出不用的输出点才可以作普通数字量输出点使用。

如果 Q0.0 和 Q0.1 已经被指定用作高速脉冲输出，但在未执行脉冲输出指令时，仍可以用普通位操作指令设置这两个输出位，以控制高速脉冲的起始和终止电位。

每个高速脉冲发生器对应一定数量特殊标志寄存器，这些寄存器包括控制字节寄存器、状态字节寄存器和参数数值寄存器，用以控制高速脉冲的输出形式、反映输出状态和参数值。各寄存器分配如表 5.14 所示。

每个高速脉冲输出都有一个状态字节，程序运行时根据运行状况自动使某些位置位，可以通过程序来读相关位的状态，用以作为判断条件实现相应的操作。状态字节中各状态位的功能如表 5.15 所示。

表 5.14　相关寄存器表

Q0.0 的寄存器	Q0.1 的寄存器	名称及功能描述
SMB66	SMB76	状态字节，在 PTO 方式下，跟踪脉冲串的输出状态
SMB67	SMB77	控制字节，控制 PTO/PWM 脉冲输出的基本功能
SMW68	SMW78	周期值，字型，PTO/PWM 的周期值，范围：2～65535
SMW70	SMW80	脉宽值，字型，PWM 的脉宽值，范围：0～65535
SMD72	SMD82	脉冲数，双字型，PTO 的脉冲数，范围：1～4294967295
SMB166	SMB176	段数，多段管线 PTO 进行中的段数
SMW168	SMW178	偏移地址，多段管线 PTO 包络表的起始字节的偏移地址

表 5.15　状态字节表

状态位	SM×6.0～SM×6.3	SM×6.4	SM×6.5	SM×6.6	SM×6.7
功能描述	不用	PTO 包络因计算错误终止 0 无错，1 终止	PTO 包络因用户命令终止 0 无错，1 终止	PTO 管线溢出 0 无溢，1 溢出	PTO 空闲 0 执行中，1 空闲

每个高速脉冲输出都对应一个控制字节，通过对控制字节中指定位的编程，可以根据操作要求设置字节中各控制位，如脉冲输出允许、PTO/PWM 模式选择、单段/多段选择、更新方式、时间基准、允许更新等。控制字节中各控制位的功能如表 5.16 所示。

表 5.16　控制位含义

控制位	控制位	功能描述
SM67.0	SM77.0	PTO/PWM 更新周期值允许：0，不更新；1 允许更新
SM67.1	SM77.1	PWM 更新脉冲宽度值允许：0，不更新；1，允许更新
SM67.2	SM77.2	PTO 更新输出脉冲数允许：0，不更新；1，允许更新
SM67.3	SM77.3	PTO/PWM 时间基准选择：0，μs 单位时基；1，ms 单位时基
SM67.4	SM77.4	PWM 更新方式：0，异步更新；1，同步更新
SM67.5	SM77.5	PTO 单/多段方式：0，单段管线；1，多段管线
SM67.6	SM77.6	PTO/PWM 模式选择：0，选用 PTO 模式；1，选用 PWM 模式
SM67.7	SM77.7	PTO/PWM 脉冲输出允许：0，禁止；1 允许

例如，如果用 Q0.0 作为高速脉冲输出，则对应的控制字节为 SMB67。如果向 SMB67 写入 2#10101000，即 16#A8，则对 HSC0 的功能设置为：允许脉冲输出，多段 PTO 脉冲串输出，时基为 1ms，不允许更新周期值和脉冲数。

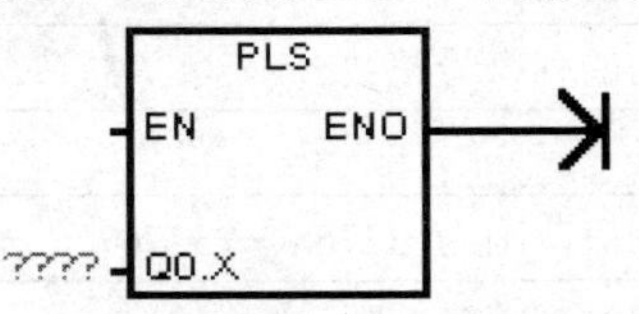

高速脉冲串输出 PTO 和宽度可调脉冲输出 PWM 都需要通过 PLS 指令激活。

PLS，脉冲输出指令。使能输入有效时，检测程序设置的特殊存储器位，激活由控制位定义的脉冲操作，从 Q0.0 或

Q0.1 输出高速脉冲。PLS 指令有一个数据输入 Q 端，其输入必须是 0 或 1 的常数。

2．高速脉冲串输出 PTO

PTO，高速脉冲串输出。用来输出指定数量的方波（占空比为 50%）。用户可以控制方波的周期和脉冲数。状态字节中的最高位用来指示脉冲串输出是否完成。脉冲串输出完成的同时可以产生中断，因而可以调用中断程序完成指定操作。

（1）周期和脉冲数。

周期：单位可以是微秒μs 或毫秒 ms；为 16 位无符号数据，周期变化范围是 50～65535μs 或 2～65535ms，通常应设定周期值为偶数，若设置为奇数，则会引起输出波形占空比的轻微失真。如果编程时设定周期单位小于 2，系统默认按 2 进行设置。

脉冲数：用双字长无符号数表示，脉冲数取值范围是 1～4294967295 之间。如果编程时指定脉冲数为 0，则系统默认脉冲数为 1 个。

（2）PTO 的种类。

PTO 方式中，如果要输出多个脉冲串，允许脉冲串进行排队，形成管线，当前输出的脉冲串完成之后，立即输出新脉冲串，这保证了脉冲串顺序输出的连续性。

根据管线的实现方式，将 PTO 分为两种：单段管线和多段管线。

■ 单段管线

管线中只能存放一个脉冲串的控制参数（即入口），一旦启动了一个脉冲串进行输出时，就需要用指令立即为下一个脉冲串更新特殊寄存器，并再次执行脉冲串输出指令。当前脉冲串输出完成之后，自动立即输入下一个脉冲串。重复这一操作可以实现多个脉冲串的输出。

单段管线中的各脉冲段可以采用不同的时间基准。

单段管线输出多个高速脉冲串时，编程复杂，而且有时参数设置不当会造成脉冲串之间的不平滑转换。

■ 多段管线

多段管线是指在变量 V 存储区建立一个包络表。包络表中存储各个脉冲串的参数，相当于有多个脉冲串的入口。多段管线可以用 PLS 指令启动，运行时，主机自动从包络表中按顺序读出每个脉冲串的参数进行输出。编程时必须装入包络表的起始变量 V 存储区的偏移地址，运行时只使用特殊存储区的控制字节和状态字节。

包络表由包络段数和各段构成。每段长度为 8 个字节，包括：脉冲周期值（16 位）、周期增量值（16 位）和脉冲计数值（32 位）。以包络 3 段的包络表为例，包络表的结构如表 5.17 所示。

表 5.17 包络表格式

字节偏移地址	名称	描述
VBn	段标号	段数，为 1～255，数 0 将产生非致命性错误，不产生 PTO 输出
VWn+1	段 1	初始周期，取值范围为 2～65535
VWn+3		每个脉冲的周期增量，符号整数，取值范围为-32768～+32767
VDn+5		输出脉冲数，为 1～4294967295 之间的列符号整数
VWn+9	段 2	初始周期，取值范围为 2～65535
VWn+11		每个脉冲的周期增量，符号整数，取值范围为-32768～+32767
VDn+13		输出脉冲数，为 1～4294967295 之间的列符号整数

续表

字节偏移地址	名称	描述
VWn+17	段 3	初始周期，取值范围为 2～65535
VWn+19		每个脉冲的周期增量，符号整数，取值范围为-32768～+32767
VDn+21		输出脉冲数，为 1～4294967295 之间的列符号整数

多段管线编程非常简单。而且具有按照周期增量区的数值自动增减周期的能力，在步进电机的加速和减速控制时非常方便。

多段管线使用时的局限性是在包络表中的所有脉冲串的周期必须采用同一个基准，而且当多段管线执行时，包络表的各段参数不能改变。

（3）中断事件类型。

高速脉冲串输出可以采用中断方式进行控制，各种型号的 PLC 可用的高速脉冲串输出的中断事件有两个，如表 5.18 所示。

表 5.18　中断事件

中断事件号	事件描述	优先级（在 I/O 中断中的次序）
19	PTO 0 高速脉冲串输出完成中断	0
20	PTO 1 高速脉冲串输出完成中断	1

（4）PTO 的使用。

使用高速脉冲串输出时，要按以下步骤进行：

■　确定脉冲发生器及工作模式

包括两方面工作：根据控制要求，一是选用高速脉冲串输出端（发生器）；二是选择工作模式为 PTO，并且确定多段或单段工作模式。如果要求有多个脉冲串连续输出，通常采用多段管线。

■　设置控制字节

按控制要求将控制字节写入 SMB67 或 SMB77 特殊寄存器。

■　写入周期值、周期增量值和脉冲数

如果是单段脉冲，对以上各值分别设置；如果是多段脉冲，则需要建立多段脉冲的包络表，对各段参数分别设置。

■　装入包络的首地址

本步为可选，只在多段脉冲输出中需要。

■　设置中断事件并全局开中断

高速脉冲串输出 PTO 可利用中断方式对高速事件进行精确控制。

中断事件是高速脉冲输出完成，中断事件号为 19 或 20。用中断调用 ATCH 指令将中断事件号 19 或 20 与中断子程序（假设中断子程序编号为 INT0）连接起来，并全局开中断。

指令例如：

```
ATCH    INT0,    19
ENI
```

必须编写中断程序 INT0 与之相对应。

■ 执行 PLS 指令

以上设置完成并用指令实现之后，即可用 HSC 指令启动高速脉冲串由 Q0.0 或 Q0.1 输出。

指令例如：PLS 0

如果用单段管线输出多个脉冲串，还要将下一个脉冲串的有关控制参数装入控制字节，以实现自动切换。以上 5 步是对高速计数器的初始化，可以用主程序中的程序段来实现，也可以用子程序来实现，称为高速脉冲串初始化子程序，高速脉冲串在运行之前，必须要执行一次初始化程序段或初始化子程序。

初始化脉冲可以用外加脉冲信号，也可以使用系统特殊标志存储器位中的 SM0.1 位（初次扫描位）。

（5）PTO 应用实例。

步进电机转动过程中，要从 A 点加速到 B 点后恒速运行，又从 C 点开始减速到 D 点，完成这一过程时用指示灯显示。电机的转动受脉冲控制，A 点和 D 点的脉冲频率为 2kHz，B 点和 C 点的频率为 10kHz，加速过程的脉冲数为 400 个，恒速转动的脉冲数为 4000 个，减速过程脉冲数为 200 个。工作过程如图 5.13 所示。

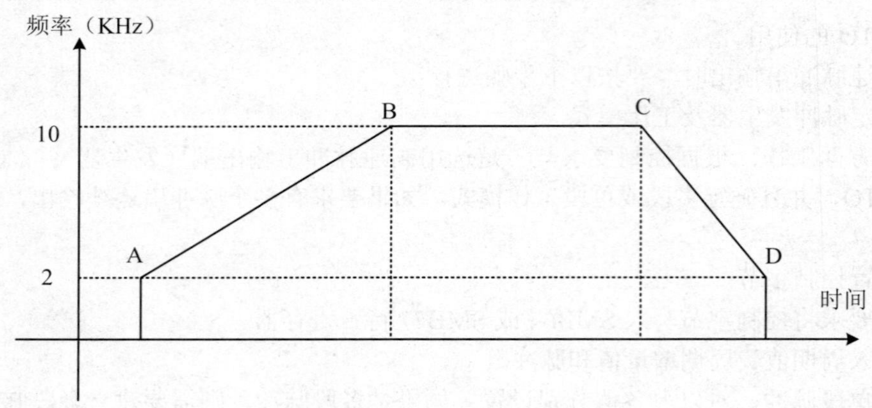

图 5.13 步进电机工作过程

■ 确定脉冲发生器及工作模式

本例要求 PLC 输出一定数量的多串脉冲，因此确定用 PTO 输出的多段管线方式。选择如下：选用高速脉冲串发生器为 Q0.0 输出端；二是选择工作模式为 PTO，并且确定 3 段脉冲管线（AB、BC 和 CD 段）。

■ 设置控制字节

最大脉冲频率为 10kHz，对应的周期值为 100μs，因此时基选择为μs。将 16#A0 写入控制字节 SMB67。

■ 写入周期值、周期增量值和脉冲数

由于是 3 段脉冲，则需要建立 3 段脉冲的包络表，对各段参数分别设置。包络表中各脉冲都是以周期为时间参数，所以必须先把频率值换算为周期值。包络表结构如表 5.19 所示。

表 5.19　包络表内容

V 变量存储器地址	各块名称	实际功能	参数名称	参数值
VB400	段数	决定输出脉冲串数	总包络段数	3
VW401	段 1	电机加速阶段	初始周期	500μs
VW403			周期增量	-2μs
VD405			输出脉冲数	400
VW409	段 2	电机恒速运行阶段	初始周期	100μs
VW411			周期增量	0μs
VD413			输出脉冲数	4000
VW417	段 3	电机减速阶段	初始周期	100μs
VW419			周期增量	1μs
VD421			输出脉冲数	200

■　装入包络表首地址

将包络表的起始 V 存储器地址装入 SMW168 中。

■　中断调用

电机执行完成这一过程时，信号灯亮，编写中断程序 INT0 与之相对应。

中断事件是 3 段脉冲输出完成，中断事件号为 19。用中断调用 ATCH 指令将中断事件号 19 与中断子程序 INT0 连接起来，并全局开中断。

指令例如：　ATCH　　INT0,　　19

　　　　　　ENI

■　执行 PLS 指令

以上设置完成并用指令实现之后，即可用 HSC 指令启动多段脉冲串由 Q0.0 输出。

指令例如：PLS　　　0

本控制系统主程序如图 5.14 所示。

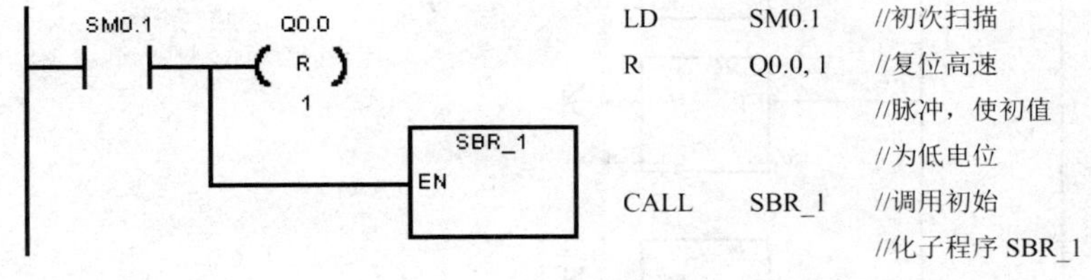
SM0.1
Q0.0
R
1
SBR_1
EN
LD　SM0.1　//初次扫描
R　Q0.0, 1　//复位高速
//脉冲，使初值
//为低电位
CALL　SBR_1　//调用初始
//化子程序 SBR_1

图 5.14　主程序

初始化子程序 SBR_1 如图 5.15 所示。

包络表子程序如图 5.16 和图 5.17 所示。

中断程序如图 5.18 所示。

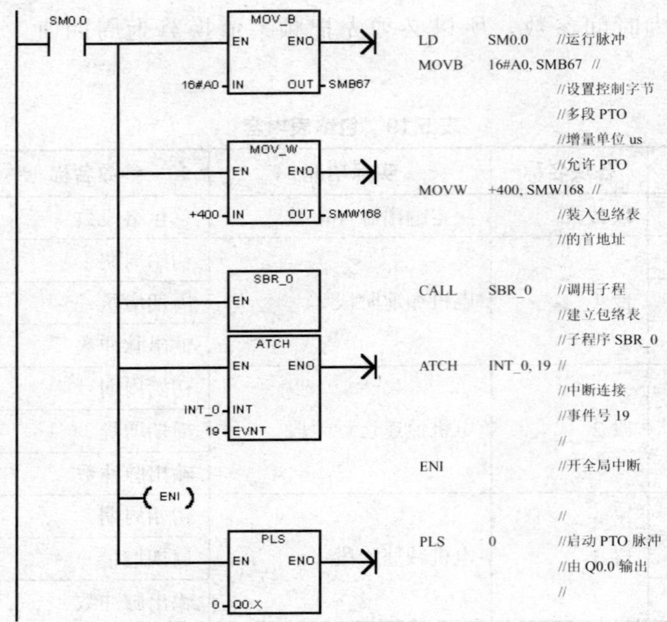

图 5.15 初始化子程序 SBR_1

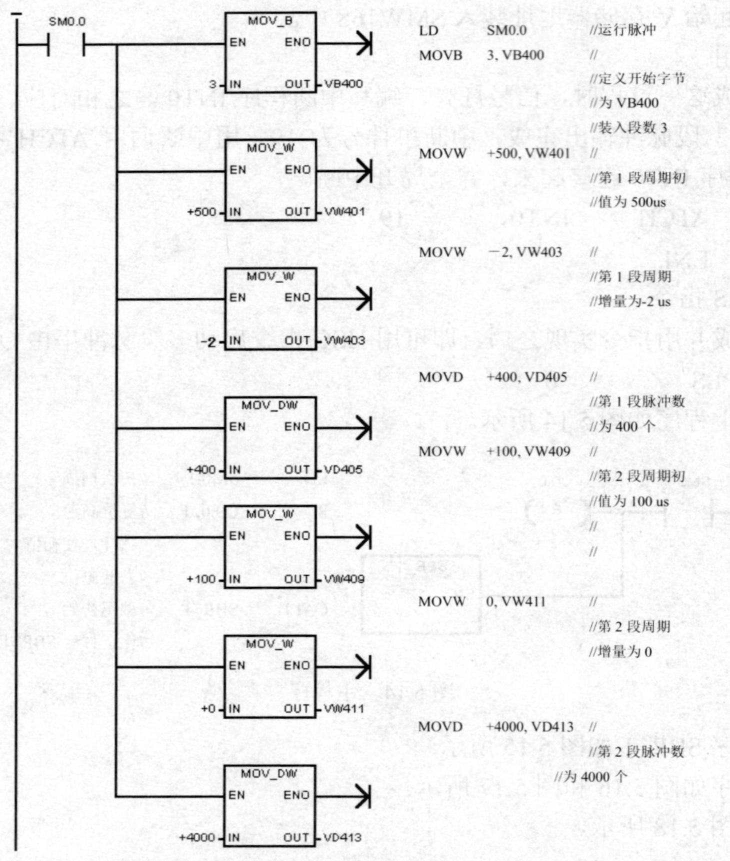

图 5.16 包络表子程序 SBR_0（1）

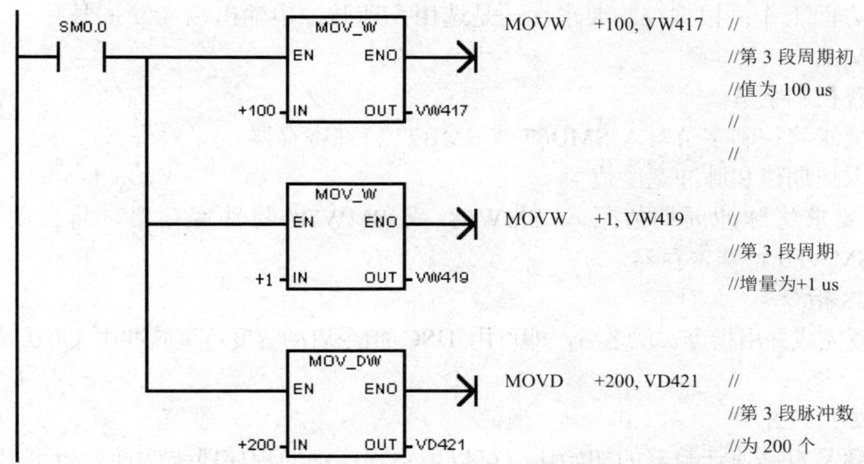

图 5.17 包络表子程序 SBR_0（2）

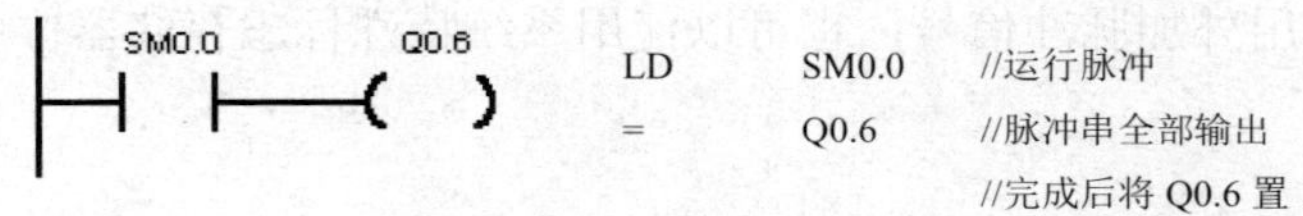

图 5.18 中断程序

4．宽度可调脉冲输出 PWM

PWM，宽度可调脉冲输出。用来输出占空比可调的高速脉冲。用户可以控制脉冲的周期和脉冲宽度。

（1）周期和脉冲宽度。

周期：单位可以是微秒μs 或毫秒 ms；为 16 位无符号数据，周期变化范围是 50～65535μs 或 2～65535ms，通常应设定周期值为偶数，若设置为奇数，则会引起输出波形占空比的轻微失真。如果编程时设定周期单位小于 2，系统默认按 2 进行设置。

脉冲宽度：单位可以是微秒μs 或毫秒 ms；为 16 位无符号数据，周期变化范围是 50～65535μs 或 2～65535ms。

周期增量：单位可以是微秒μs 或毫秒 ms；为 16 位无符号数据，周期变化范围是 0～65535μs 或 0～65535ms。

（2）更新方式。

有两种方式改变高速 PWM 的波形：同步更新和异步更新。

同步更新：同步更新时，波形的变化发生在周期的边缘，形成平滑转换。在不需要改变时间基准的情况下，可以采用同步更新。

异步更新：在改变脉冲发生器时间基准的情况下，就必须采用异步更新。异步更新有时会引起脉冲输出功能被瞬时禁止，或波形不同步，引发被控制设备的振动。

（3）PWM 的使用。

使用高速脉冲串输出时，要按以下步骤进行：

■ 确定脉冲发生器

包括两方面工作：根据控制要求，一是选用高速脉冲串输出端（发生器）；二是选择工作模式为 PWM。

■ 设置控制字节

按控制要求将控制字节写入 SMB67 或 SMB77 特殊寄存器。

■ 写入周期值和脉冲宽度值

按控制要求将脉冲周期值写入 SMW68 或 SMW78 特殊寄存器，将控制字节写入 SMW70 或 SMW80 特殊寄存器。

执行 PLS 指令

以上设置完成并用指令实现之后，即可用 HSC 指令启动宽度可调脉冲由 Q0.0 或 Q0.1 输出。

指令例如：PLS　　　　　0

以上步骤是对高速计数器的初始化，可以用主程序中的程序段来实现，也可以用子程序来实现，称为宽度可调脉冲初始化子程序。脉冲输出之前，必须要执行一次初始化程序段或初始化子程序。

初始化脉冲可以用外加脉冲信号，也可以使用系统特殊标志存储器位中的 SM0.1 位（初次扫描位）。

5.2.6 PID 回路指令

在模拟量的控制中，经常用到 PID 运算来执行 PID 回路的功能，PID 回路指令使这一任务的编程和实现变得非常容易。

1．PID 算法

如果一个 PID 回路的输出 M(t)是时间的函数，则可以看作是比例项、积分项和微分项 3 部分之和，即：

$$M(t)=Kc\times e+Kc\int_0^t e\,dt+M0+Kc\times de/dt$$

以上各量都是连续量，第一项为比例项，最后一项为微分项，中间两项为积分项。其中 e 是给定值与被控制变量之差，即回路偏差。Kc 为回路的增益。用数字计算机处理这样的控制算式，连续的算式必须周期采样进行离散化，同时各信号也要离散化，公式如下：

$$MPn=Kc\times(SPn-PVn)+Kc\times Ts/Ti\times(SPn-PVn)+MX+Kc\times Td/Ts\times(PV_{n-1}-PVn)$$

公式中包含 9 个用来控制和监视 PID 运算的参数，在 PID 指令使用时构成回路表，回路表的格式如表 5.20 所示。

表 5.20　PID 回路表

参数	地址偏移量	数据格式	I/O 类型	描述
过程变量当前值 PVn	0	双字，实数	I	过程变量，0.0～1.0
给定值 SPn	4	双字，实数	I	给定值，0.0～1.0
输出值 Mn	8	双字，实数	I/O	输出值，0.0～1.0
增益 Kc	12	双字，实数	I	比例常数，正、负

续表

参数	地址偏移量	数据格式	I/O 类型	描述
采样时间 Ts	16	双字，实数	I	单位为 s，正数
积分时间 TI	20	双字，实数	I	单位为分钟，正数
微分时间 TD	24	双字，实数	I	单位为分钟，正数
积分项前值 MX	28	双字，实数	I/O	积分项前值，0.0～1.0
过程变量前值 PVn-1	32	双字，实数	I/O	最近一次 PID 变量值

回路表初始化程序实例：

如果 Kc 为 0.4，Ts 为 0.2 秒，Ti 为 30 分钟，Td 为 15 分钟，则可以建立一个子程序 SBR0 用来对回路表进行初始化。程序如图 5.19 所示。

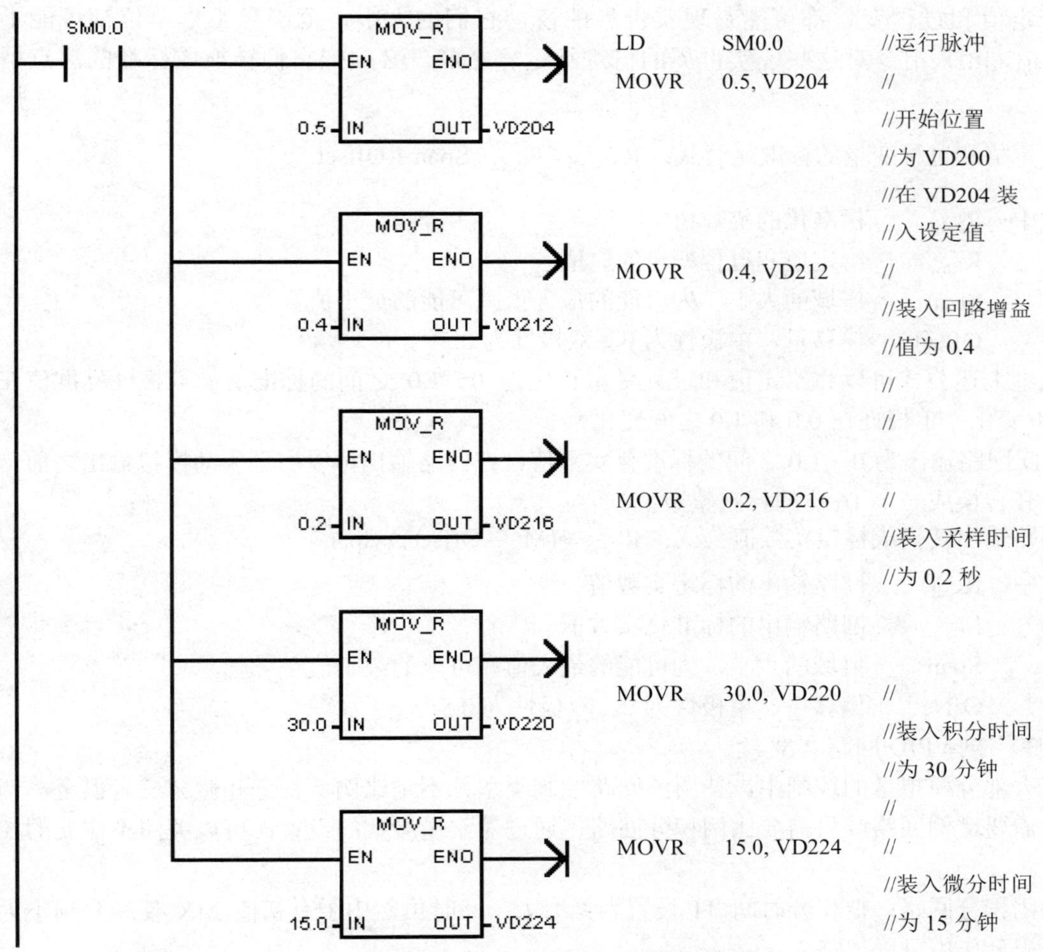

图 5.19　回路表初始化子程序 SBR0

2．PID 指令

PID，PID 回路指令。使能输入有效时，该指令利用回路表中的输入信息和组态信息，

PID
EN ENO
???? TBL
???? LOOP

进行 PID 运算。梯形图的指令盒中有 2 个数据输入端：TBL，回路表的起始地址，是由 VB 指定的字节型数据；LOOP，回路号，是 0～7 的常数。

指令影响的特殊标志存储器位：SM1.1（溢出）。

使能流输出 ENO 断开的出错条件：SM1.1（溢出）、SM4.3（运行时间）、0006（间接寻址）。

指令格式：PID　　TBL，LOOP

（1）PID 回路号。

用户程序中最多可有 8 条 PID 回路，不同的 PID 回路指令不能使用相同的回路号，否则，会因 PID 运算的相互干扰而产生不可预料的结果。

（2）数值转换及标准化。

给定值和过程变量都可能是现实世界的值，它们的大小、范围和工程单位都可能不一样。在 PID 指令对这些现实世界的值进行运算之前，必须把它们转换成标准的浮点型表达形式。

给定值和过程变量的标准化公式：$R_{Norm} = R_{Raw} / Span + Offset$

式中：R_{Norm}　标准化的实数值

R_{Raw}　给定值和过程变量的原值

Span　值域的大小，为可能的最大值减可能的最小值

Offset　偏移量，单极性为 0，双极性为 0.5

通过上述公式可以将给定值和过程变量转化为 0～1.0 之间的标准值（双极性标准值在 0.5 上下变化；单极性在 0.0 和 1.0 之间变化）。

PID 回路输出为 0～1.0 之间的标准化实数值，在回路输出可以用于驱动模拟输出之前，必须将其转换成一个 16 位的标定整数值。

回路输出转换成标定实数值公式：$R_{Scal} = (M_n - Offset) \times Span$

式中：R_{Scal}　回路输出的标定实数值

M_n　回路输出的标准化实数值

Span　值域的大小，为可能的最大值减可能的最小值

Offset　偏移量，单极性为 0，双极性为 0.5

（3）选择 PID 回路类型。

在大部分模拟量的控制中，使用的回路控制类型并不是比例、积分和微分三者俱全。例如，只需要比例回路或只需要比例积分回路，通过对常量参数的设置，可以关闭不需要的控制类型。

关闭积分回路：把积分时间 TI 设置为无穷大，此时虽然由于有初值 MX 使积分项不为零，但积分作用可以忽略。

关闭微分回路：把微分时间 TD 设置为 0，微分作用即可关闭。

关闭比例回路：把比例增益 Kc 设置为 0，则可以只保留积分和微分项。

（4）PID 控制方式。

为了让 PID 运算以预想的采样频率工作，PID 指令必须用在定时发生的中断程序中，或

者用在主程序中被定时器所控制以一定频率执行。采样时间则必须通过回路表输入到 PID 运算中。

S7-200 的 PID 指令回路没有设置控制方式，只有当 PID 指令盒有能流流入时，才执行 PID 运算。执行 PID 运算称为“自动”方式。不被执行 PID 运算时，称为“手动”模式。PID 指令的使能位检测到信号的正跳变后，PID 指令执行一系列的动作，使 PID 指令从手动方式无扰动地切换到自动方式。为了达到无扰动切换，在转变到自动方式前，必须把手动方式下的输出值填入回路表中的 Mn 栏。

3．应用实例

一水箱有一条进水管和一条出水管，进水管的水流量随时间不断变化，要求控制出水管阀门的开度，使水箱内的液位始终保持在水满时液位的一半。系统使用 PID 控制，假设采用下列控制参数值：Kc 为 0.4，Ts 为 0.2 秒，Ti 为 30 分钟，Td 为 15 分钟。

本系统标准化时采用单极性方案，系统的输入来自液位计的液位测量采样；设定值是液位的 50%，输出是单极性模拟量用以控制阀门的开度，可以在 0%～100%之间变化。

本程序的主程序、回路表初始化子程序 SBR0、中断程序 INT0 分别如图 5.20 至图 5.22 所示。

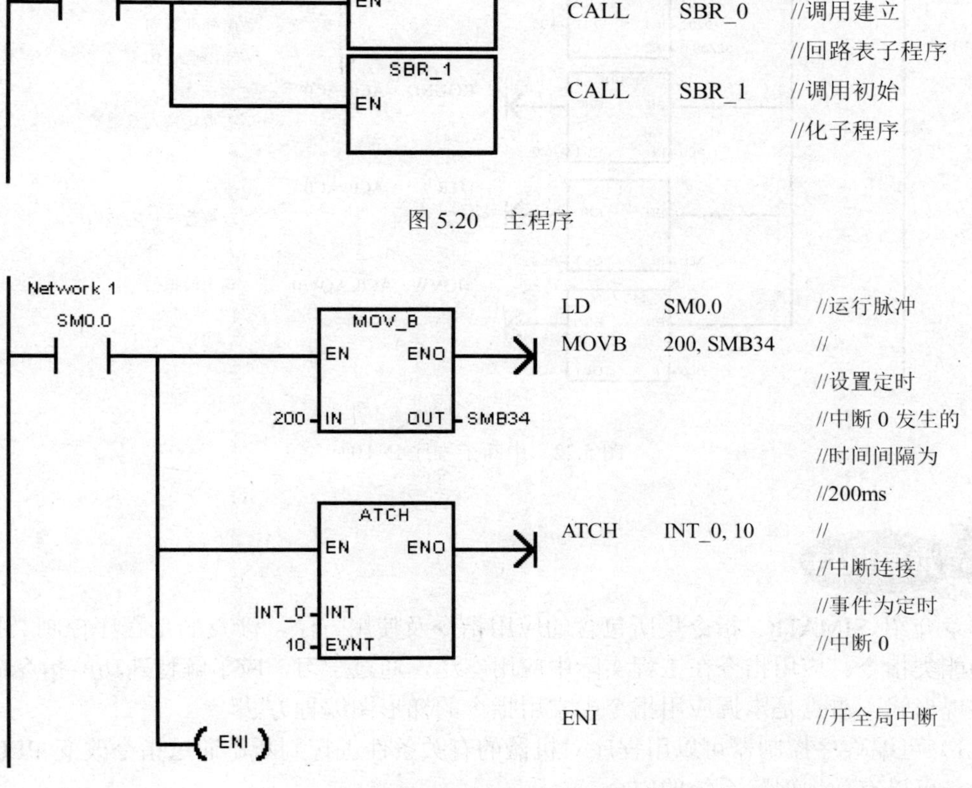

图 5.20 主程序

图 5.21 初始化子程序 SBR1

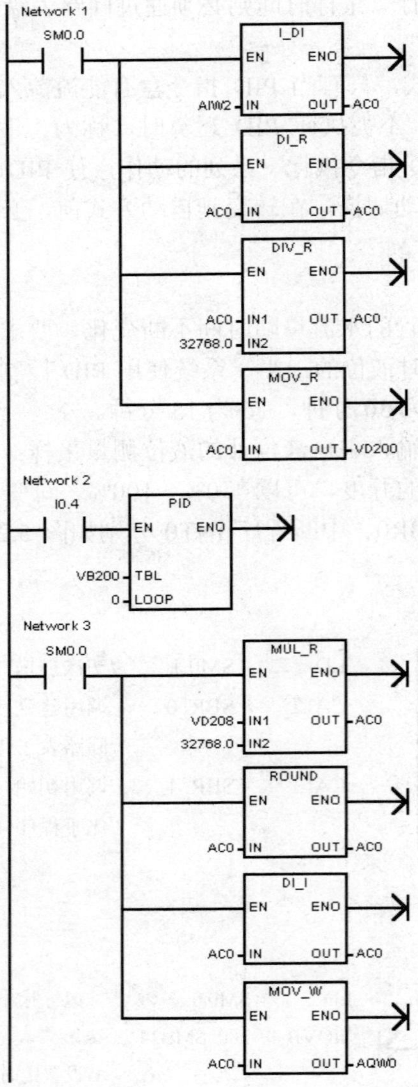

```
Network 1
LD      SM0.0            //使能输入
ITD     AIW2, AC0        //
                         //模拟量采样值转换
                         //为双整数
DTR     AC0, AC0 //
                         //双整数转换为实数
/R      32768.0, AC0     //
                         //实数除法指令
                         //化为标准值
                         //范围：0.0～1.0
MOVR    AC0, VD200       //
                         //得到标准过程变量
                         //输入值
Network 2
LD      I0.4             //手动自动切换开关
PID     VB200, 0         //
                         //PID 回路指令回路表
                         //首址为 VB200
Network 3
MOVR    VD208, AC0       //
*R      AC0, 32768.0     //
                         //实数乘法
                         //由标准值向
                         //输出值转化
ROUND   AC0, AC0         //
                         //实数转换为双整数
DTR     AC0, AC0         //
                         //双整数转换为整数
MOVW    AC0, AQW0        //输出模拟值
```

图 5.22 中断子程序 INT0

本章小结

本章介绍 SIMATIC 指令集所包含的应用指令及使用方法，涉及的是程序控制类指令和特殊功能类指令。应用指令在工程实际中应用广泛，通过学习，应了解特殊功能指令在 PLC 中的实现形式，重点是掌握应用指令中常用指令的梯形图编程方法。

（1）可编程序控制器可以用程序对机器的有关条件进行判断，通过指令改变 PLC 的运行状态，可以有效地保障系统的安全。

（2）通过使用跳转指令、循环指令、子程序等的灵活运用，可以有效地优化程序结构，提高编码效率，增加程序的可读性。

（3）利用时钟指令可以方便地设定和读系统的实时时钟，更有效地对控制系统实施运行监视和记录等多方面的工作。读写时钟时，必须通过指令指定 8 个字节的读写缓冲区，且时钟数据以 BCD 码的形式存储。

（4）中断技术在可编程序控制器的人机联系、实时处理、通信处理和网络中占有重要地位。中断是由设备或其他非预期的急需处理的事件引起的，中断事件的发生具有随时性。

系统响应中断时自动保护现场，调用中断程序，使系统对特殊的内部或外部事件作出响应。中断处理完成时，又自动恢复现场。

中断程序应短小精悍、执行时间短。

在中断系统中，多个中断事件同时发出中断请求时，CPU 对中断的响应按中断优先级进行。在任何时刻，CPU 只执行一个中断程序。中断程序执行中，新出现的中断请求按优先级排队等候处理，如果超过队列容量，则会产生溢出，某些特殊标志存储器位将补置位。

（5）高速计数器指令、高速脉冲输出指令和 PID 回路指令可以用来方便地完成特定的复杂控制任务，这些指令都用到了一定数量的内部特殊功能存储器，以事先设定相应的控制参数、状态参数和变量值等。

一、选择题

1．顺序控制段开始指令的操作码是（　　）。

A．SCR　　B．SCRP　　C．SCRE　　D．SCRT

2．顺序控制段转移指令的操作码是（　　）。

A．SCR　　B．SCRP　　C．SCRE　　D．SCRT

3．在顺序控制继电器指令中的操作数 n，它所能寻址的寄存器只能是（　　）。

A．S　　B．M　　C．SM　　D．T

4．JMP n 这条指令中，n 的取值范围是（　　）。

A．0-128　　B．1-64　　C．0-256　　D．0-255

5．HSC1 的控制寄存器是（　）。

A．SMW137　　B．SMB57　　C．SMB47　　D．SMW147

6．PLS 指令的脉宽值设定寄存器是（　　）。

A．SMW80　　B．SMW78　　C．SMW68　　D．SMW70

7．PID 回路指令操作数 TBL 可寻址的寄存器为（　　）。

A．I　　B．M　　C．V　　D．Q

8．用来累计比 CPU 扫描速率还要快的事件的是（　　）。

A．高速计数器　　B．增计数器　　C．减计数器　　D．累加器

9．高速计数器 HSC0 有（　　）种工作方式。

A．8　　B．1　　C．12　　D．9

10．S7-200 系列 PLC 有 6 个高速计数器，其中有 12 种工作模式的是（　　）。

A．HSC0、HSC1　　B．HSC1、HSC2
C．HSC0、HSC4　　D．HSC2、HSC4

11．高速计数器 2 的控制字节是（　　）。
A．SMB37　　B．SMB47　　C．SMB57　　D．SMB137

12．定义高速计数器指令的操作码是（　　）。
A．HDEF　　B．HSC　　C．HSC0　　D．MODE

13．脉冲输出指令的操作码为（　　）。
A．PLUS　　B．PLS　　C．ATCH　　D．DTCH

14．HSC0 的当前值设定寄存器是（　　）。
A．SMD38　　B．SMD48　　C．SMD58　　D．SMD138

15．无条件子程序返回指令是（　　）。
A．CALL　　B．CRET　　C．RET　　D．SBR

16．中断程序标号指令的操作码是（　　）。
A．ENI　　B．RET　　C．INT　　D．DSI

17．中断分离指令的操作码是（　　）。
A．DISI　　B．ENI　　C．ATCH　　D．DTCH

18．以下（　　）不属于 PLC 的中断事件类型。
A．通讯口中断　　B．I / O 中断
C．时基中断　　D．编程中断

19．PID 回路指令操作数 TBL 可寻址的寄存器为（　　）。
A．I　　B．M　　C．V　　D．Q

20．用户程序中最多可有（　　）条 PID 回路。
A．6　　B．7　　C．8　　D．9

二、填空题

1．________和________两条指令间的所有指令构成一个循环体。

2．JMP 跳转指令________（能，不能）在主程序、子程序和中断程序之间相互跳转。

3．子程序调用与子程序指令的操作数 SBR_n 中，n 是________，其取值范围是________

4．顺序控制继电器指令包括________、________和________3 个指令。

5．子程序可以嵌套，嵌套深度最多为________层。

6．子程序调用的变量类型按变量对应数据的传递方向可以分为________、________、________和________四种类型。

7．利用时钟指令可以实现调用________。

8．写实时时钟指令的操作数 T 用来指定________字节缓冲区的起始地址。

9．S7-200 系列 PLC 最多可以提供________个中断源。

10．外部输入中断利用________的上升沿或下降沿产生中断。

11．中断程序由________、________和________3 部分构成。

12．S7-200CPU 的中断源大致可分为：________、________和________。

13．中断程序标号指令的语句表指令的格式 INT n，其中 n 指的是________。

14．I / O 口中断事件包含________中断、________中断和________中断三类。

15．定时器中断由 1ms 通电和断电延时定时器________和________产生。

16．用来累计比 CPU 扫描速率还要快的事件的是________。

17．高速计数器定义指令的操作码是________。

18．S7-200 系列 PLC 的________与________两个输出端子,除正常使用外，还可利用 PLC 的高速输出功能产生 PTO 与 PWM 输出。

19．时基中断包括________和________。

20．S7-200 系列 PLC 共有________个高速计数器，其中只有 1 种工作模式的是________。

三、设计题

1．写出能循环执行 5 次程序段的循环体梯形图。

2．使用顺序控制程序结构，编写出实现红、黄、绿 3 种颜色信号灯循环显示程序（要求循环间隔时间为一秒），并划出该程序设计的功能流程图。

3．设计一路灯控制的梯形图程序，要求路灯在每天下午 6 点到次日凌晨 6 点，其他时间熄灭。

4．编程实现定时中断，当连接在输入端 I0.1 的开关接通时，闪烁频率减半；当连接在输入端 I0.0 的开关接通时，又恢复成原有的闪烁频率。

5．编写一个输入输出中断程序，实现从 0 到 255 的计数。当输入端 I0.0 为上跳沿时，程序采用加计数；输入端 I0.0 为下跳沿时，程序采用减计数。

用高速计数器 HSC1 实现 20KHz 的加计数。当计数值等于 100 时，将当前值清零。

6．设计一个步进电机控制的梯形图程序，控制要求：

（1）电机驱动的小车从 A 点加速到 B 点，从 B 点恒速运行到 C 点，然后从 C 点减速运行到 D 点。

（2）用高速脉冲输出驱动步进电机。

（3）已知 A 点的脉冲频率为 1kHz，B 点到 C 点的脉冲频率 20kHz，D 点为 2kHz。

（4）A 到 B 用 800 个脉冲，B 到 C 用 20000 个脉冲，C 到 D 用 400 个脉冲。

7．设计一个液位 PID 控制的梯形图程序，控制要求：一水箱有一条进水管和一条出水管，进水管的水流量随时间不断变化，要求控制出水管阀门的开度，使液位始终保持在水满时液位的 75%。系统使用比例积分控制，假设采用下列控制参数值：Kc 为 0.6，Ts 为 0.4 秒，Ti 为 20 分钟。

第 6 章　编程软件

S7-200 可编程序控制器主要使用 STEP 7-Micro/WIN 编程软件进行编程和其他一些相关处理。STEP 7-Micro/WIN 编程软件是基于 Windows 的应用软件，由西门子公司专为 SIMATIC S7-200 系列可编程序控制器设计开发，功能强大，主要由用户用来开发控制程序，同时也可实时监控用户程序的执行状态。它是 SIMATIC S7-200 用户不可缺少的开发工具。

■　编程软件的简介及安装
■　编程软件的功能
■　如何用编程软件进行编程
■　用编程软件进行调试和运行监控

本章重点是掌握用编程软件进行 PLC 程序编辑（以 STEP 7-Micro/WIN V4.0 版本为例）。

6.1　编程软件安装

6.1.1　系统要求

STEP 7-Micro/WIN 既可以在 PC 机上运行，也可以在 Siemens 公司的编程器上运行。PC 机或编程器的最小配置如下：

操作系统：Windows 2000、Windows XP、Vista

计算机：至少 350MB 硬盘空间

通信电缆：PC/PPI 电缆（或使用一个通信处理器卡），用来将计算机与 PLC 连接。

6.1.2　软件安装

STEP 7-Micro/WIN 编程软件在一张光盘上，用户可按以下步骤安装：

（1）将光盘插入光盘驱动器。

（2）系统自动进入安装向导，或单击“开始”按钮启动 Windows 菜单。

（3）单击“运行”菜单。在对话框中键入 e:\setup（假设 E 盘为光驱）并单击“确定”按钮或按 Enter 键，则进入安装向导。

（4）按照安装向导完成软件的安装。软件程序安装路径可以使用默认子目录，也可以在单击“浏览”按钮弹出的对话框中任意选择或新建一个子目录。

（5）在安装结束时，会出现下面的选项：

- 是，我现在要重新启动计算机（默认选项）
- 否，我以后再重新启动计算机

如果出现这两个选项，建议用户选择默认选项，单击“完成”按钮完成安装。

（6）首次安装软件完成后，会出现下面两个选项：

- 是，我现在浏览 Readme 文件（默认选项）
- 否，我现在要进入 STEP 7-Micro/WIN

6.1.3 硬件连接

可以用 PC/PPI 电缆建立个人计算机与 PLC 之间的通信。这是单主机与个人计算机的连接，不需要其他硬件，如调制解调器和编程设备等。

典型的单主机连接及 CPU 组态如图 6.1 所示。

图 6.1 主机与计算机连接

可以按下列步骤在几个部件之间建立连接和通信：

（1）设置 PC/PPI 电缆上的 DIP 开关，选定计算机所支持的波特率和帧模式等。在此，用开关 1、2、3 设定波特率，开关 4 和 5 应置 0 位。

（2）把 PC/PPI 电缆的 PC 端连接到计算机的 RS-232 通信口，可以是 COM1 或 COM2 中的一个，并拧紧连接螺丝。

（3）把 PC/PPI 电缆的 PPI 端连接到 PLC 的 RS-485 通信口，并拧紧连接螺丝。

6.1.4 参数设置

安装完软件并设置连接好硬件之后，可以按下面的步骤核实默认的参数：

（1）在 STEP 7-Micro/WIN 运行时单击通信图标，或者选择 View→Communications 命令，会出现一个通信对话框。

（2）在对话框中双击 PC/PPI 电缆的图标，将出现 PG/PC 接口的对话框。

（3）单击 Properties 按钮，将出现接口属性对话框。检查各参数的属性是否正确，其中通信波特率默认值为 9600 波特。

6.1.5 在线联系

前几步如果都顺利完成，则可以建立与 SIMATIC S7-200 CPU 的在线联系，步骤如下：

（1）在 STEP 7-Micro/WIN 下，单击通信图标，或者选择 View→Communications 命令，会出现一个通信建立结果对话框，显示是否连接了 CPU 主机。

（2）双击通信建立对话框中的刷新图标，STEP 7-Micro/WIN 将检查所连接的所有 S7-200 CPU 站，并为每个站建立一个 CPU 图标。

（3）双击要进行通信的站，在通信建立对话框中可以显示所选站的通信参数。

此时，可以建立与 S7-200 CPU 主机的在线联系。如对主机组态、上装和下装用户程序等。

6.1.6 设置修改 PLC 通信参数

如果建立了计算机和 PLC 的在线联系，就可以利用软件检查、设置和修改 PLC 的通信参数，步骤如下：

（1）单击引导条中的系统块图标，或者选择 View→System Block 选项，将出现系统块对话框。

（2）单击 Port（s）选项卡。检查各参数，认为无误单击 OK 按钮确认。如果需要修改某些参数，可以先进行有关的修改，然后单击 Apply 按钮，再单击 OK 按钮确认后退出。

（3）单击工具条中的下装图标，即可把修改后的参数下装到 PLC 主机。

6.2 功能

6.2.1 基本功能

STEP 7-Micro/WIN 的基本功能是协助用户完成开发应用软件的任务，例如创建用户程序，修改和编辑原有的用户程序，编辑过程中编辑器具有简单语法检查功能。同时它还有一些工具性的功能，例如用户程序的文档管理和加密码等。此外可以直接用软件设置 PLC 的工作方式、参数和运行监控等。

程序编辑中的语法检查功能可以提前避免一些语法和数据类型方面的错误。梯形图和语句表的错误检查结果如图 6.2 所示。

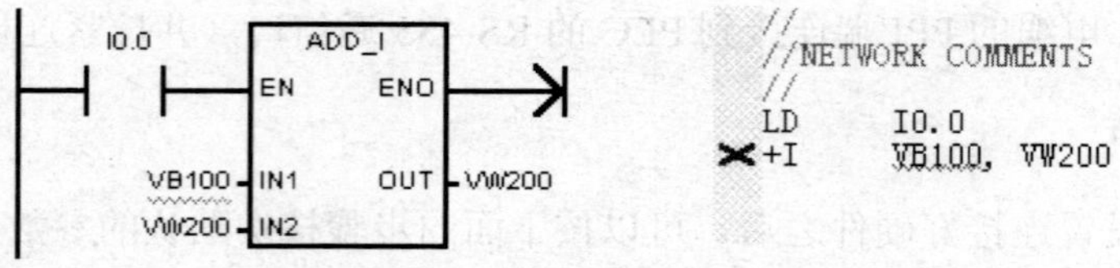

图 6.2 自动语法错误检查

梯形图中的错误处下方自动加红色曲线，语句表中的错误行前有红色叉，且错误处下方加红色曲线。

软件功能的实现可以在联机工作方式（在线方式）下进行，部分功能的实现也可以在离线工作方式下进行。

联机方式：有编程软件的计算机或编程器与 PLC 连接，此时允许两者之间作直接的通信。有关联机的方法可参见 6.1 节。

离线方式：有编程软件的计算机或编程器与 PLC 断开连接，此时能完成大部分基本功能，如编程、编译和调试程序、系统组态等。

两者的主要区别是：联机方式下可直接针对相连的 PLC 进行操作，如上装和下载用户程序和组态数据等。而离线方式下不直接与 PLC 联系，所有程序和参数都暂时存放在磁盘上，等联机后再下载到 PLC 中。

6.2.2 外观

启动 STEP 7-Micro/WIN 编程软件，其主界面外观如图 6.3 所示。

图 6.3 编程软件外观

界面一般可以分为以下几个区：菜单条（包含 8 个主菜单项）、工具条（快捷按钮）、导引条（快捷操作窗口）、指令树（快捷操作窗口）、输出窗口和用户窗口（可同时或分别打开图中的 5 个用户窗口）。

除菜单条外，用户可根据需要决定其他窗口的取舍和样式设置。

6.2.3 各部分功能

1. 菜单条

允许使用鼠标单击或对应热键的操作，是必选区。各主菜单项的功能如下：

（1）文件（File）。文件操作，如新建、打开、关闭、保存文件、上装和下载程序、文件的打印预览、设置和操作等。

（2）编辑（Edit）。提供传统对程序编辑时的工具，如选择、复制、剪切、粘贴程序块或数据块，同时提供查找、替换、插入、删除、快速光标定位等功能。

（3）视图（View）。可以设置软件开发环境的风格，如决定其他辅助窗口（如引导窗口、指令树窗口、工具条按钮区）的打开与关闭；执行引导条窗口中的任何项；选择不同语言的编程器（包括 LAD、STL、FBD 三种）；设置 3 种程序编辑器的风格，如字体、指令盒的大小等。

（4）可编程序控制器（PLC）。可建立与 PLC 联机时的相关操作，如改变 PLC 的工作方式、在线编译、查看 PLC 的信息、清除程序和数据、时钟、存储器卡操作、程序比较、PLC 类型选择及通信设置等。

（5）调试（Debug）。用于联机调试。

（6）工具（Tools）。可以调用复杂指令向导（包括 PID 指令、NETR/NETW 指令和 HSC 指令），使复杂指令编程的工作大大简化；安装文本显示器 TD200；用户化界面风格（设置按钮及按钮样式、在此可添加菜单项）；用选项子菜单也可以设置 3 种程序编辑器的风格，如字体、指令盒的大小等。

（7）窗口（Windows）。可以打开一个或多个窗口，并可进行窗口之间的切换，可以设置窗口的排放形式，如层叠、水平、垂直等。

（8）帮助（Help）。通过帮助菜单上的目录和索引项可以检阅几乎所有相关的使用帮助信息，帮助菜单还提供网上查询功能；而且在软件操作过程中的任何步或任何位置都可以按 F1 键来显示在线帮助，大大方便了用户的使用。

2. 工具条

提供简便的鼠标操作，将最常用的 STEP 7-Micro/WIN 操作以按钮形式设定到工具条。可用 View→Toolbars 命令自定义工具条。

可以添加和删除 4 种按钮：Standard、Common、Debug 和 Instructions。

3. 导引条

可以用 View→Frame→Navigation bar 命令选择是否打开。

它为编程提供按钮控制的快速窗口切换功能，包括程序块（Program Block）、符号表（Symbol Table）、状态图表（Status Chart）、数据块（Data Block）、系统块（System Block）、交叉索引（Cross Reference）和通信（Communications）。

单击任何一个按钮，则主窗口将切换到此按钮对应的窗口。

导引条中的所有功能都可以用指令树窗口或菜单中的 View 来完成。

4. 指令树

提供编程时用到的所有快捷操作命令和 PLC 指令。可以用 View→Frame Instruction tree 命令决定是否将指令树打开。

5. 交叉索引

提供 3 方面的索引信息，即交叉索引信息、字节使用情况信息和位使用情况信息。使编程所用的 PLC 资源一目了然。

6．数据块

用该窗口可以设置和修改变量存储区内各种类型存储区的一个或多个变量值，并加注必要的注释说明。

7．状态图表

可以在联机调试时监视各变量的值和状态。

8．符号表

实际编程时，为了增加程序的可读性，常用带有实际含义的符号名称作为编程元件，而不是直接用元件在主机中的直接地址，例如编程时用 start 作为编程元件，而不用 I0.3。符号表可用来建立自定义符号与直接地址之间的对应，并可附加注释，使程序结构清晰易读。

9．输出窗口

用来显示程序编译的结果信息。如程序的各块（主程序、子程序的数量及子程序号、中断程序的数量及中断程序号）及各块的大小、编译结果有无错误，以及错误编码和位置等。

10．状态条

也称任务栏，与一般应用软件的任务栏功能相同。

11．编程器

可用梯形图、语句表或功能图表编程器编写用户程序，或在联机状态下从 PLC 上装用户程序进行读程序或修改程序。

12．局部变量表

每个程序块都对应一个局部变量表，在带参数的子程序调用中，参数的传递就是通过局部变量表进行的。

6.2.4 系统组态

在第 3 章中提到 CPU 组态的概念，本节介绍几种常用的系统组态方法，通信组态、设置数字量输入滤波、设置脉冲捕捉、输出表配置、定义存储器保持范围。

通信组态的方法可以参考第 7 章。

1．数字量输入滤波

S7-200 CPU 允许为部分或全部本机数字量输入点设置输入滤波器，合理定义延迟时间可以有效地抑制甚至滤除输入噪声干扰。进行设置可以运行 STEP 7 Micro/Win 软件，使用 View→Component→System Block 命令（或在左侧 View 窗口中单击 System Block 按钮），在 Input Filters 中选择 Digital 选项卡，然后可以对各个数字量输入点进行延迟时间的设置，如图 6.4 所示。

2．模拟量输入滤波

对 CPU 222、224 和 226 这 3 种机型，模拟量的输入信号变化缓慢的场合，可以对不同的模拟量输入选择软件滤波器。

在这项工作中需要完成 3 种参数的设定：选择需要进行滤波的模拟量输入点、设置采样次数和死区值。系统默认参数为：模拟量输入点全部滤波、采样次数为 64、死区值为 320。

设置模拟量滤波的方法如同数字量滤波，只是在 Input Filters 中选择 Analog 选项卡，如图 6.5 所示。

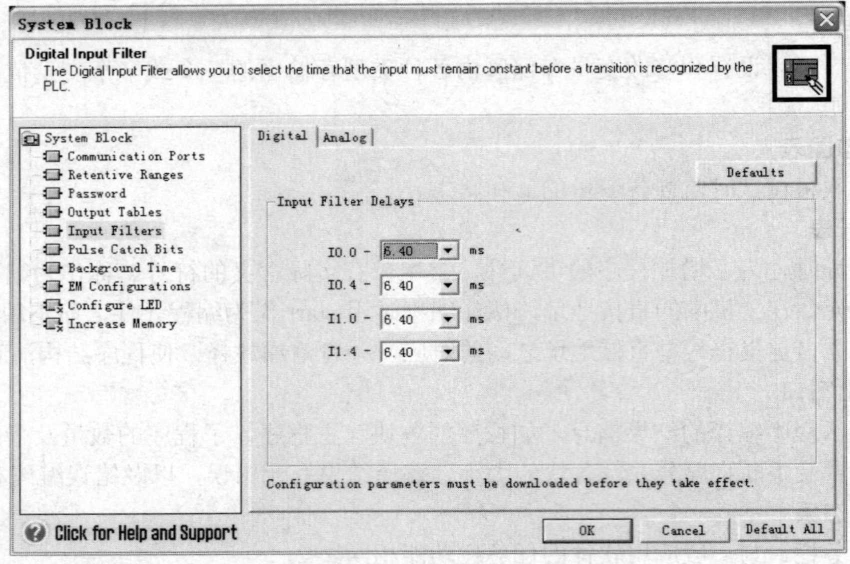

图 6.4　设置数字输入滤波

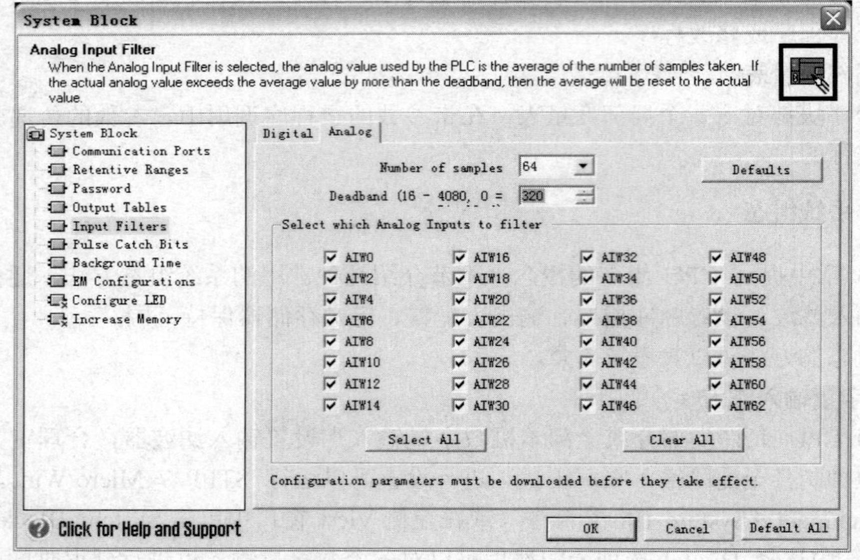

图 6.5　设置模拟输入滤波

3．设置脉冲捕捉

处理数字量输入时，可编程序控制器采用周期扫描方式进行输入和输出映像寄存器的读取和刷新。因此，这两次输入扫描之间如果数字量输入点有一个持续时间很短的脉冲，则这个脉冲将不能被捕捉到，因此，PLC 将不能按预定的程序正确运行。

S7-200 CPU 为每个主机数字量输入提供了脉冲捕捉功能。如果在组态中已经为数字量输入设置了输入滤波，则可以使主机能够捕捉小于一个扫描周期的短脉冲，并将其保持到主机读到这个信号。

设置脉冲捕捉功能的方法：首先正确设置输入滤波器的时间，使之不能将脉冲滤掉。然后在 System Block 中选择 Pulse Catch Bits 选项卡对输入要求脉冲捕捉的数字量输入点进行选择，如图 6.6 所示。系统默认为所有点都不用脉冲捕捉。

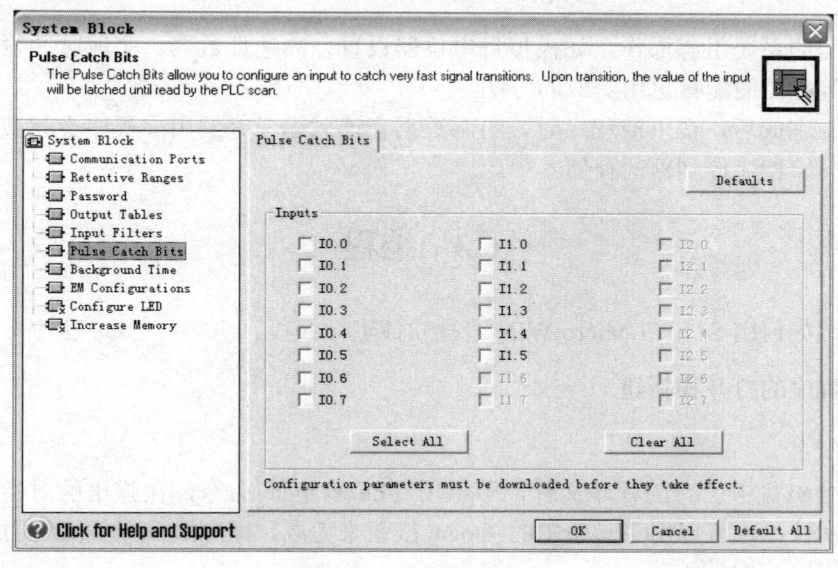

图 6.6　设置脉冲捕捉

4．输出表配置

提前设置数字量输出表，通过是否将输出表复制到输出点可使输出点在 CPU 由 RUN 方式转变为 STOP 方式后在两种性能中任选其一：变成已知值或保持方式转换前的状态。

输出表的配置方法：在 System Block 中选择 Output Table 选项卡，然后对各数字量输出点进行设置，如图 6.7 所示。

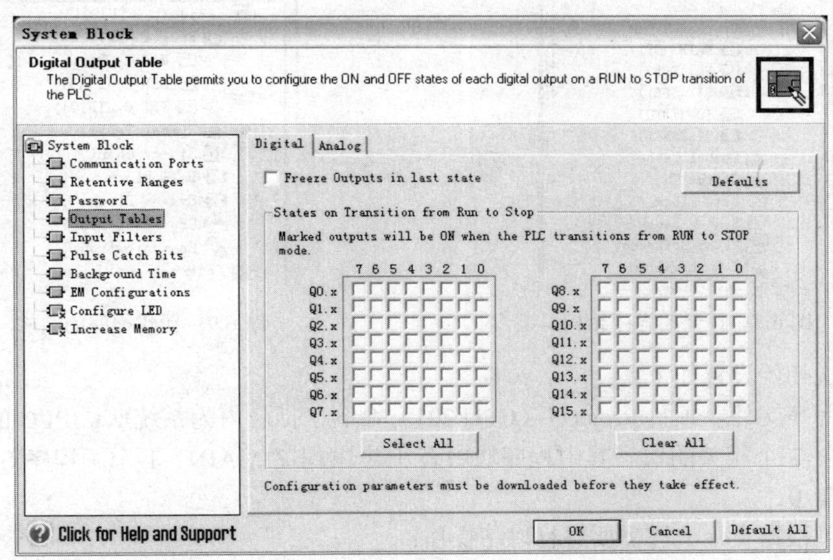

图 6.7　设置输出表

在图中输出表中选择了一部分输出点，这些点要求在系统由运行转换到停止后将被置为

1，其他点为 0 状态。图中如果选择 Freeze Outputs，则不复制输出表，使所有点都保持上一次的输出。系统的默认设置为输出表中的所有点设置为 0，而且把输出表的值复制到各输出点上。

其他方面的系统组态操作，如模拟量电位器设置、高速计数器、高速脉冲输出、定义断电存储保护等方面的配置也用类似的方法。

系统组态完成后，在下载程序时，组态数据会连同编译好的用户程序一起被装入与编程软件相连的可编程序控制器的存储器中。

6.3 编程

本节介绍如何用 STEP 7-Micro/WIN 编程软件进行编程。

6.3.1 程序的打开和新建

1．打开

打开一个磁盘中已有的程序文件，可以用 File→Open 命令，在弹出的对话框中选择要打开的程序文件；也可以用工具条中的 Open 按钮来完成。图 6.8 所示为一个打开的在指令树窗口中的程序结构。

图中程序文件的文件名为 e1，PLC 型号为 CPU 226，包含与之相关的 7 个块。其中，程序块包含的主程序名为 MAIN，有两个子程序 S0 和 S1、两个中断程序 I0 和 I1。

2．新建

新建一个程序文件，可以用 File→New 命令，在主窗口将显示新建的程序文件主程序区；也可以用工具条中的 New 按钮来完成。图 6.9 所示为一个新建程序文件的指令树。

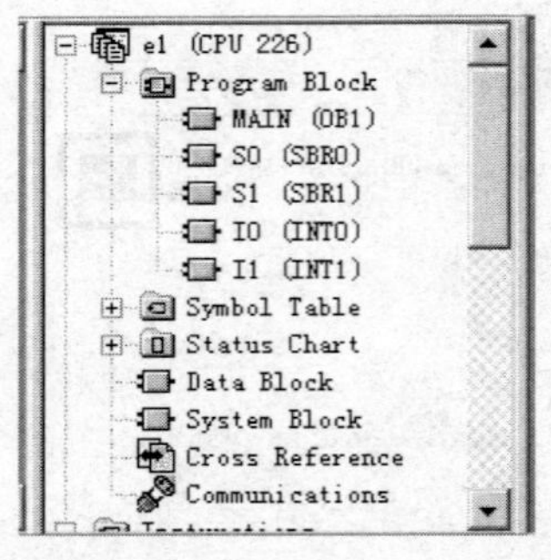

图 6.8 打开的程序结构

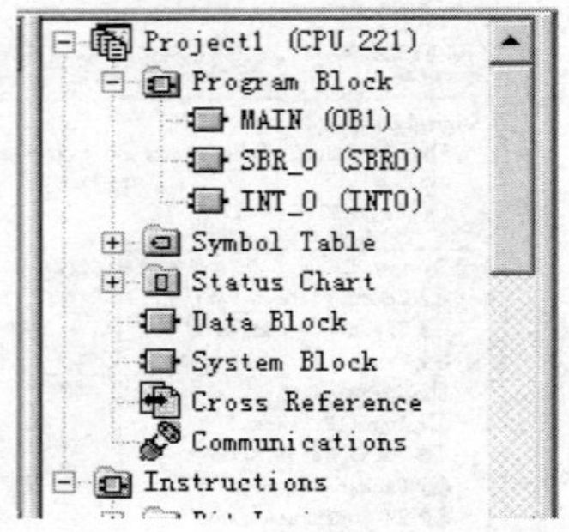

图 6.9 新建程序的结构

系统默认初始设置如下：

新建的程序文件以项目 Project1（CPU 221）命名，括号内为系统默认 PLC 的型号。

项目包含 7 个相关的块。其中程序块中有 1 个主程序 MAIN、1 个子程序 SBR_0、1 个中断程序 INT_0。

用户可以根据实际编程需要进行以下操作：

（1）确定主机型号。

要根据实际应用情况选择 PLC 型号，方法是：右击项目 Project1（CPU 221）图标，在弹出的按钮中单击 Type，然后可以在对话框中选择所用的 PLC 型号；也可以用 PLC→Type 命令来选择。

（2）程序更名。

■　项目文件更名

如果新建了一个程序文件，单击 File→Save 或 File→Save as 命令，然后在弹出的对话框中键入项目文件的名称。

■　子程序和中断程序更名

在指令树窗口中，右击要更名的子程序或中断程序名称，在弹出的选择按钮中单击 Rename，然后键入名称。

主程序的名称一般用默认的 MAIN，任何项目文件的主程序只有一个。

（3）添加一个子程序。

在指令树窗口中，右击 Program Block 图标，在弹出的选择按钮中单击 Insert Subroutine；或用 Edit→Insert→Subroutine 命令实现；或在编辑窗口中右击编辑区，在弹出的菜单选项中选择 Insert→Subroutine。新生成的子程序根据已有子程序的数目，默认名称为 SBR_n，用户可以自行更名。

（4）添加一个中断程序。

在指令树窗口中，右击 Program Block 图标，在弹出的选择按钮中单击 Insert Interrupt；或用 Edit→Insert→Interrupt 命令实现；也可以在编辑窗口中右击编辑区，在弹出的菜单选项中选择 Insert→Interrupt。新生成的中断程序根据已有子程序的数目，默认名称为 INT_n，用户可以更名。

（5）编辑程序。

编辑程序块中的任何一个程序，只要在指令树窗口中双击该程序的图标即可。

6.3.2　编辑程序

编辑和修改控制程序是程序员利用 STEP 7-Micro/WIN 编程软件要做的最基本的工作，本软件有较强的编辑功能，本节只以梯形图编辑器为例介绍一些基本编辑操作。

下面以图 6.10 所示的梯形图程序的编辑过程为例介绍程序编辑的各种操作。

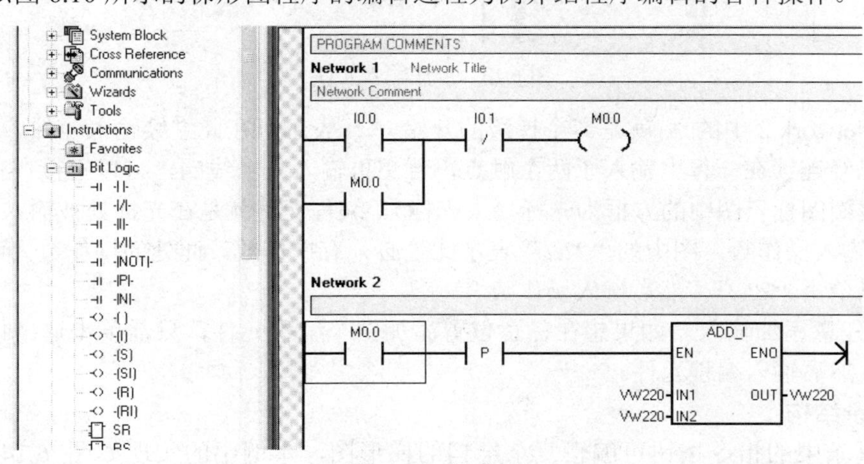

图 6.10　程序例

1. 输入编程元件

梯形图的编程元件（编程元素）主要有线圈、触点、指令盒、标号及连接线。输入方法有两种：①用指令树窗口中的 Instructions 所列的一系列指令，双击要输入的指令，再根据指令的类别将指令分别编排在若干子目录中，如图 6.10 所示；②用工具条上的一组编程按钮，单击触点、线圈或指令盒按钮，从弹出的窗口中从下拉菜单所列出的指令中选择要输入的指令单击即可。按钮和弹出的窗口下拉菜单如图 6.11 和图 6.12 所示。

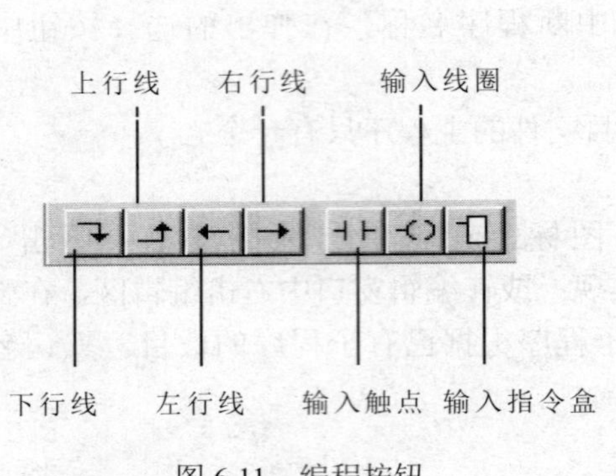

图 6.11 编程按钮

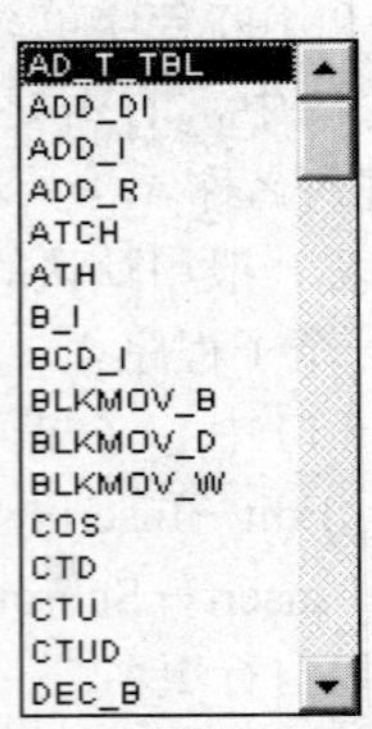

图 6.12 下拉菜单

7 个按钮的操作分别是：前 4 个为下行线、上行线、左行线、右行线，用于形成复杂梯形图结构。后 3 个为输入一个触点、输入一个线圈、输入一个指令盒。图 6.12 所示为单击输入一个指令盒按钮时的结果。

（1）顺序输入。在一个梯级/网络 Network 中，如果只有编程元件的串联连接，输入和输出都无分叉，则视作顺序输入。方法非常简单，只需从梯级的开始依次输入各编程元件即可，每输入一个元件，光标自动向前移动到下一列，如图 6.13 所示。

图 6.13 顺序输入元件

图中 Network 2 中的→就是一个梯级的开始。→表示可在此继续输入元件。

图中已经连续在一行上输入了两个触点，若想再输入一个线圈，可以直接在指令树中双击点亮的线圈图标。图中的方框为光标（大光标），编程元件就是在光标处被输入。

（2）输入操作数。图中的“??.?”表示此处必须有操作数。此处的操作数为两个触点的名称。可以单击“??.?”，然后键入操作数。

（3）任意添加输入。如果想在任意位置添加一个编程元件，只需单击这一位置将光标移到此处，然后输入编程元件。

2. 复杂结构

用工具条中的指令按钮可编辑复杂结构的梯形图，本例中的实现如图 6.14 所示。单击图中第一行下方的编程区域，则在本行下一行的开始处显示小图标，然后输入触点新生成一行。

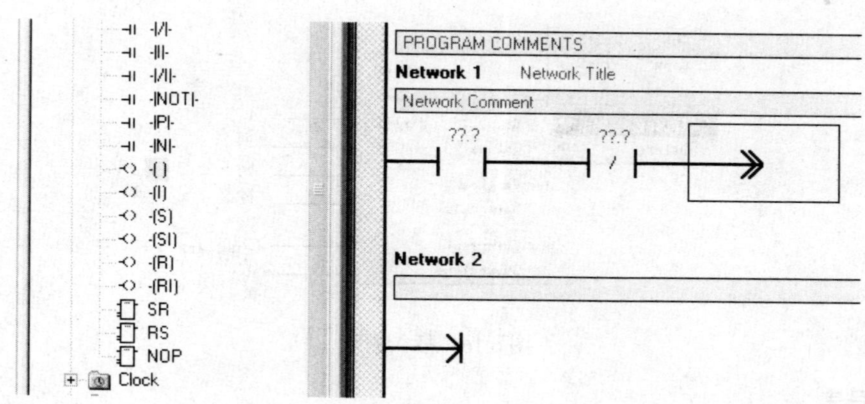

图 6.14　新生成行

输入完成后如图 6.15 所示，将光标移到要合并的触点处，单击上行线按钮即可。

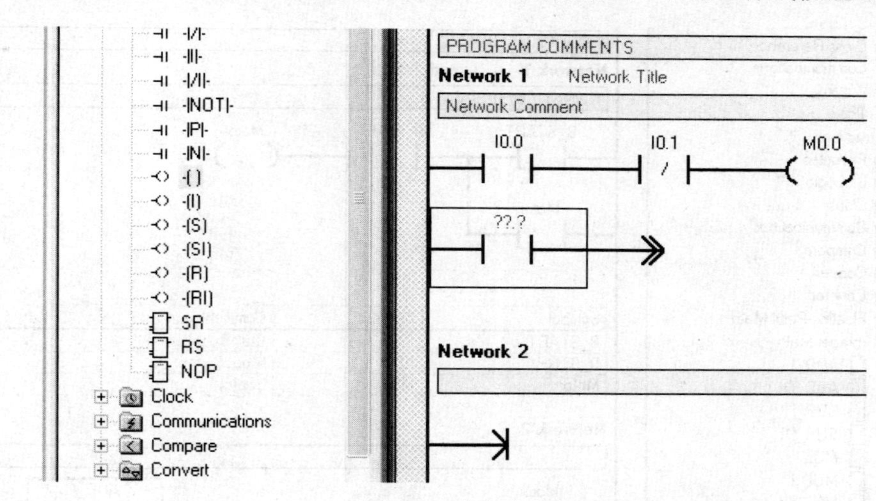

图 6.15　向上合并

如果要在一行的某个元件后向下分支，方法是将光标移到该元件，单击按钮，然后便可在生成的分支顺序输入各元件。

3．插入和删除

编辑中经常用到插入和删除一行、一列、一个梯级、一个子程序或中断程序等，方法有两种：在编辑区中右击要进行操作的位置，弹出如图 6.16 所示的下拉菜单，选择 Insert 或 Delete 选项，弹出子菜单，单击要插入或删除的项，然后进行编辑；也可以用 Edit→Insert 或 Edit→Delete 命令完成相同的操作。

图 6.15 所示是光标中含有编程元件的情况下右击时的结果，此时的 Cut 和 Copy 项处于有效状态，可以对元件进行剪切或复制。

4．块操作

利用块操作对程序大面积删除、移动、复制操作十分方便。块操作包括块选择、块剪切、块删除、块复制和块粘贴。这些操作非常简单，与一般字处理软件中的相应操作方法完全相同。

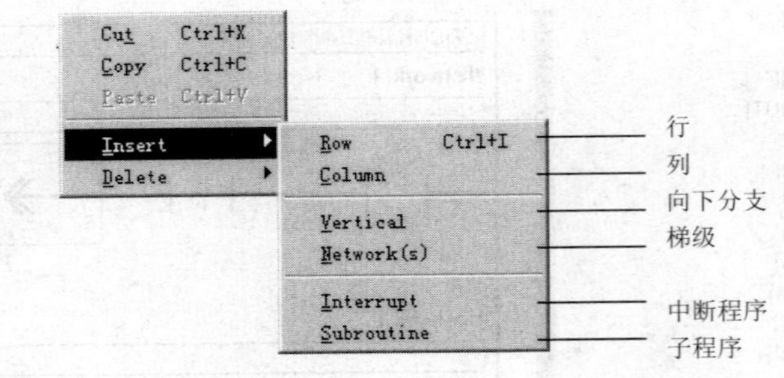

图 6.16 插入删除

5．符号表

使用符号表，可将图 6.10 中的直接地址编号用具有实际含义的符号代替，经编译后形成图 6.17 所示的结果。

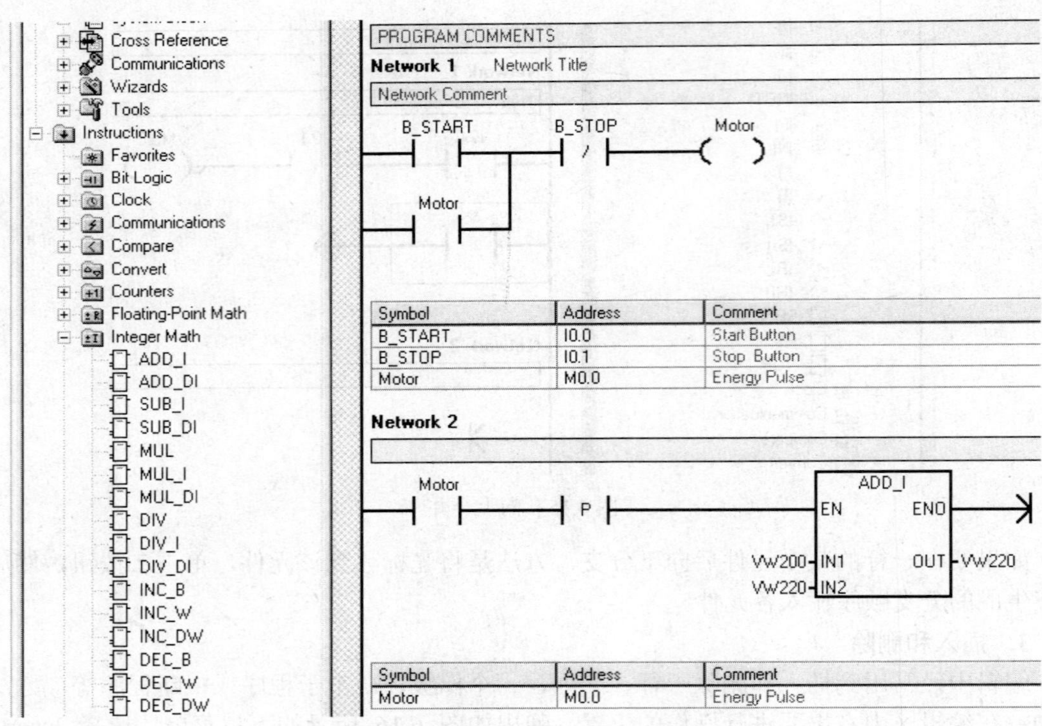

图 6.17 用符号表编程

使用符号表的方式有两种：

（1）编程时使用直接地址，然后打开符号表，编写与直接地址对应的符号，编译后由软件自动转换名称。

（2）编程时直接使用符号名称，然后打开符号表，编写与符号对应的直接地址，编译后得到相同的结果。

符号表编辑方法：单击 View→Symbol Table 命令或引导条窗口中的 Symbol Table 按钮进入，如图 6.18 所示。单击单元格进行符号名、对应直接地址的录入，可以加注释说明。右击单元格，可以进行修改、插入、删除等操作。

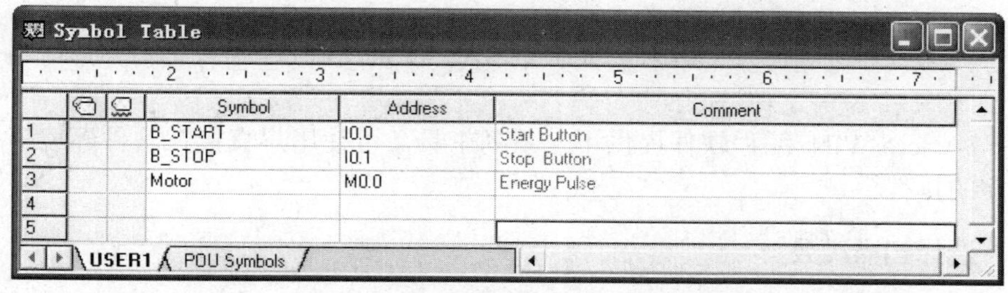

图 6.18　符号表

6. 局部变量表

打开局部变量表的方法是，将光标移到编辑器的程序编辑区的上边缘，拖动上边缘向下，则自动显露出局部变量表，此时即可设置局部变量。如图 6.19 所示为一个子程序的局部变量表。

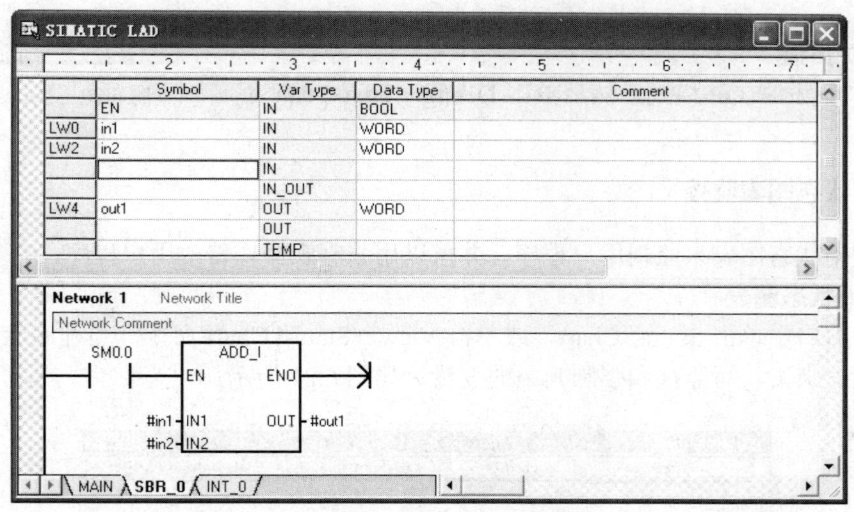

图 6.19　局部变量表的使用

在局部变量表中要加入一个参数，右击要加入的变量类型区可以得到一个选择菜单，选择“插入”，然后选择“下一行”。当在局部变量表中加入一个参数时，系统自动给各参数分配局部变量存储空间。

7. 注释

梯形图编辑器中的 Network n 标志每个梯级，同时又是标题栏，可以在此为本梯级加标题或必要的注释说明，使程序清晰易读。

8. 语言转换

软件可实现 3 种编程语言（编辑器）之间的任意切换，方法是：选择 View 选项，然后单击 STL、LAD 或 FBD 便可进入对应的编程环境。

9．编译

程序编辑完成，可以用 PLC→Compile 命令进行离线编译。编译结束，在输出窗口中显示编译结果信息。如果编译无误，便可下载到 PLC 中。

6.4 调试及运行监控

STEP 7-Micro/WIN 编程软件提供了一系列工具，可使用户直接在软件环境下调试并监视用户程序的执行。

6.4.1 选择扫描次数

选择单次或多次扫描来监视用户程序。可以指定主机以有限的扫描次数执行用户程序。通过选择主机扫描次数，当过程变量改变时，可以监视用户程序的执行。

1．多次扫描

将 PLC 置于 STOP 模式，使用 Debug→Multiple Scans 命令来指定执行的扫描次数，然后单击 OK 按钮进行监视，如图 6.20 所示。

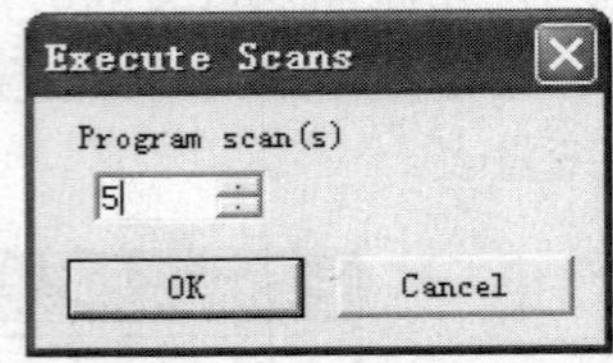

图 6.20 执行多次扫描

2．初次扫描

将 PLC 置于 STOP 模式，然后单击 Debug→First Scan 命令进行。

6.4.2 状态图表监控

可以使用状态图表来监视用户程序，并可以用强制表操作修改用户程序。

1．使用状态图表

在导引窗口中单击 Status Chart，或单击 View→Status Chart 命令，当程序运行时，可以使用状态图表来读、写监视和强制其中的变量，如图 6.21 所示。

Status Chart

	Address	Format	Current Value	New Value
1	Start_1	Bit	2#1	
2	Start_2	Bit	2#0	
3	Stop_1	Bit	2#1	
4	Stop_2	Bit	2#0	
5	High_Level	Bit	2#0	
6	Low_Level	Bit	2#0	
7	Reset	Bit	2#0	
8		Signed		
9	Pump_1	Bit	2#1	
10	Pump_2	Bit	2#0	
11	Mixer_Motor	Bit	2#0	
12	Steam_Valve	Bit	2#0	
13	Drain_Valve	Bit	2#1	
14	Drain_Pump	Bit	2#1	
15		Signed		
16	High_Lev_Reached	Bit	2#1	
17	Mix_Timer	Signed	+32767	
18	Cycle_Counter	Signed	+0	

CHT1

图 6.21 状态图标监视

当用状态图表时，可以将光标移到某一个单元格并右击，在弹出的下拉菜单中单击一项，可实现相应的编辑操作。

根据需要，可以建立多个状态图表。

状态图表的工具图标在编程软件的工具条区，当单击时，可以激活这些工具图标，如前项排序、后项排序、全部写、单次读、读所有强制、强制和解除强制等。

2．强制指定值

用户可以用状态图表来强制用指定值对变量赋值，所有强制改变的值都存到主机固定的 E^2PROM 存储器中。

（1）强制范围。强制指定一个或所有 I 或 O 位；强制改变最多 16 个 V 或 M 存储器的数据，变量可以是字节、字或双字类型；强制改变模拟量映像存储器 AI 或 AQ，变量类型为偶字节开始的字类型。

用强制功能取代了一般形式的读和写。同时，采用输出强制时，以某个指定值输出，当主机变为 STOP 方式后输出将变为强制值，而不是设定值。

（2）强制一个值。若强制一个新值，可在状态表的新值 New Value 栏中输入新值，然后单击工具条中的按钮；若强制一个已经存在的值，可在当前值 Current Value 栏中单击点亮这个值，然后单击强制按钮。

（3）读所有强制操作。打开状态图表窗口，单击工具条中的按钮，则状态图表中所有被强制的当前值的单元格中会显示强制符号。

（4）解除一个强制操作。在当前值栏中单击点亮这个值，然后单击工具条中的按钮。

（5）解除所有强制操作。打开状态图表，单击工具条中的按钮。

6.4.3 运行模式下编辑

在运行模式下编辑可以在对控制过程影响较小的情况下，对用户程序作少量的修改，修改后的程序下载时，将立即影响系统的控制运行，所以使用时应特别注意。可进行这种操作的 PLC 有 CPU 224 和 CPU 226 两种。

操作步骤如下：

（1）选择 Debug→Program Edit in RUN 命令。因为 RUN 模式下只能编辑主机中的程序，如果主机中的程序与编程软件主窗口中的程序不同，系统会提示用户存盘。

（2）屏幕弹出警告信息。单击 Continue 按钮，所连接的主机中的程序将被上装到编程主窗口中，便可在运行模式下进行编辑。

（3）在运行模式进行下载。在程序编译成功后，可以单击 File→Download 命令或单击工具条中的下载按钮，将程序块下载到 PLC 主机。

（4）退出运行模式下编辑。可以单击 Debug→Program Edit in RUN 命令，然后单击 Checkmark 选项。

6.4.4 程序监视

利用 3 种程序编辑器都可以在 PLC 运行时监视程序的执行对各元件的执行结果，并可监视操作数的数值。

1．梯形图监视

利用梯形图编辑器可以监视在线程序状态，如图 6.22 所示。图中被点亮的元件表示处于接触状态。

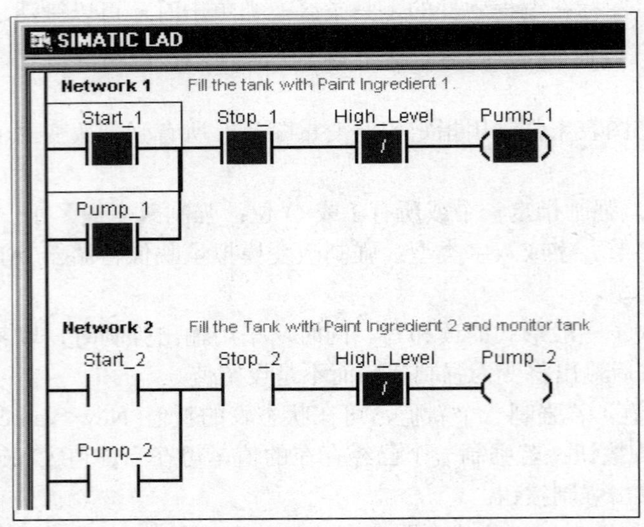

图 6.22　梯形图监视

梯形图中显示所有操作数的值，所有这些操作数状态都是 PLC 在扫描周期完成时的结果。STEP 7-Micro/WIN 经过多个扫描周期采集状态值，然后刷新梯形图中各值的状态显示。通常情况下，梯形图的状态显示不反映程序执行时的每个编程元素的实际状态。

方法是：单击 Tools→Options 命令打开选项对话框，选择 LAD status 选项卡，然后选择一种梯形图的样式。梯形图可选择的样式有 3 种：指令内部显示地址和外部显示值；指令外部显示地址和值；只显示状态值。

打开梯形图窗口，在工具条中单击按钮。

2．功能块图监视

利用 STEP 7-Micro/WIN 功能块图编辑器也可以监视在线程序状态。通常情况下，梯形图的状态显示也不反映程序执行时每个编程元素的实际状态。

方法与梯形图监视相同，显示状态如图 6.23 所示。

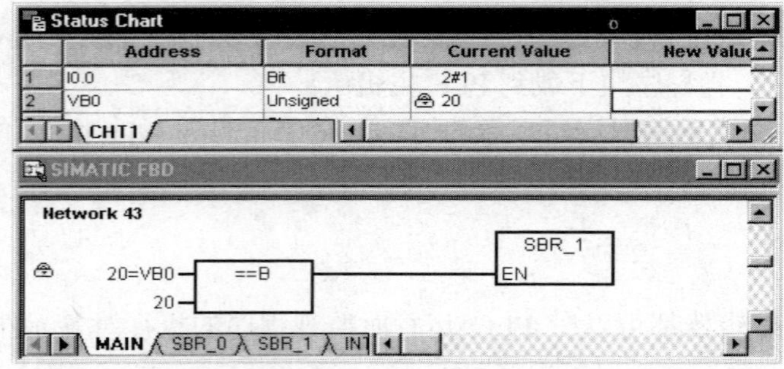

图 6.23　功能块图监视

3. 语句表监视

用户可以利用语句表编辑器监视在线程序状态。语句表程序状态按钮连续不断地更新屏幕上的数值，操作数按顺序显示在屏幕上，这个顺序与它们出现在指令中的顺序一致，当指令执行时，这些数值将被捕捉，因此它可以反映指令的实际运行状态。

单击工具栏中的程序状态按钮，将出现如图 6.24 所示的显示界面。其中，语句表的程序代码出现在左侧的 STL 状态窗口里，包含操作数的状态区域显示在右侧。间接寻址的操作数将同时显示存储单元的值和它的指针。

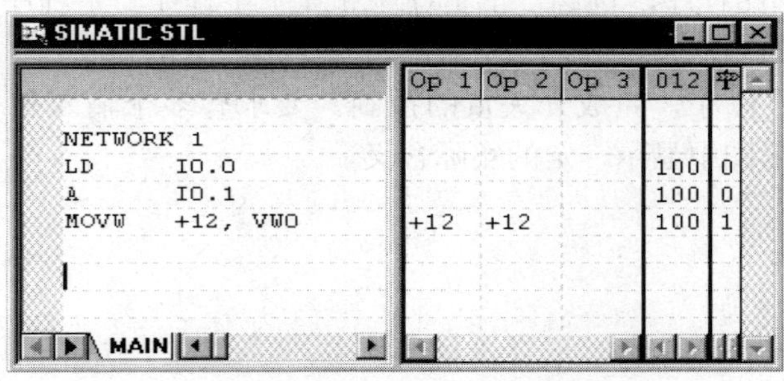

图 6.24 语句表监视

可以用工具栏中的按钮暂停，则当前的状态数据将保留在屏幕上，直到再次单击这个按钮。

图中状态数值的颜色指示指令执行状态：黑色表示指令正确执行；红色表示指令执行有错误；灰色表示指令由于栈顶值为 0 或由跳转指令使之跳过而没有执行，空白表示指令未执行。

可用初次扫描得到第一个扫描周期的信息。

设置语句表状态窗口的样式的方法是：单击 Tools→Options 命令打开选项对话框，选择 STL Status 选项卡，然后进行设置。

编程软件 STEP 7-Micro/Win 可以方便地用来对 S7-200 系列 PLC 进行编程和其他方面的处理，重点应掌握用它进行程序编辑的方法。

（1）用编程软件对 PLC 进行编程或其他操作，首先要在计算机上安装 STEP 7-Micro/Win 编程软件，然后建立硬件连接并对通信参数进行设置，最后建立与 PLC 的在线联系与测试。

（2）编程软件 STEP 7-Micro/Win 功能丰富、界面友好，且有方便的联机帮助功能，应掌握各项常用的功能。

（3）程序编辑是学习编程软件的重点，可以用打开、新建或从 PLC 上装程序文件，并对其进行编辑修改。编辑中应熟练使用菜单、常用按钮及各功能窗口。符号表的应用可以使程序的可读性大大提高，好的程序应加注必要的标题注释。同一程序可以用梯形图、语句表和功能块图 3 种编辑器进行显示和编辑，并可直接切换。

（4）使用状态图表可以强制设置和修改一些变量的值，实现程序调试。如果程序的改变对运行情况影响很小，可以在运行模式下编辑和修改程序及参数值。程序运行监控可用以下 3 种方法：梯形图法、功能块图法和语句表法，其中只有语句表监视可以反映指令的实际运行状态。

1．编写一段梯形图程序，包含一个主程序和一个子程序。主程序中含有带参数的子程序调用指令，子程序的功能是完成求一个角的余弦（角的单位为度）。

2．编写一个用户程序，完成开关量的控制。要求有多个输入和多个输出，建立符号表，使每个元件在梯形图中显示一定的实际含义。

第 7 章　顺序控制梯形图的程序设计

如果一个控制系统可以分解成几个独立的控制动作，且这些动作必须严格按照一定的先后次序执行才能保证生产过程的正常运行，这样的控制系统称为顺序控制系统，也称为步进控制系统。在工业控制领域中，顺序控制系统的应用很广，尤其在机械行业几乎无例外地利用顺序控制来实现加工的自动循环。

PLC 程序设计有多种方法：如果控制系统是改造原有成熟的继电接触控制系统，则可由电气控制电路图很容易地转化为梯形图程序。如果是新建控制系统，对小型系统可以直接设计程序；对大型的动作复杂的控制系统可用状态表、流程图、功能图等多种方法。

本章介绍顺序控制系统常用的两种设计方法：经验设计法和功能流程图法。经验设计法适用于逻辑关系相对简单的系统；功能流程图能够完整地描述控制系统的工作过程、功能和特性，功能流程图可以方便地转化为对应的梯形图，因此在设计顺序控制系统时，通常采用基于功能流程图的功能流程图法。

知识要点

- 经验设计法：包括起保停电路、定时范围扩展电路、闪烁电路和跑马灯电路等典型控制电路
- 功能流程图的组成和结构
- 功能流程图的转换规则和注意事项
- 功能流程图向梯形图程序的转换方法：包括起保停电路设计法、置位复位指令设计法和顺序控制继电器法

- 掌握利用经验设计法设计简单的逻辑控制系统
- 利用功能流程图法设计顺序控制系统的 PLC 控制程序

7.1　经验设计法

经验设计法的基本思路是在已有的一些典型梯形图的基础上，根据被控对象对控制的要求，通过多次反复地调试和修改梯形图，增加中间编程元件和触点，以得到一个较为满意的程序。经验设计法没有普遍的规律可以遵循，设计所用的时间、设计的质量与编程者的经验有很大的关系，适用于逻辑关系较简单的梯形图程序设计。

下面介绍的是一些常用的 PLC 梯形图程序。

1．起保停电路

起保停电路仅使用与触点和线圈有关的指令，无需编程元件做中间环节，各种型号 PLC 的指令系统都有相关指令，加上该电路利用自保持，从而具有记忆功能，且与传统继电器控制电路基本相类似，因此得到了广泛的应用。

在如图 7.1 所示的电路中，I0.0 为起动按钮对应的常开触点，I0.1 为停止按钮对应的常闭触点，分别用于提供起动和停止信号。按下起动按钮后，常开触点 I0.0 闭合，此时如果没有按下停止按钮，常闭触点 I0.1 闭合，如此线圈 Q0.0“通电”，同时 Q0.0 对应的常开触点闭合。当释放起动按钮后，常开触点 I0.0 断开，但借助于已经闭合的 Q0.0 的常开触点和常闭触点 I0.1，线圈 Q0.0 仍保持“通电”状态，此即所谓的“自锁”或“自保持”功能。只有按下停止按钮，常闭触点 I0.1 断开，线圈 Q0.0 才能够“断电”，同时 Q0.0 的常开触点断开。此后即使释放停止按钮，由于常开触点 I0.0 和 Q0.0 都处于断开状态，线圈 Q0.0 也无法“通电”。波形图如图 7.1（b）所示。

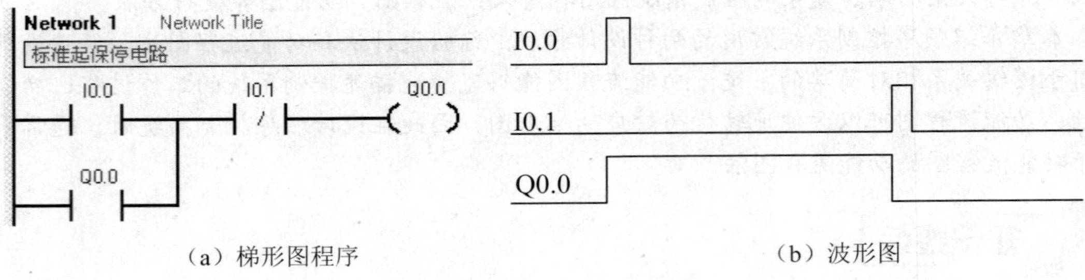

（a）梯形图程序　　（b）波形图

图 7.1　典型起保停电路

图 7.1 所示的起保停电路的逻辑表达式为$Q0.0=(I0.0+Q0.0)\cdot\overline{I0.1}$。

式中等号左边的 Q0.0 为 Q0.0 对应的线圈，等号右边的 Q0.0 则是 Q0.0 的常开触点。

2．延时接通延时断开电路

在如图 7.2 所示的电路中，I0.0 为控制开关对应的常开触点，从梯形图可以看出接通延时定时器 T37 的常开触点、断开延时定时器的常开触点和 Q0.0 的常开触点构成了一个起保停电路。当按下控制开关后，I0.0 闭合，断开延时定时器 T38 常开触点闭合，同时接通延时定时器 T37 起动，50s 后 T37 常开触点闭合，线圈 Q0.0“通电”，Q0.0 常开触点闭合构成“自锁”电路。只要 I0.0 闭合，则线圈 Q0.0 始终处于“通电”状态。一旦 I0.0 断开，断开延时定时器 T38 启动，同时 T37 常开触点断开，但由于自锁电路的存在，线圈 Q0.0 仍处于“通电”状态，T38 起动 50s 后，其常开触点断开，线圈 Q0.0“断电”。

3．定时范围扩展

S7-200 的定时器最长的定时时间为 3276.7s，如果需要更长的定时时间，则需要利用定时扩展电路，图 7.3 所示即为利用计数器实现的定时器扩展电路，该电路利用接通延时定时器 T37 及其常闭触点构成了一个脉冲信号发生器，脉冲周期为 50s（预设值×分辨率），当 I0.0 闭合后，T37 起动，其生成的脉冲序列如图 7.3（b）所示。计数器 C4 用于对脉冲信号计数，当计数值等于预设值（此例设置为 6）时，C4 常开触点闭合，线圈 Q0.0“通电”。如此实现 300s 的定时。当 I0.0 断开，定时器 T34 和 C4 复位，为下一次定时做准备。

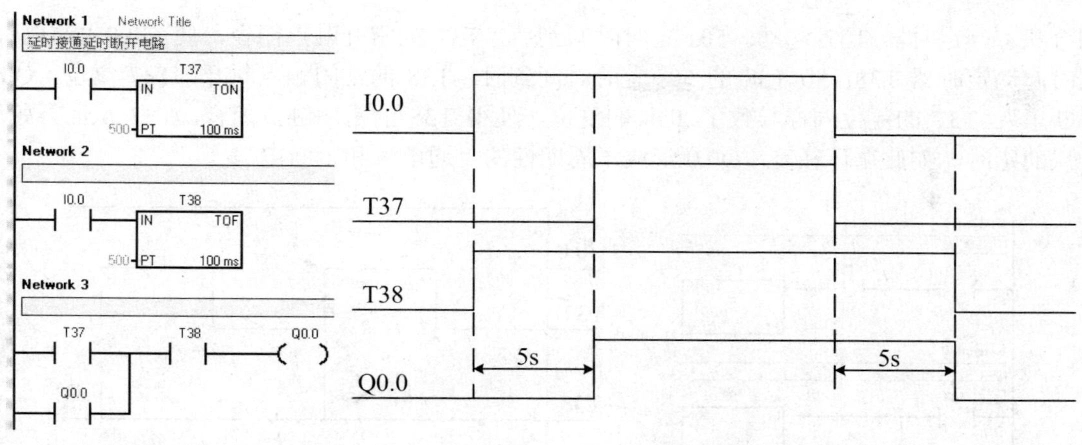

（a）梯形图程序　　　　（b）波形图

图 7.2　延时接通延时断开电路

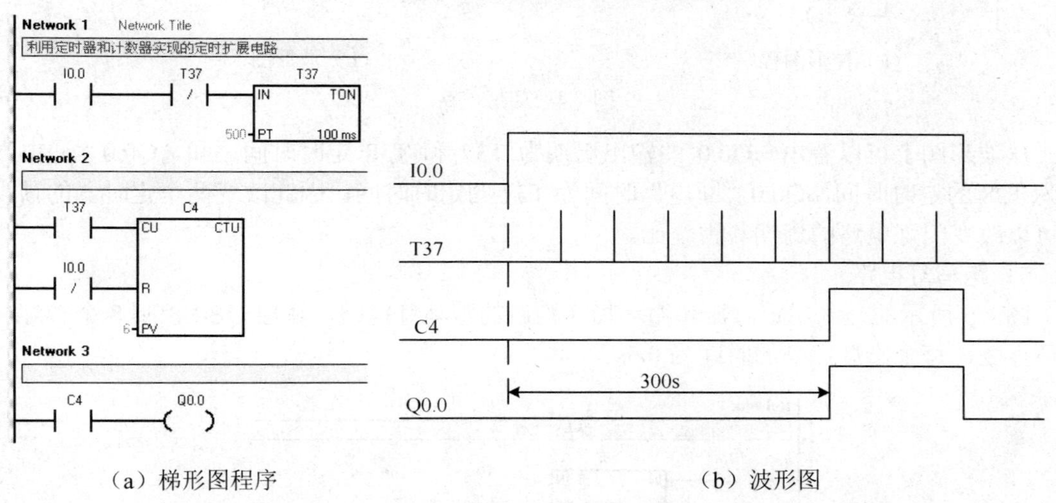

（a）梯形图程序　　　　（b）波形图

图 7.3　定时范围扩展电路

从电路工作原理分析可以看出：定时时间＝定时器预设值×分辨率×计数器预设值

如果需要更长的定时范围，只需改变接通延时定时器 T37 和计数器 C4 的预设值即可。

注意

由于刷新方式的不同，只有分辨率为 100ms 的定时器才能使用如图 7.3（a）中所示的利用自复位构成的脉冲发生器，利用分辨率为 1ms 和 10ms 的定时器构造类似的自复位电路时，必须借助辅助触点（如 Q0.0 或 M0.0 等，具体内容可参见编程软件的帮助文件），程序如下：

```
LDN    M0.0          //利用 T32 和 M0.0 构成自复位的脉冲发生电路
TON    T32 , 50      //T32（也可以改为分辨率为 10ms 的 T37）设定为 50ms
LD     T32
=      M0.0
```

4．闪烁电路

在如图 7.4 所示的闪烁电路中，当 I0.0 的常开触点闭合后，由于 T38 常闭触点此时处于闭合状态，定时器 T37 起动。50s 定时时间到后，T37 的常开触点闭合，使 Q0.0“通电”，同时起动定时器 T38。当 T38 的 50s 定时时间到时，T38 的常闭触点断开，T37 复位，Q0.0“断电”；T37 的复位同样导致了 T38 的复位，使得 T38 的常闭触点闭合，T37 从而开始下一次的定时。如此循环往复，Q0.0 形成了周期性的“通电”和“断电”。

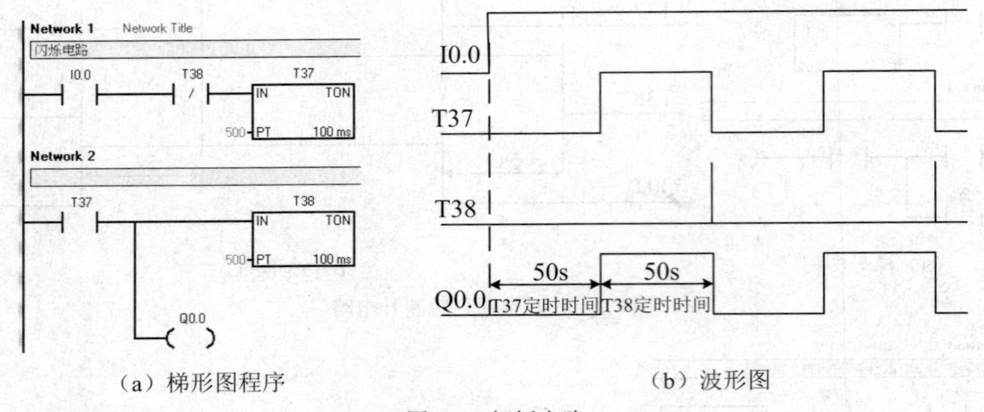

（a）梯形图程序　　（b）波形图

图 7.4　闪烁电路

从波形图上可以看出，Q0.0 的输出周期为 T37 和 T38 定时时间之和，Q0.0“通电”时间为 T38 的定时时间，Q0.0“断电”时间为 T37 的定时时间，因此改变两个定时器的预设值就可以改变闪烁电路的周期和占空比。

5．跑马灯电路

图 7.5 所示的是利用定时器和循环指令构造的跑马灯电路。输出 QB0 控制 8 个彩灯顺序循环点亮，每个彩灯点亮的时间为 0.5s。

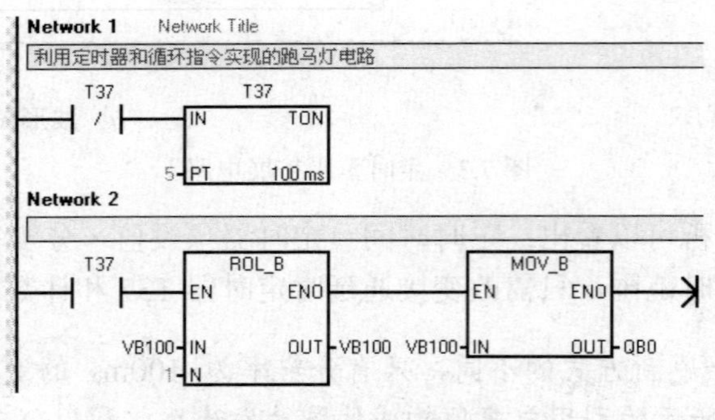

图 7.5　跑马灯电路

VB100 的初始值设定为 16#1，定时器 T37 及其本身的常闭触点构成了一个周期为 0.5s 的脉冲发生器，T37 的常开触点每 0.5s 就会产生一个脉冲。每产生一个触发脉冲，VB100 中保存的数据就被循环左移一次（此时 VB100 中的数据为 16#2），并被传送到 QB0，QB0.1 对应的彩灯将被点亮，0.5s 后 QB0.2 对应的彩灯被点亮……。循环 8 次后，VB100 中的数据重新变为 16#1，开始下一轮的循环。

注意　VB100 的初始值中为“1”的位数是根据需要同时点亮的灯的数目进行设置的。不同位置，不同数量的“1”位的组合可以得到不同的跑马灯的效果。

7.2　功能流程图法

7.2.1　功能流程图概述

功能流程图，简称功能图，又叫状态流程图或状态转移图。它是专用于工业顺序控制程序设计的一种功能说明性语言，能完整地描述控制系统的工作过程、功能和特性，是分析和设计电气控制系统控制程序的重要工具。

在中小型 PLC 程序设计时，如果采用功能流程图法，则要先根据控制要求设计功能流程图，然后将功能图人工转化为梯形图程序。大型或部分中型 PLC，则可以直接利用功能流程图进行编程，如本书第 3 章中介绍工程软件时提到的 S7-GRAPH 软件就是直接用功能流程图编程，程序可在 S7-300 CPU 上直接运行。

1. 组成

功能图的基本构成元素是步、有向线段、转移和动作说明。

（1）　步和初始步。

步是控制系统中的一个相对不变的性质，它对应于一个稳定的状态。在功能流程图中步通常表示某个执行元件的状态变化。步用矩形框表示，框中的数字是该步的编号，编号可以是该步对应的工步序号，也可以是与该步相对应的编程元件（如 PLC 内部的位存储器、顺序控制继电器等）。步的图形符号如图 7.6（a）所示。当系统处于某一步所在的阶段时，该步处于活动状态，通常称为“活动步”。

初始步对应于控制系统的初始状态，是系统运行的起点。初始步通常是系统处于等待启动命令的相对静止的状态。一个控制系统至少有一个初始步，初始步用双线框表示，如图 7.6（b）所示。

（2）有向线段和转移。

转移是为了说明从一个步到另一个步的切换条件。两个步之间用一个有向线段表示可以切换，同时指明了转移的方向（向下的箭头可以省略）。

在两个步之间的有向线段上用一段短横线表示转移。在短横线旁，可以用文字、图形符号或逻辑表达式注明转移条件的具体内容。当邻两步之间的转移条件满足时，两步之间自动的切换得以实现。

有向线段和转移及转移条件如图 7.7 所示。

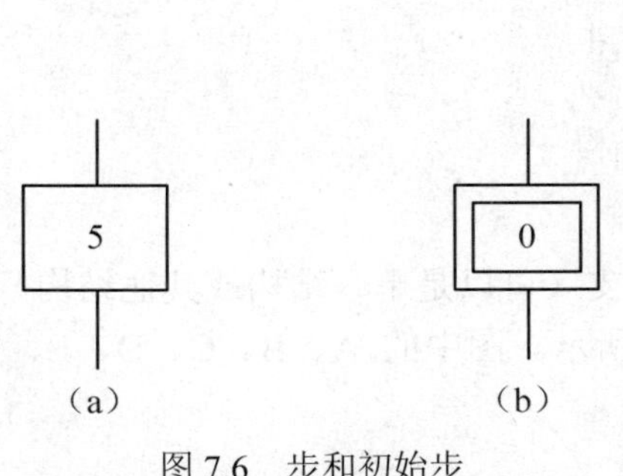

图 7.6　步和初始步

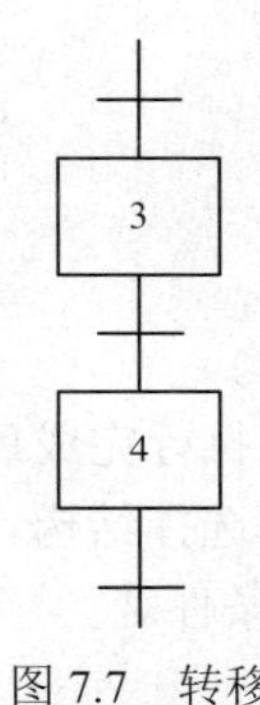

图 7.7　转移

（3）动作说明。

一个步表示控制过程中的稳定状态，它可以对应一个或多个动作。可以在步右边加一个矩形框，在框中用简明的文字说明该步对应的动作，如图 7.8 所示。

动作可以分为存储型和非存储型两类，非存储型动作是指当动作所对应的步为活动步时，动作被执行；步为非活动步时，动作停止。存储型动作则是指动作所对应的步为活动步时，动作被执行；步为非活动步时，动作继续执行。

图 7.8（a）表示一个步对应一个动作；当一个步对应多个动作时，可以利用图 7.8（b）或 7.8（c）中的任意一种表示，图中仅表示步所对应的动作，不隐含动作执行的顺序。

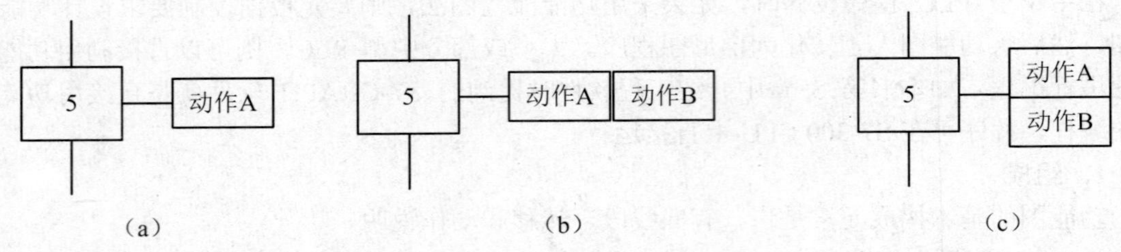

图 7.8　步对应的动作

2. 结构

功能流程图有以下结构：顺序结构、选择结构和并行结构。

（1）　顺序结构。

顺序结构如图 7.9 所示，其特点是由一系列相继激活的步组成；每一步后面仅有一个转换；每一个转换的后面只有一步。

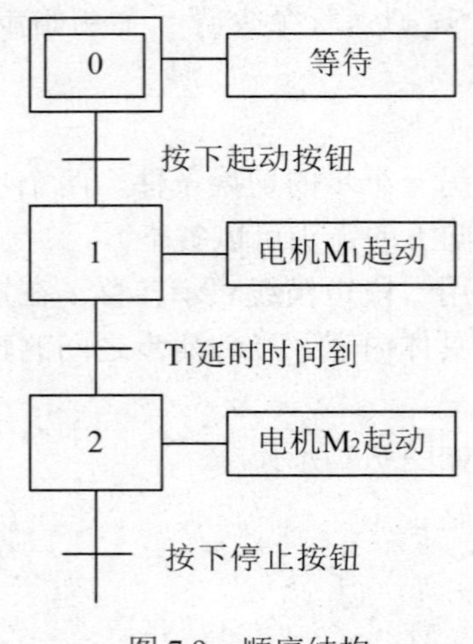

图 7.9　顺序结构

（2）选择结构。

如果在某一步执行完成后，能够执行若干条分支（可以是单一结构或其他结构）中的一条，这种结构称为选择结构。选择结构如图 7.10 所示。图中的 A、B、C、D、E、F、G、H、I、J 均为转移条件。

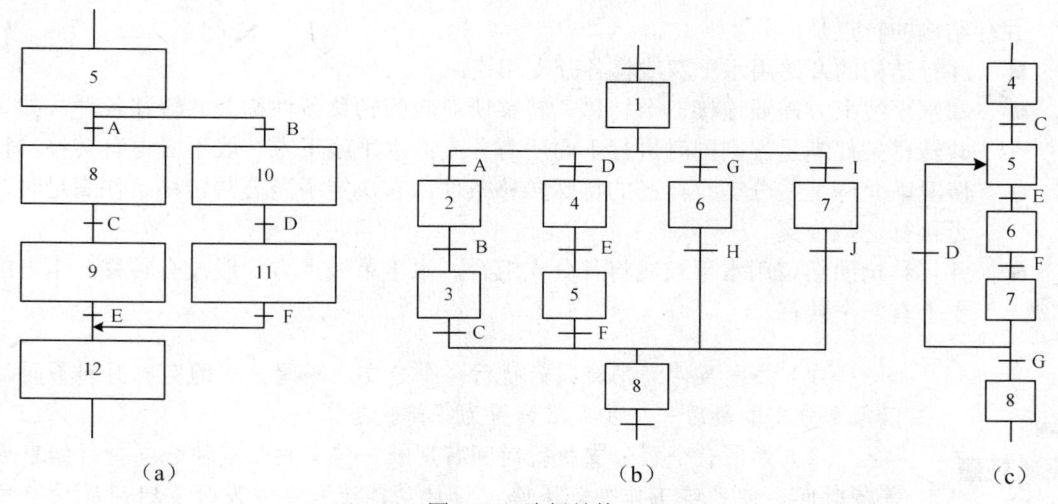

图 7.10 选择结构

选择结构的特点：

选择结构的开始用水平单线将各分支相连，每一条单一顺序的进入都需要一个转移。每个分支的转移条件都位于水平单线下方，单水平线上方没有转移。

如果某一个分支的转移条件满足，则进行这一分支。其后没有选中的分支即使条件已经满足，也不会发生动作。

选择结构的结束用水平单线将各分支汇合，水平单线下方没有转移，上方的每个分支都有一个转移与水平单线相连。

图 7.10（c）所示为选择性分支结构的一种特殊情况，也有的称为循环结构，循环结构通常用于一个顺序过程的多次或往复执行。

（3）并行结构。

如果在某一步执行完成后，能够同时启动执行若干条分支（可以是单一结构或其他结构），这种结构称为并行结构。并行结构如图 7.11 所示，图中的 A、B、C、H 均为转移条件。

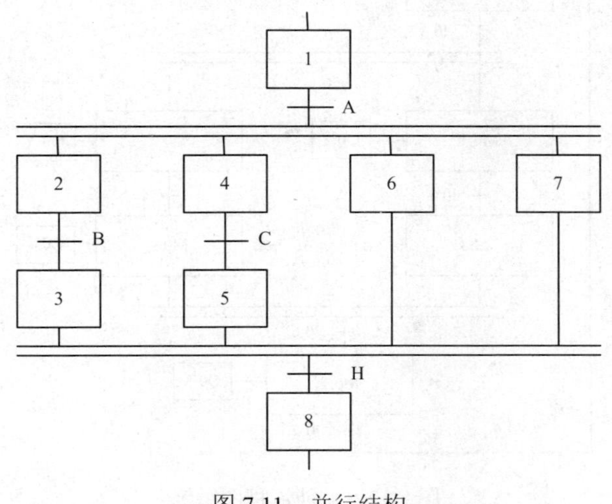

图 7.11 并行结构

并行结构的特点是：

- 并行结构的开始用水平双线将各分支相连。
- 双水平线上方需要连接一个转移，转移所对应的转移条件称公共转移条件。如果公共转移条件满足，则同时进行下面所有分支；水平线下方一般不必再有转移，特殊情况下允许某些分支有自己的特殊转移条件，它决定了当公共转移条件满足时，是否执行这些分支。
- 并行结构的结束用水平双线将各分支汇合。水平单线上方一般没有转移，下方的干支上有一个转移。

（1）并发条件满足时同时执行多个分支，不同分支的完成时间不同，所以每个分支的最后一个步通常设置为等待状态。

（2）如果有个别分支执行时间特别长，势必延长其他分支执行结束后的等待时间，使系统工作效率下降。设计功能流程图并发分支时应尽量避免这种情况。

以上 3 种结构可以完整描述任意一种顺序控制流程，因此一个完整的功能流程图中通常包含以上 3 种结构中的一种或几种，图 7.12 给出的就是一个完整的顺序控制过程对应的功能流程图。

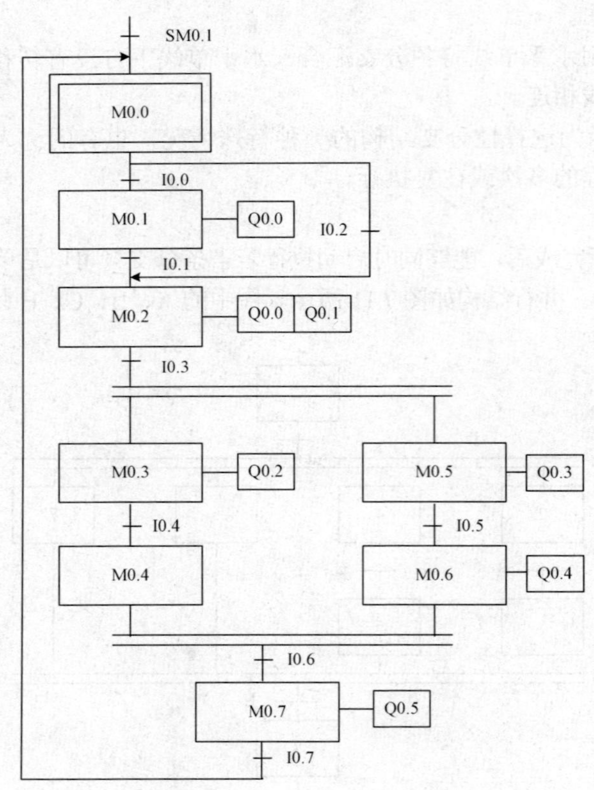

图 7.12　功能流程图举例

3．功能图转换实现的基本规则

在功能图中，步的状态的转换是通过转换的实现完成的，转换的实现必须同时满足以下两个条件：

（1）该转换的所有前级步都是活动步。

（2）相应的转换条件得到满足。

一旦转换完成，则执行以下两个操作：

（1）使所有由有向连线与相应转换符号相连的后续步都变为活动步。

（2）使所有由有向连线与相应转换符号相连的前级步都变为非活动步。

4．功能图绘制注意事项

（1）步与步不能直接相连，必须用转移分开。

（2）转移与转移不能直接相连，必须用步分开。

（3）步与转移、转移与步之间的连线采用有向线段，画功能图的顺序一般是从上向下或从左到右，正常顺序时可以省略箭头，否则必须加箭头。

（4）一个功能图至少应有一个初始步。

5．功能图绘制实例

图 7.13 所示为某剪板机的示意图。开始时压钳和剪刀在上限位置，限位开关 I0.0 和 I0.1 在 ON 状态。按下启动按钮 I1.0 后，剪板机启动。板料首先右行（Q0.0 为 ON）至限位开关 I0.3 动作，然后压钳下行（Q0.1 为 ON 并保持），板料压紧后，压力继电器 I0.4 为 ON，压钳保持压紧，剪刀开始下行（Q0.2 为 ON）。剪断板料后，I0.2 变为 ON，压钳和剪刀同时上行（Q0.3 和 Q0.4 为 ON，Q0.1 和 Q0.2 为 OFF），它们分别碰到限位开关 I0.0 和 I0.1 后停止上行。所有设备都停止后，完成一个操作周期。随后启动下一个操作周期。

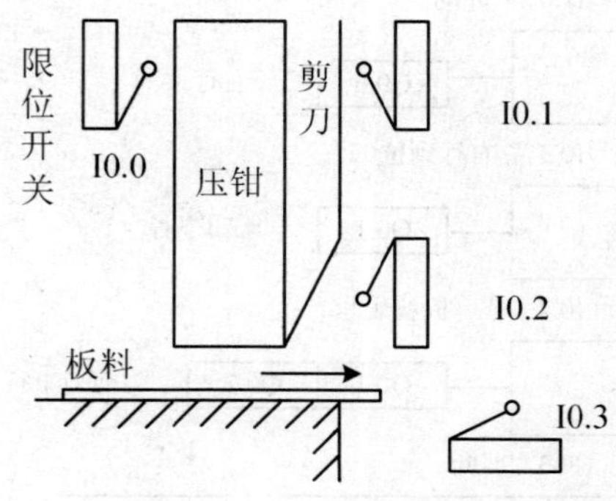

图 7.13　剪板机示意图

分析：

（1）确定步及步对应的动作。

根据操作流程的文字描述确定出整个操作流程中的稳定状态以及该状态所发生的动作。

步号	状态	步的表示	步对应动作
1	初始（等待系统启动）	M0.0	
2	板料右行	M0.1	Q0.0
3	压钳下行	M0.2	Q0.1

续表

步号	状态	步的表示	步对应动作
4	剪刀下行	M0.3	Q0.1+Q0.2
5	压钳和剪刀上行	M0.4+M0.6	Q0.3+Q0.4

（2）确定转换条件。

转移	转移条件
进入步 1	SM0.1
步 1→步 2	I1.0
步 2→步 3	I0.3
步 3→步 4	I0.4
步 4→步 5	I0.2
步 5→步 1	I0.0+I0.1

注：初始步对应于系统等待启动的初始状态，在系统进入初始步前，顺序功能图中的所有步都处于 OFF 状态，而在顺序功能图中，只有当某一步的前级步是活动步时，该步才有可能变为活动步。因此需要利用初始化脉冲 SM0.1 使系统启动时能够自动进入初始步。

（3）绘制功能流程图，如图 7.14 所示。

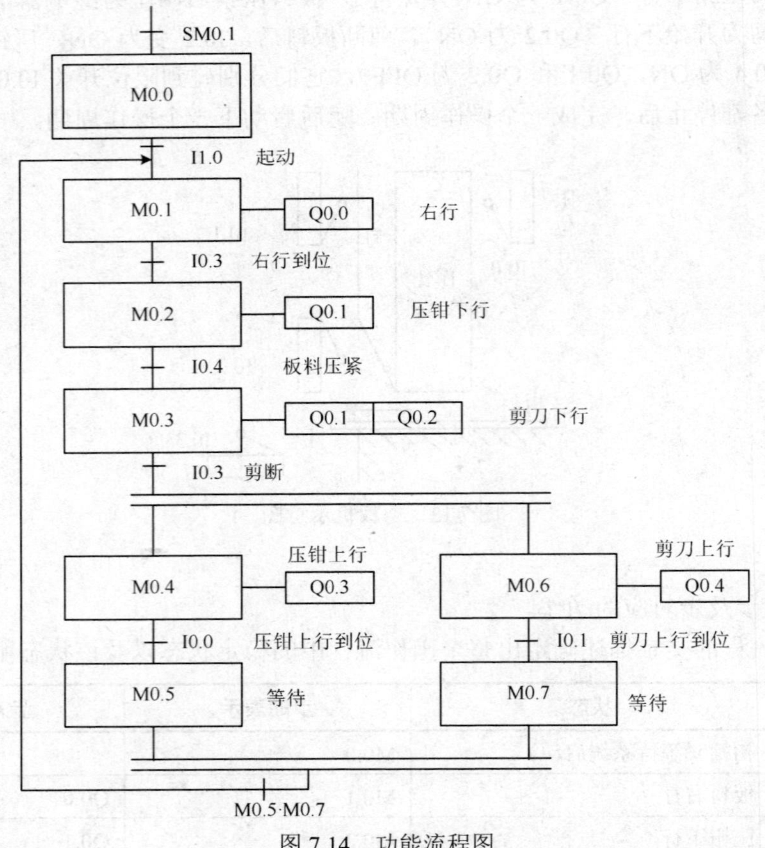

图 7.14 功能流程图

说明：

（1）对应于多次重复执行的工艺过程，顺序功能图是由步和有向连线组成的闭环。

（2）初始步是功能流程图的开始，当系统启动时应自动进入初始步，对应的转换条件是初始化脉冲 SM0.1。

7.2.2 由功能流程图到梯形图程序

功能流程图完整地表现了控制系统的控制过程、各个步的功能、步与步转换的顺序和条件。它可以表示任意顺序过程，是可编程序控制器程序设计中很方便的工具。但中小型 PLC 一般不具有直接输入功能流程图的能力，因而必须人工转化为梯形图或语句表，然后下载到 PLC 执行。

利用功能流程图设计梯形图程序，通常用存储器位作为功能流程图中的步的代号，当某一步为活动步时，对应的存储器位为 1；当某一转换实现时，如果该转换的前级步为活动步，则后续步变为活动步，同时前级步变为非活动步。由于大部分转换条件的持续时间远远小于步处于活动状态的时间，因此在梯形图中必须使用有记忆功能的电路或指令（如起保停电路和复位置位指令等）控制步所对应的存储器位。

根据所使用的有记忆功能的电路（或指令），将功能流程图向梯形图转换的常用方法有 3 种：起保停电路设计法、置位复位指令设计法和顺序控制继电器法。

1．起保停电路设计法

起保停电路设计方法可以分为以下 3 步：

（1）根据功能流程图写出存储器位的逻辑表达式。

起保停电路设计法的关键在于确定每一步的起动条件和停止条件。根据功能图转换实现的基本规则可知：当图 7.14 所示的步 M0.1 为活动步，且转移条件 I0.3 满足时，步 M0.2 变为活动步，该步对应的动作（Q0.1“通电”）被执行；之后当步 M0.2 后面的转移条件 I0.4 满足时，步 M0.3 变为活动步，同时步 M0.2 变为非活动步。由此可见，某一步的起动条件是该步的前级步是活动步且满足该步对应的转移条件；而后级步变为活动步则可以作为该步的停止条件（也可以利用转换条件 I0.4 做为 M0.2 的停止条件，但对于转换条件表达式比较复杂的场合，使用不方便）。

由此，图 7.14 中的步 M0.2 的逻辑表达式可以写成如下的形式：

$$M0.2=(M0.1\cdot I0.3+M0.2)\cdot\overline{M0.3}$$

等式左边的 M0.2 为存储器位 M0.2 的状态；I0.3 为 M0.2 对应工步的进入转移信号，等式右边的 M0.2 为存储器位 M0.2 对应的常开触点（用于实现步 M0.2 状态的保持），$\overline{M0.3}$则对应存储器位 M0.3 对应的常闭触点。

该逻辑表达式和起保停电路的逻辑表达式的结构完全相同，因此可以非常容易地利用起保停电路实现。

选择结构和并行结构的处理：

① 选择结构的开始：如图 7.10（a）所示，如果步 5 为活动步，则步 8 和步 10 都可能称为活动步，因此步 5 的停止条件应该是步 8 和步 10 对应存储器位的常闭触点的与。即如果某一步的后面有若干个选择分支，则该步的停止条件为该步后所有步对应存储器位的常闭

触点的与。

② 选择结构的结束：如图 7.10（a）所示，无论步 9 还是步 11 为活动步，都会导致步 12 成为下一个活动步。如果以 M0.1 和 M0.2 分别表示步 9 和步 11，则步 12 的起动条件应为$M0.1 \cdot M0.2 \cdot F$。即如果某一步前有若干个选择分支（有若干个选择分支进入该步），则该步的起动条件为所有分支对应的起动条件的或。

③ 并行结构的开始：如图 7.11 所示，如果步 1 为活动步，且转移条件 A 满足，则步 2、4、6 和 7 将同时变为活动步，同时步 1 变为非活动步，因此可以利用其中任意一步作为步 1 的停止条件。即如果某一步后有若干个并行分支，可以以其中任意分支对应的存储器位的常闭触点作为该步的停止条件。

④ 并行结构的结束：如图 7.11 所示，步 8 变为活动步的条件为步 3、5、6 和 7 同时为活动步，且满足转移条件 H，如果以 M0.0、M0.1、M0.2 和 M0.3 分别表示步 3、5、6 和 7，步 8 的起动条件可以写为$M0.0 \cdot M0.1 \cdot M0.2 \cdot M0.3 \cdot H$。即如果某一步前有若干个并行分支，则该步的起动条件为所有分支对应的存储器位的常开触点和转移条件的与。

根据上述规则，写出图 7.12 所示功能流程图的逻辑表达式如下，注意其中选择结构和并行结构中各步的逻辑表达式。

$M0.0 = (SM0.1 + M0.7 \cdot I0.7 + M0.0) \cdot \overline{M0.1} \cdot \overline{M0.2}$　　选择结构的结束与选择结构的开始

$M0.1 = (M0.0 \cdot I0.0 + M0.1) \cdot \overline{M0.2}$

$M0.2 = (M0.1 \cdot I0.1 + M0.0 \cdot I0.2 + M0.2) \cdot \overline{M0.3}$　　选择结构的结束与并行结构开始

$M0.3 = (M0.2 \cdot I0.3 + M0.3) \cdot \overline{M0.4}$

$M0.4 = (M0.3 \cdot I0.4 + M0.4) \cdot \overline{M0.7}$

$M0.5 = (M0.2 \cdot I0.3 + M0.5) \cdot \overline{M0.6}$

$M0.6 = (M0.5 \cdot I0.5 + M0.6) \cdot \overline{M0.7}$

$M0.7 = (M0.4 \cdot M0.6 \cdot I0.6 + M0.7) \cdot \overline{M0.0}$　　并行结构结束

注意　初始步 M0.0 的起动条件为初始化脉冲 SM0.1，或步 M0.7 为活动步且满足转移条件 I0.7，即 SM0.1+M0.7• I0.7。

（2）写出执行元件的逻辑函数式。

一个步对应一个动作，通过该步的存储器位的常开触点驱动输出线圈，也可以将输出和对应步的存储位的线圈并联。

Q0.1＝M0.2　　Q0.2=M0.3　　Q0.3=M0.5　　Q0.4=M0.6　　Q0.5=M0.7

当功能流程图中有多个步对应同一个动作时，可用这几个步对应的位存储器位的常开触点的“或”驱动输出线圈。

Q0.0＝M0.1+M0.2

（3）根据逻辑函数式画梯形图。

可由每个逻辑函数式中的与或逻辑关系，用串联或并联触点对应线圈的形式画出所有梯级的梯形图如图 7.15 所示。为节省篇幅，本程序中省略了所有标题栏 Network。

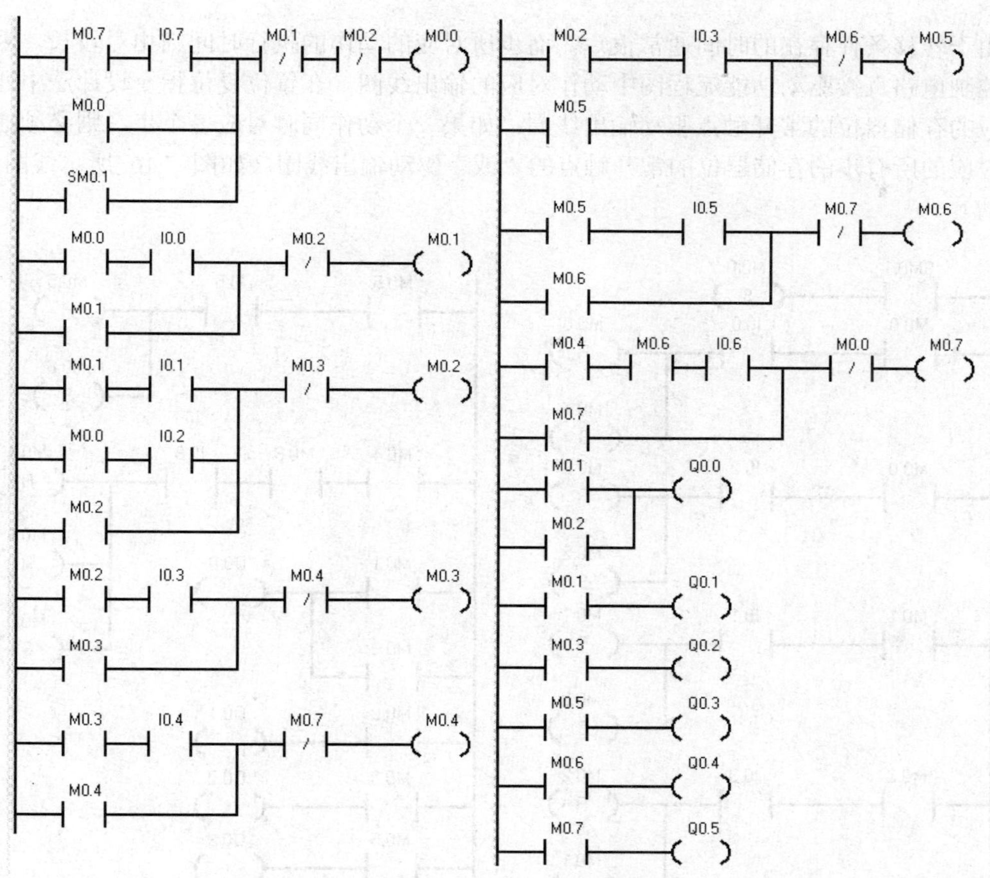

图 7.15　利用起保停电路设计法设计的图 7.12 流程图对应梯形图

2．置位复位指令设计法

在使用置位复位指令的编程方式中，用某一转换所有前级步对应的存储器位的常开触点和转换对应的触点或电路串联，作为使所有后续步对应的存储器位置位和使所有前级步对应的存储器位复位的条件。由于置位指令和复位指令本身具有保持性，因此不需要保持电路存储器位的状态，从而大大简化电路设计。并且这种设计方法中转移条件和对存储器进行置位复位操作的电路块之间具有一一对应的关系，所设计出的梯形图极具规律性，即使是比较复杂的功能流程图也比较容易转换，且不容易出错。

无论是功能流程图中的哪种结构，利用置位复位指令设计法转换而成的梯形图的结构都是相同的，即由转换条件对应的触点和步对应存储器位的触点串联构成的控制电路以及由复位指令和置位指令构成的电路块。所不同的是：

- 对于只有一个前级步和后续步的转换（顺序结构和选择结构），其对应的电路块仅包括一条复位指令和一条置位指令。
- 如果某转换对应多个前级步（并行结构的开始），则梯形图的转换条件为多个步对应存储器位的触点和转换条件对应的触点的串联，而执行部分将包含多条复位指令；如果某转换对应多个后续步（并行结构的结束），则执行部分将包含多条置位指令。

由于转移条件存在的时间通常很短，而步所对应的动作的执行时间则相对较长，因此不能用控制电路直接驱动功能流程图中动作对应的输出线圈。在置位复位指令设计法中通过步所对应的存储器位的常开触点驱动输出线圈；如果一个动作同时对应多个步，则必须通过该动作对应的所有步的存储器位的常开触点的“或”驱动输出线圈（如图 7.16 所示线圈 Q0.0 的驱动）。

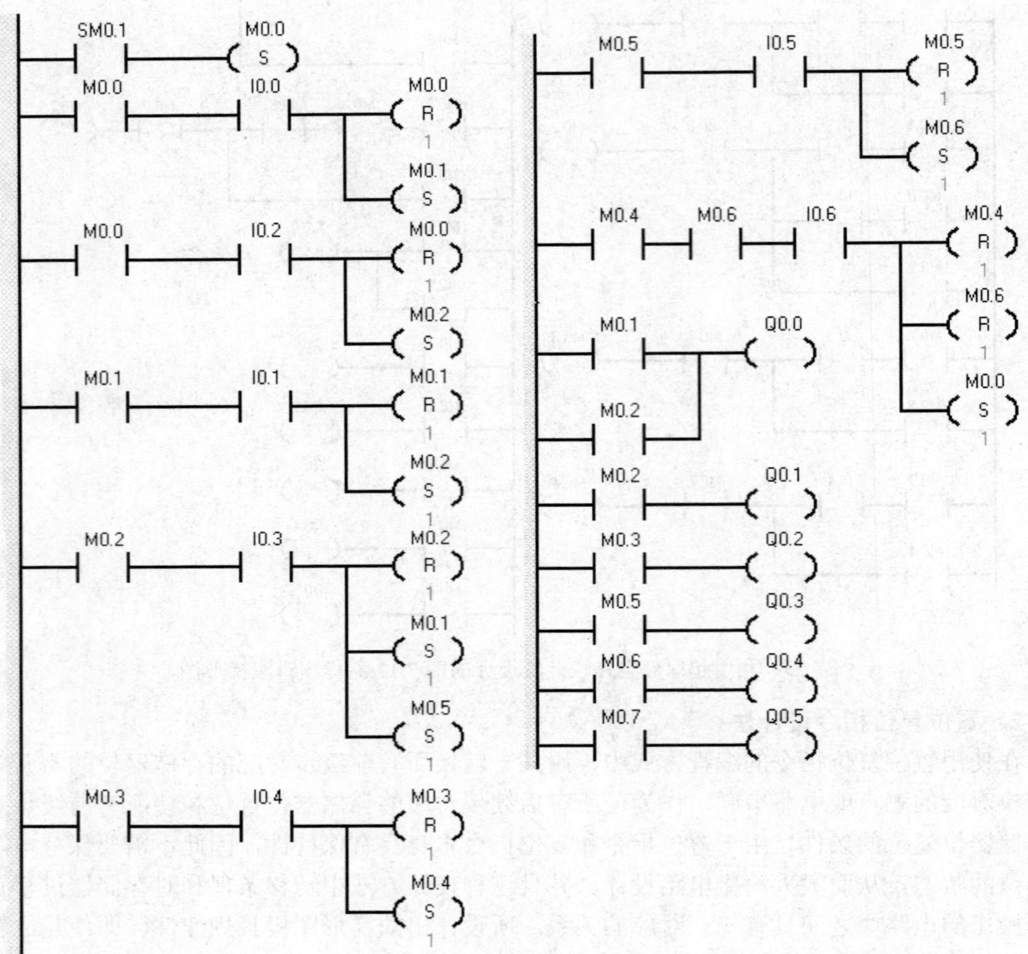

图 7.16　利用置位复位指令设计法设计的图 7.12 对应的梯形图

3．顺序控制继电器法

S7-200 PLC 提供了专门用于顺序控制的顺序控制继电器指令，这些指令将整个控制程序分为若干个程序段（SCR 段），每一程序段对应功能流程图中的一步。

顺序控制指令中用顺序控制继电器位 Sx.y 作为该步的状态标志位。顺序控制继电器通过置位和复位进行工作。当 Sx.y 被置位时，允许该段工作。顺序控制继电器有保持功能，不需要自保电路。

- SCR 段必须包含 3 方面的内容：开始、结束和转移。所对应的指令分别为 LSCR（段开始指令）、SCRE（段结束指令）和 SCRT（段转移指令）。

■ LSCR 指令表示一个 SCR 段的开始。如果该指令的操作数 Sx.y 被置位，则执行段内程序。

■ SCRT 指令来实现本段与下一个段之间的切换。当指令使能输入有效时，一方面对 Sx.y 置位，以便让下一个段开始工作；另一方面同时对本段的标志位复位，以便本段停止工作。

■ 每个顺序段必须用 SCRE 结束。

例：某 PLC 控制的回转工作台控制钻孔的过程是：钻头开始处于静止状态，若传感器（I0.0）检测到工件到位，钻头向下工进（Q0.0），当钻到一定深度钻头套筒压到下接近开关（I0.1）时，计时器计时，4s 后快退（Q0.1）到上接近开关（I0.2）时钻头回到原位。

钻孔过程可以分为 4 个工步：等待、向下工进、计时和快退，用 4 个顺序控制继电器位分别表示上述 4 个工步，绘出的控制过程的功能流程图如图 7.17 所示，对应的梯形图如图 7.18 所示。

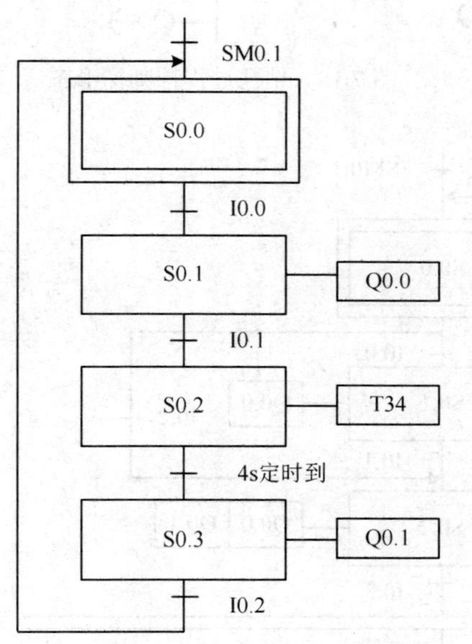

图 7.17 钻孔过程功能流程图

说明：

（1）整个程序被 LSCR 指令和 SCRE 指令分成 4 个 SCR 段。SCR 段中的操作通常包含两类：SCRT 指令实现的段的转移操作和该段所对应的动作。

■ 用步与步之间的转换条件对应的触点（或电路）驱动 SCRT 指令。

■ 用 SM0.0 的常开触点驱动输出线圈，可以保证当某个 SCR 段被执行时，该段所对应的步中的动作也处于执行状态。

（2）利用 SM0.1 的常开触点和置位指令实现系统启动时自动进入初始步。

图 7.19 所示为包含顺序结构、选择结构和并行结构的复杂功能流程图，其对应的梯形图如图 7.20 所示，注意图 7.20 中选择结构和并行结构对应的 SCR 段。

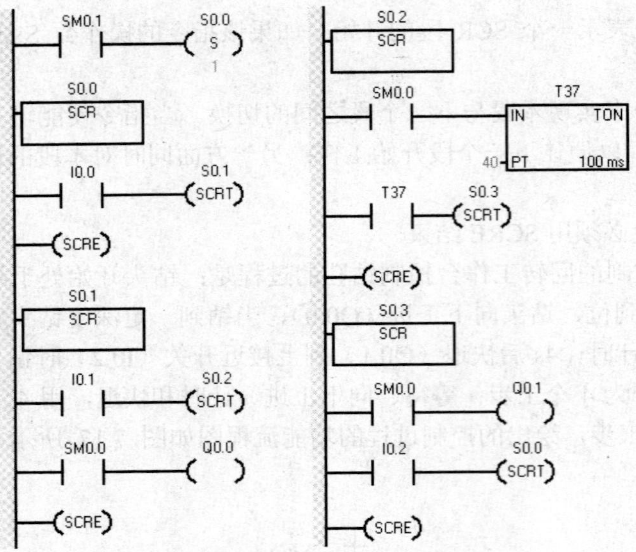

图 7.18　钻孔过程控制梯形图

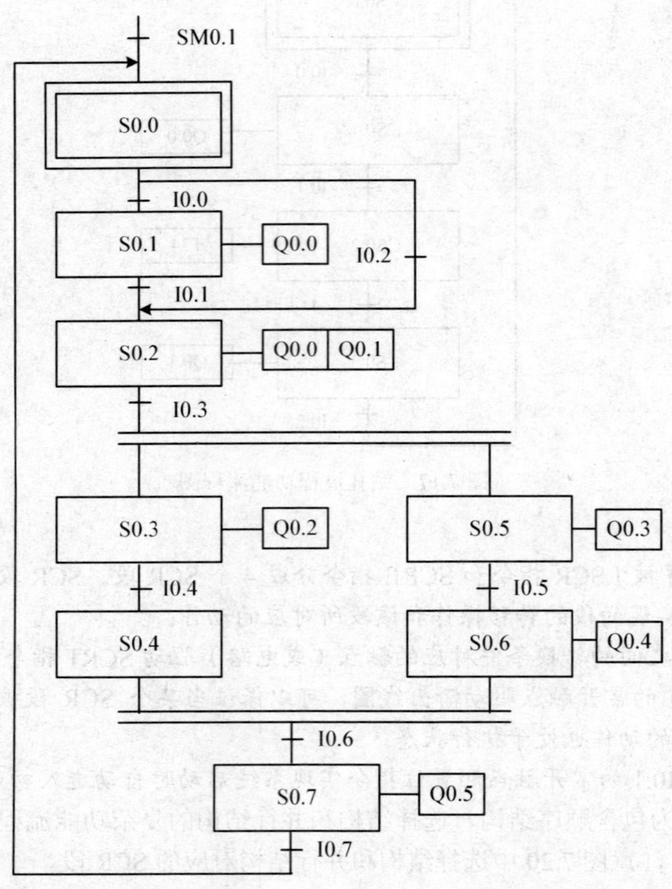

图 7.19　含选择结构和并行结构的复杂功能流程图

选择结构和并行结构的处理：

（1）选择结构的开始：SCR 段中包含了多条由相应转换条件对应的触点或电路驱动的 SCRT 指令，如图 7.20 中步 S0.0 对应的 SCR 段所示。

（2）并行结构的开始：SCR 段中由一个转换条件对应的触点或电路同时驱动多条 SCRT 指令，如图 7.20 中步 S0.2 对应的 SCR 段所示。

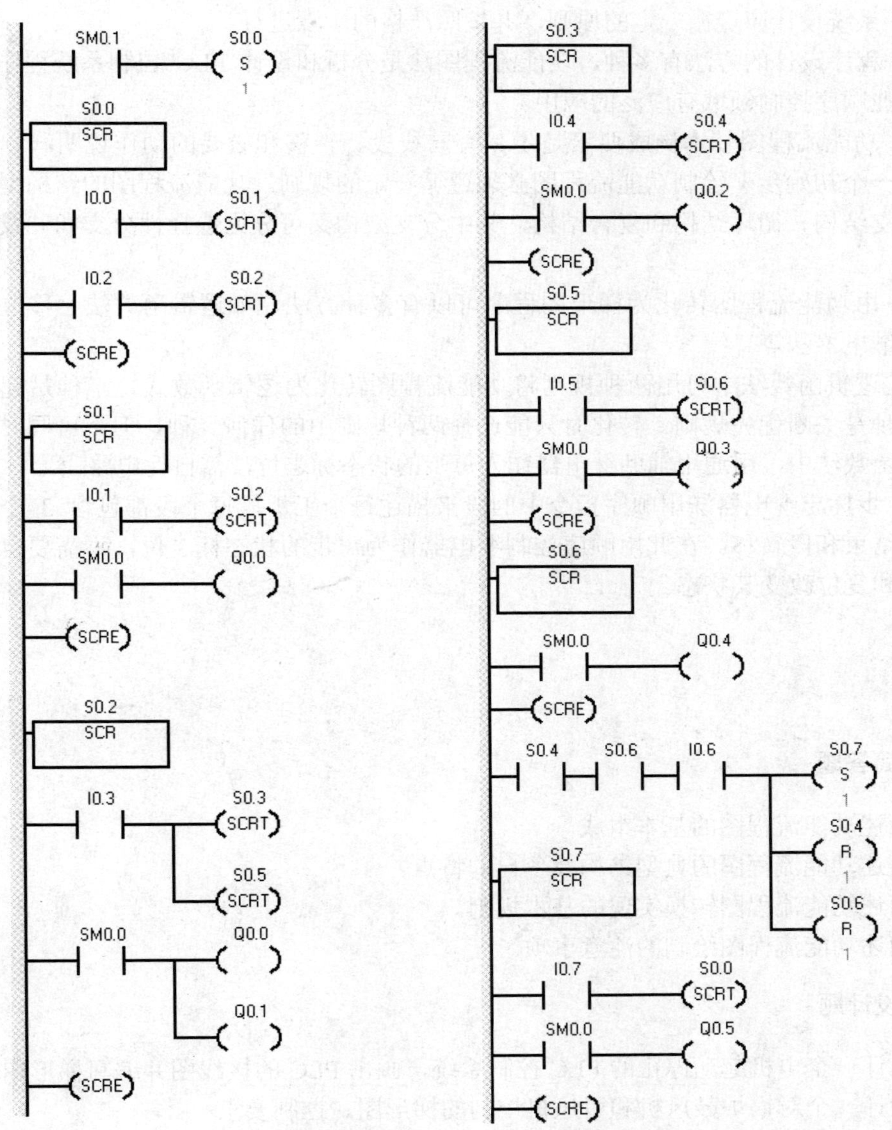

图 7.20　图 7.19 功能流程图对应的梯形图

（3）并行结构的结束：如图 7.19 所示，只有当步 S0.4 和 S0.6 同时为活动步且转换条件 I0.6 满足时，S0.7 才能转换为活动步，即顺序控制继电器位 S0.7 置位的条件是 S0.4、S0.6 和 I0.6 的"与"。S0.7 置位的同时，需要对 S0.4 和 S0.6 复位。因此并行结构的结束无法直接通过 SCRT 指令实现，而是需要利用转换实现对应的电路和置位复位指令。

学习 PLC 的目的是要将其应用到实际中，实现各种控制任务，系统设计是应用设计的关键，程序设计是系统设计的核心，重点应掌握用功能流程图法设计程序。

（1）系统设计应遵循一定的原则，并按照严格的步骤进行。

（2）程序设计的方法有多种，功能流程图法是分析和设计 PLC 控制系统程序的重要工具，在工业顺序控制领域有广泛的应用。

（3）功能流程图基本构成要素是步、有向线段、转移和必要的动作说明。一个系统中至少要有一个初始步。绘制功能流程图必须遵循一定的规则。功能流程图的结构型式有顺序结构、分支结构、循环结构和复合结构，其中分支结构又可分为选择性分支和并发性分支两种情况。

（4）由功能流程图转化为梯形图程序可以有多种方法，如逻辑函数法、移位寄存器法和步标志继电器法等。

（5）逻辑函数法中可用两种规则将功能流程图转化为逻辑函数式，一种是起动优先规则，另一种是关断优先规则。转化时只能选择两种规则中的任何一种，但不可同时出现这两种。逻辑函数法中，用通用辅助继电器作为每步的状态标志位，需自保电路。

（6）步标志继电器法用顺序指令中的段来描述每个工步，每个段都包含 3 个内容：段开始、段结束和段转移。在此用顺序控制继电器作为每步的状态标志位，不需要自保电路，通过置位和复位改变其状态。

一、简答题

1．简述功能流程图的基本组成。

2．简述功能流程图的典型结构及各自的特点。

3．简述功能流程图转换实现的基本规则。

4．简述功能流程图绘制的注意事项。

二、设计题

1．设计一个电机起动停止的 PLC 控制系统，画出 PLC 的接线图并编写梯形图程序。

2．设计一个对锅炉鼓风机和引风机控制的梯形图。控制要求：

（1）开机时首先起动引风机，10 秒后自动起动鼓风机。

（2）停止时，立即关断鼓风机，经 20 秒后自动关断引风机。

3．用定时器串接法实现 6 小时的延时，画出梯形图。如果用定时器与计数器配合达到这一延时目的，如何实现？画出梯形图。

4．设计一个电机可以双向旋转的 PLC 梯形图。控制要求：

电机沿某一方向旋转时，按下反向旋转控制按钮，要经过 5 秒钟才能接通反向旋转的主电路，以保证有足够的时间刹车停转；

如果同时按下两个方向旋转的起动按钮，则电机停转，且不起动。

5．设计一个小车自动运行的电路图，控制要求：

小车由 A 点开始向 B 点前进，到 B 点后自动停止，停留 10 秒后返回 A 点，在 A 点停留 10 秒后又向 B 点运动，如此往复。

要求可以在任意位置使小车停止或再次起动继续运行。

6．设计周期为 5 秒，占空比为 20%的方波输出信号程序。

7．利用接通延时定时器编写断电延时 5 秒后，M0.0 置位的程序。

8．设计六盏灯正方向顺序点亮，反方向顺序熄灭的控制程序。

要求：按下启动按钮后，六盏灯依次点亮，间隔时间为 1 秒；按下停止按钮后，灯反方向依次熄灭，间隔时间为 1 秒。

9．设计喷泉控制电路。

要求：喷泉有 A、B、C 三组喷头。按下启动按钮，A 组先喷 5 秒，后 B、C 同时喷，5 秒后 B 停，再 5 秒 C 停，而 A、B 又喷，再 2 秒，C 也喷，持续 5 秒后全部停，再 3 秒重复上述过程；按下停止按钮后三组喷头同时停。

10．用起保停电路设计法将图 7.14 中的功能流程图转换为梯形图。

11．用置位复位指令设计法将图 7.14 中的功能流程图转化为梯形图。

12．用顺序控制继电器法将图 7.14 中的功能流程图转化为梯形图。

13．使用置位复位指令设计法，编写两套电动机的控制程序，控制要求如下：

（1）起动时，电动机 M1 先起动，才能起动电动机 M2，停止时，电动机 M1、M2 同时停止。

（2）起动时，电动机 M1、M2 同时起动，停止时，只有在电动机 M2 停止时，电动机 M1 才能停止。

14．设计两种液体混合装置控制程序。

要求：将两种液体 A、B 在容器中混合成特定温度的液体 C。按下起动信号 X0，阀门 1 打开，注入液体 A；到达位置 I 时，阀门 1 关闭，阀门 2 打开，注入液体 B；到达位置 II 时，阀门 2 关闭，打开加热器；当温度达到 60℃时，关闭加热器，打开阀门 3，释放液体 C；当达到液面最低位置 L 时，关闭阀门 3 进入下一个循环。按下停车按钮后，需要控制装置完成当前的循环，然后停止。

第 8 章　应用设计

本章导读

应用设计是学习可编程序控制器的核心和目的。在熟悉 PLC 的结构和基本原理、掌握指令系统和编程方法及原则之后，就可将 PLC 应用于实际。所谓 PLC 的应用设计，就是以 PLC 为主要控制装置而设计形成的控制系统，经过安装调试后，实现对生产机械或生产过程的控制。

将控制系统成功应用的设计的整个过程都应遵循严格的步骤。模块化是现代工程设计的基本思想。应用设计工作应当分时、分块、分工、逐步细化。

应用设计的过程主要工作包括 3 大部分：系统设计、施工设计和安装调试。系统设计是应用设计的关键，程序设计又是系统设计的核心。

本章通过具体实例详细介绍 PLC 控制系统设计的主要步骤。

- 系统设计的原则
- 系统设计的步骤

8.1　系统设计

可编程序控制器的系统设计是应用设计的关键环节，它决定了整个控制系统的质量和水平。PLC 系统设计就是根据被控对象的特点和控制要求，以可编程序控制器为主要控制设备，设计生成一个控制系统。

经系统设计的一系列复杂工作所生成的控制系统将用于长期实际生产，所以设计工作从开始就应该将各种因素考虑得尽可能全面，设计工作应当在一定的原则指导下，严格按步骤有续地进行。

8.1.1　系统设计的原则

一个被控对象经过不同的设计者，可以形成多种风格各异的控制系统，系统的使用者可以对它的优劣公正地加以评价。树立正确的设计思想是设计出好的控制系统的首要问题，应树立工程实践观点和长远观点，兼顾系统的质量、成本、效益、运行等多方面问题，使设计的系统经济、实用、先进、可靠、运行使用和维护方便等。以机械电气自动化为例，电气控制系统的自动化程度受机械设备的结构形式和使用性能的影响。所以在设计制造一个自动化机械设备时，机械设计和电气设计应该同时进行，双方设计人员应深入交流。对电气系统设计人员来说，必须对被控对象的机械结构、工艺流程、加工工艺有一定的了解，这样才能设计出符合要求质量较高的控制系统。

在可编程序控制器控制系统的设计中，应该最大限度地满足生产机械或生产流程对电气控制的要求，在满足控制要求的前提下，力求 PLC 控制系统简单、经济、安全、可靠、操作和维修方便，而且应使系统能尽量降低使用者长期运行的成本。

设计一个 PLC 控制系统有多种途径：可以在原有的继电接触控制系统基础上加以改造，形成可编程序控制器的控制系统；也可以在只有被控对象及控制要求的前提下，着手新建一个 PLC 控制系统。

8.1.2 系统设计的步骤

系统设计时应严格按照一定的步骤进行，这样有助于设计工作顺利开展，也可以有效地减少设计过程中出现的失误。总的思路是由大到小、由粗到细、由分到合。必须熟悉被控对象，将系统分块，每一部分的各个方面进行先粗后细的描述，最后编写控制程序。

可编程序控制器的系统设计，一般应按以下的步骤进行。

1．熟悉被控对象

熟悉被控对象，首先全面详尽地了解被控对象的机械工作性能、基本结构特点、生产工艺和生产过程。对于机械设备，应了解它的可动部分，而且掌握各可动部分的动作内容、动作形式和步骤，必要时画出工作循环图或工艺流程图及有关信号的时序图。

充分了解被控对象后先明确控制任务和设计要求，了解工艺过程和部件运动与电气执行机构之间的关系，掌握设备对电气控制系统的控制要求。例如机械运动部件的传动与驱动，各运动部件之间的关系，液压、电气的控制，传感器、仪表等的连接与驱动等。如果是自动往复工作的机械设备，归纳出电气执行元件的节拍或时序图，这一节拍或时序就是电气控制系统要实现的根本任务。

2．制定控制方案

制定控制方案有以下几方面的工作：

（1）分解被控对象。

系统设计应树立模块化的思想，对极小规模的被控对象，可以用单模块，采用单机系统设计实现控制任务。对大规模或位置分散的被控对象，应用系统图和框图的方式把被控对象或机械分解成若干相对独立的模块，采用多机联网的控制系统。这种分解决定了各部分的控制权限，并将决定各模块的功能描述和资源的分配。

掌握各个模块之间的相互联系，可用多机网络来实现这些联系。然后对各模块的控制设计进行分工负责。如果模块规模仍比较大，则可进一步细化，由此可将工业网络分为更多级。

（2）确定控制系统的工作方式。

根据设备的生产工艺和对机械各部分的控制要求，确定控制系统的工作方式，如自动、半自动、手动等一种或多种方案。

（3）安全可靠性设计。

控制系统的安全性是最首要的方面，在这方面应不惜代价。实际生产中，控制设备在不安全状态下出现故障，会造成机器出现意外的动作，结果将导致意外的人员伤亡和重大财产损失。为保证系统的安全可靠性，应当采用和可编程序控制器独立的机电冗余来避免控制系统的不安全操作。

设计对人身安全至关重要的安全回路，在很多国家和国际组织发表的技术标准中均有明确的规定。例如美国国家电气制造商协会(NEMA)的 ICS3-304 可编程控制器标准中对确保操作人员人身安全的推荐意见为：应考虑使用独立于可编程控制器的紧急停机功能。在操作人员易受机器影响的地方，例如在装卸机器工具时，或者机器自动转动的地方，应考虑使用一个机电式过载器或其他独立于可编程控制器的冗余工具，用于起动和中止转动，确保系统安全的硬接线逻辑回路，在 PLC 或机电元件检测到设备发生紧急异常状态时、PLC 失控时和操作人员需要紧急干预时发挥安全保护作用。

安全可靠性设计的任务包括：

（1）确定控制回路之间逻辑和操作上的互锁关系。

（2）设计硬回路以提供对过程中重要设备的手动安全性干预手段。

（3）确定其他与安全和完善运行有关的要求。

（4）为 PLC 定义故障形式和重新启动特性

下面以第 1 章中图 1.16 所示的自动往返电路介绍 PLC 设计中常用的安全可靠性设计。

PLC 安全可靠性设计包括软件和硬件两方面。

硬件设计主要采取硬件互锁电路。为了防止各种原因（如电流过大、接触器故障、接触器主触点故障等）导致两个接触器线圈同时通电而引发的电源短路故障，如图 8.1 中 PLC 外部接线图中所示，将接触器 KM1 和 KM2 的辅助常闭触点分别串联到对方的线圈电路中。这样两个接触器的线圈电路因辅助常闭触点而相互制约，避免出现两个接触器的主触点同时闭合的情况。

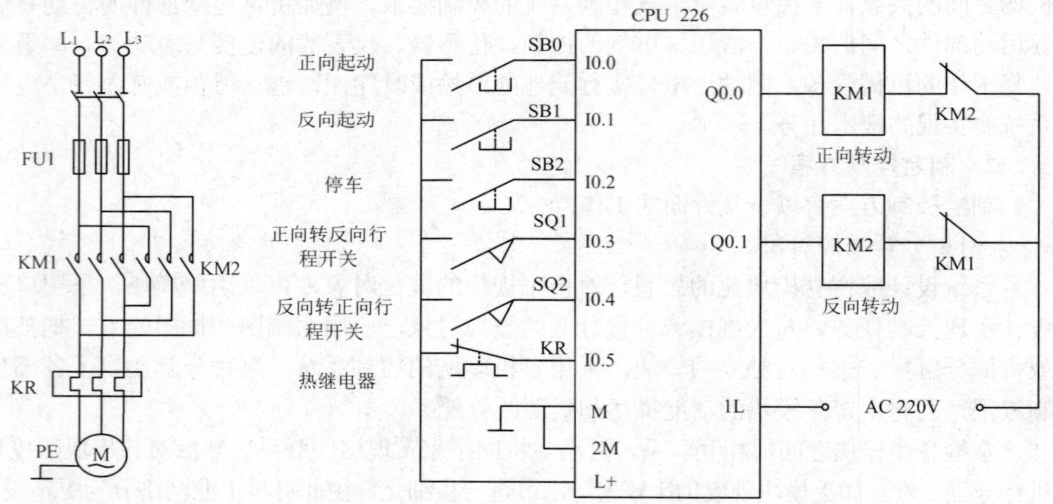

图 8.1　自动往返主电路和 PLC 外部接线图

软件设计中如果采取一定的措施使得 Q0.0 和 Q0.1 无法同时“通电”，也可以达到避免电源短路的目的，引入安全设计的梯形图如图 8.2 所示。

在梯形图中，将 Q0.0 和 Q0.1 的常闭触点分别串联到对方的线圈控制电路中，形成了两个控制电路的“互锁”，在软件上保证 Q0.0 和 Q0.1 不能同时“得电”。将两个起动按钮的常闭触点串联到对方的线圈控制电路中，形成“按钮联锁”，这样即使两个按钮因为误操作同时按下也不会导致 Q0.0 和 Q0.1 同时“得电”。

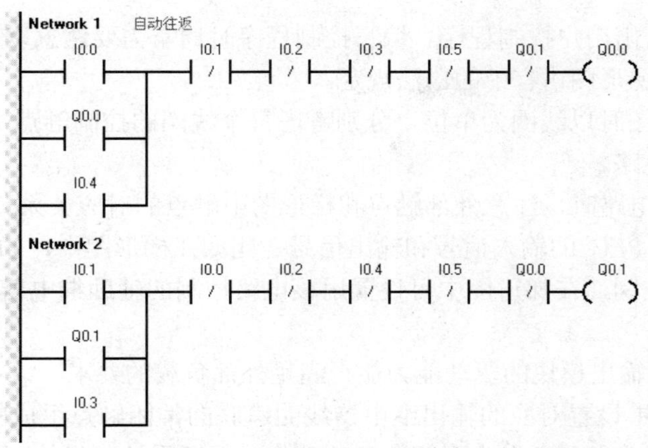

图 8.2 自动往返控制梯形图

3. 详细描述控制对象

将被控对象分为多个模块之后，详细描述每个模块及模块之间的关系，建立功能规范，主要有以下几方面的内容：

（1）输入输出点的明细表。

（2）各点操作的功能描述，如节拍图或时序图等。

（3）确定线圈、电机和驱动器等每个执行部件执行前所要满足的允许状态。

（4）操作接口的详细描述。

（5）与被控对象的其他部分的接口。

4. 详细描述操作员站

操作员站是操作人员与控制系统的接口，根据上一步对被控对象的功能详细说明，建立完成各功能的操作员站的详细配置，包括以下内容：

（1）建立每个与被控对象有关的操作员站的位置总图。

（2）操作员站的控制面板图，包括显示、开关、按钮和指示灯等元件。

（3）与主机或扩展模块有关的电气图。

5. 配置可编程序控制器

根据以上步骤所得到的各要求和信息，建立 PLC 控制设备的配置图。主要包括以下几方面内容：

（1）建立用以对各模块进行控制的每个 PLC 主机模块的位置图。

（2）建立各主机和相应扩展模块的机械布局图，图中也包括控制柜、扩展模板和导轨等其他辅助设备。

（3）建立每个 PLC 主机和扩展模块的电气图，内容包括：设备选型、说明通信地址和各输入输出地址。

（4）建立现场信号与 PLC 的符号地址和 PLC 的直接地址的对照表。对照表不只包括物理输入输出信号，也包含程序中用到的其他元件，如通用辅助继电器、定时器、特殊标志继电器等编程元件。

6. 程序设计

程序设计是系统设计的核心工作，结合前几步所收集到的信息选择一种编程方法，选用某种编程语言，编写出用户控制程序。编写控制程序时通常需要注意以下几点：

（1）必须遵守梯形图语言中的语法规定。

（2）设计梯形图时以线圈为单位，分别考虑每个线圈的控制触点（或电路），然后画出相应的等效梯形图电路。

（3）设计输入电路时，注意外部触点和梯形图中触点的对应关系。

（4）尽量减少 PLC 的输入信号和输出信号。比如在梯形图中，如果多个线圈都受某一触点串并联电路的控制，在梯形图中可设置用该电路控制的辅助继电器（类似于继电器电路中的中间继电器）。

（5）注意 PLC 输出模块的驱动能力能否满足外部负载的要求。

（6）在梯形图中设置对应的输出继电器线圈串联的常闭触点组成的软件互锁，在 PLC 外部设置硬件互锁电路，避免发生互相冲突的动作，保证系统工作的可靠性。

（7）根据系统中可能出现的故障及异常情况，增加相应的保护环节。

程序设计过程中需要注意的事项远不止于上面列出的内容，在处理实际问题时，需要根据具体情况具体对待，设计出符合系统功能要求的控制程序。

8.2 设计实例

1. 系统描述

设计一个 3 工位旋转工作台，示意如图 8.3 所示。3 个工位分别完成上料、钻孔和卸件。

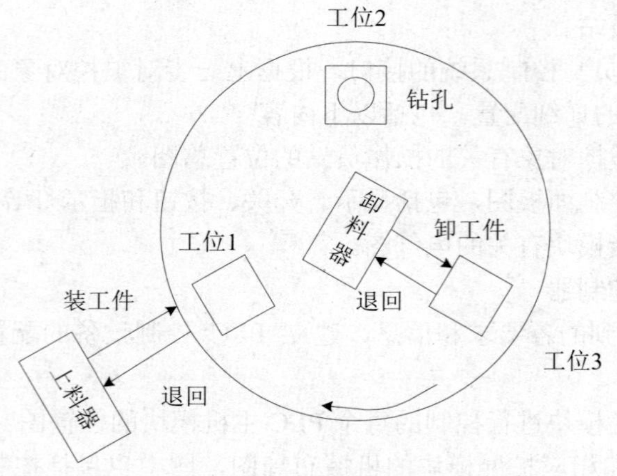

图 8.3 工作台示意图

（1）动作特性。

工位 1：上料器推进，料到位后退回等待。

工位 2：将料夹紧后，钻头向下进给钻孔，下钻到位后退回，退回到位后，工件松开，放松完成后等待。

工位 3：卸料器向前将加工完成的工件推出，推出到位后退回，退回到位后等待。

（2）控制要求。

通过选择开关可实现自动运行、半自动运行和手动操作。

按下起动按钮后，系统开始运行，如果开关处于自动或半自动位置，且可动部分都在原位，则进入自动或半自动运行。3 个工位同时进行，全部进行完毕，工作台旋转 120°，完成一个工作循环。此时如果选择开关处于自动，则自动重复运行，即 3 个工位同时工作：上料、钻孔和卸料。

自动或半自动工作时，应考虑到 3 个工位时间不同。

2．制定控制方案

（1）用选择开关来决定控制系统的全自动、半自动运行和手动调整方式。

（2）手动调整采用按钮点动的控制方式。

（3）系统处于半自动工作方式时，每执行完成一个工作循环，用一个起动按钮来控制进入下一次循环。

（4）系统处于全自动运行方式时，可实现自动往复地循环执行。

（5）系统运动不很复杂，采用 4 台电机：主动电机、液压电机、冷却电机和工作台旋转电机。除了主轴转动和工作台转动用电机拖动外，其他所有运动都采用液压传动。

（6）对于部分与顺序控制和工作循环过程无关的主令部件和控制部件，采用不进入 PLC 的方法以节省 I/O 点数。

PLC 的输入点连接选择开关、点动按钮、起动按钮、行程开关和压力继电器的开关，共 22 点；输出点连接旋转接触器和电磁阀的开关，共 9 点。

（7）由于点数不多，所以用中小型 PLC 可以实现。可用 CPU 224 与扩展模块，或用一台 CPU 226。

3．系统配置及输入输出对照表

用一台 CPU 226 单机实现系统控制。数字量输入使用数字滤波、不使用脉冲捕捉功能。输出表设置为封锁输出方式。

本系统为典型顺序控制，用功能流程图可以很容易地进行程序设计。建立所有现场信号与 PLC 的符号地址和 PLC 的直接地址的对照表。输入和输出信号对照表分别如表 8.1 和表 8.2 所示。

表 8.1　输入信号对照表

信号名称	外部元件	内部地址	信号名称	外部元件	内部地址
总停按钮	SB1	不进 PLC	钻头上升按钮	SB7	I1.1
主动电机起动停止	SA1	不进 PLC	卸料器推出按钮	SB8	I1.2
液压电机起动停止	SA2	不进 PLC	卸料器退回按钮	SB9	I1.3
冷却电机起动停止	SA3	不进 PLC	工作旋转按钮	SB10	I1.4
手动运行选择	SA4-1	I0.0	送料推进到位行程开关	SQ1	I1.5
半自动运行选择	SA4-2	I0.1	送料器退回到位行程开关	SQ2	I1.6
全自动运行选择	SA4-3	I0.2	钻头下钻到位行程开关	SQ3	I1.7
半自动运行按钮	SB11	I0.3	钻头上升到位行程开关	SQ4	I2.0
上料器推进按钮	SB2	I0.4	卸料器推出到位行程开关	SQ5	I2.1
上料器退回按钮	SB3	I0.5	卸料器退回到位行程开关	SQ6	I2.2

续表

信号名称	外部元件	内部地址	信号名称	外部元件	内部地址
工件夹紧按钮	SB4	I0.6	工作台旋转到位行程开关	SQ7	I2.3
放松按钮	SB5	I0.7	工件夹紧完成压力继电器	SP1	I2.4
钻头下钻控制按钮	SB6	I1.0	工件放松完成压力继电器	SP2	I2.5

表 8.2　输出信号对照表

信号名称	元件	内部地址	信号名称	元件	内部地址
主轴电机接触器	KM1	不进 PLC	工件夹紧电磁阀	YV3	Q0.2
液压电机接触器	KM2	不进 PLC	工件放松电磁阀	YV4	Q0.3
冷却电机接触器	KM3	不进 PLC	钻头下钻电磁阀	YV5	Q0.4
旋转电机接触器	KM4	Q1.0	钻头退回电磁阀	YV6	Q0.5
送料推进电磁阀	YV1	Q0.0	卸料推出电磁阀	YV7	Q0.6
送料退回电磁阀	YV2	Q0.1	卸料退回电磁阀	YV8	Q0.7

4．PLC 外部接线图

根据输入输出对照表可以设计出 PLC 的外部接线图，如图 8.4 所示。

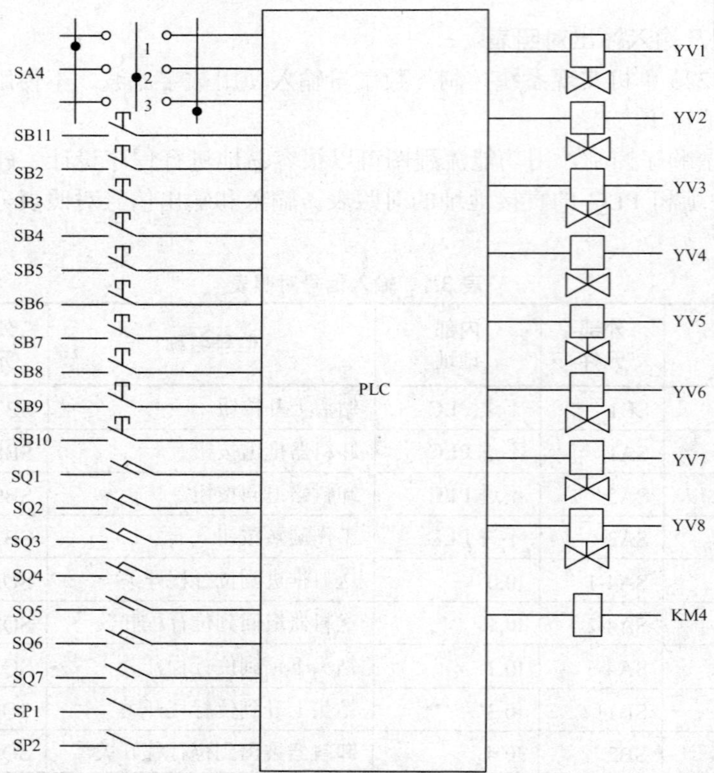

图 8.4　PLC 外部接线图

图 8.4 所示为 PLC 外部接线的示意图，实际接线时，还应考虑到以下几个方面：

（1）应有电源输入线，通常为 220V，50Hz 交流电源，允许电源电压有一定的浮动范围。并且必须有保护装置，如熔断器等。

（2）输入和输出端子每 8 个为一组共用一个 COM 端。

（3）输出端的线圈和电磁阀必须加保护电路，如并接阻容吸收回路或续流二极管。

5．设计功能流程图

根据系统动作特性和控制要求，设计出功能流程图，如图 8.5 和图 8.6 所示。

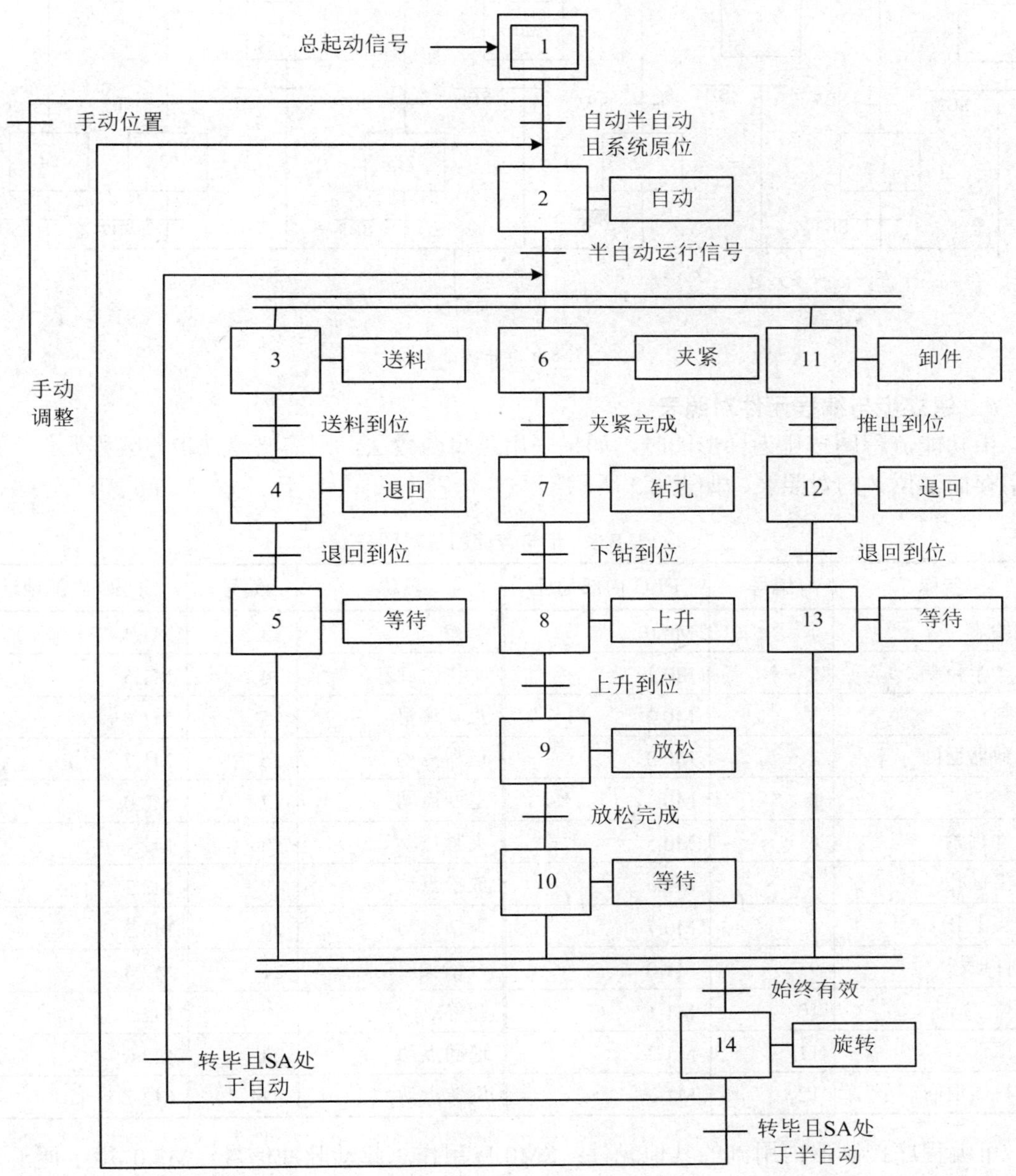

图 8.5　功能流程图

图 8.5 描述了控制系统的工作顺序和循环过程，图 8.6 所示是控制系统的手动调整部分。

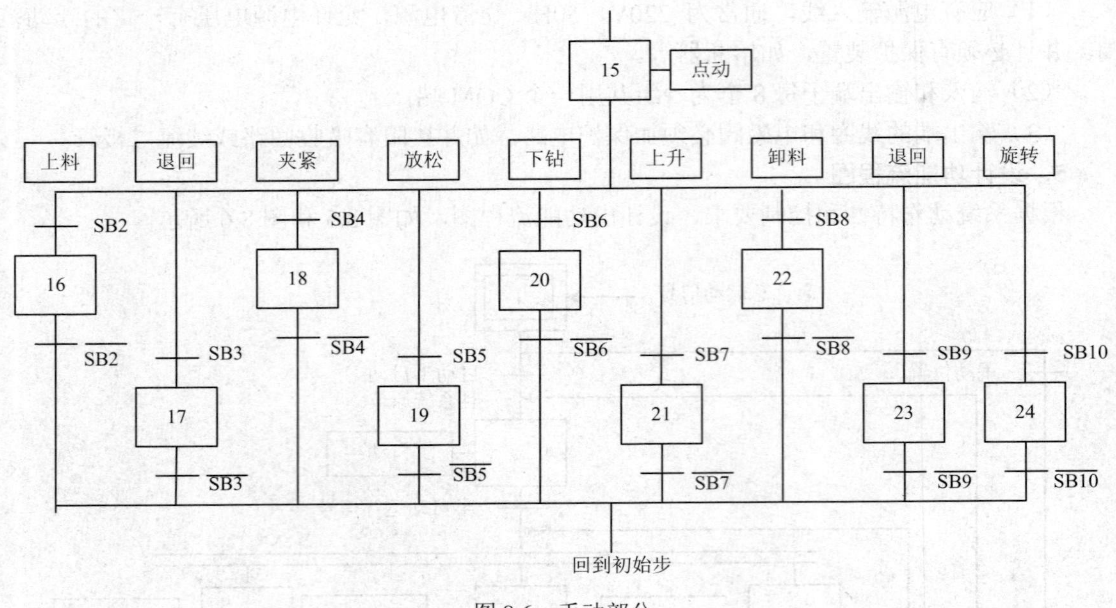

图 8.6　手动部分

6．建立步与编程元件对照表

由功能流程图转化为梯形图时，如果采用逻辑函数法，则需要建立步与编程元件（此例采用存储器位）的对照表，如表 8.3 所示。

表 8.3　步与存储器位对照表

名称	编号	PLC 内部地址	名称	编号	PLC 内部地址
初始步	1	M0.0	等待	13	M1.4
自动半自动	2	M0.1	工作台旋转	14	M1.5
送料	3	M0.2	点动调整	15	M1.6
送料器退回	4	M0.3	送料点动	16	M1.7
等待	5	M0.4	退回点动	17	M2.0
工件夹紧	6	M0.5	夹紧点动	18	M2.1
向下钻孔	7	M0.6	放松点动	19	M2.2
钻头上升	8	M0.7	下钻点动	20	M2.3
工件放松	9	M1.0	升钻头点动	21	M2.4
等待	10	M1.1	卸件点动	22	M2.5
卸工件	11	M1.2	退回点动	23	M2.6
卸料器退回	12	M1.3	旋转点动	24	M2.7

可编程序控制器内用到的其他元件：SM0.1 用作总起动脉冲信号，M3.0 用于便于写逻辑函数式而附加的存储器位。

7. 写逻辑函数式

利用起保停电路设计法，根据功能流程图写逻辑函数式。

（1）存储器位逻辑函数式。

■　初始步 1

该步的状态为 PLC 进入 RUN 方式时的初始状态。顺序过程的所有步对应的存储器位都为 0，即任何步都不工作。

即初始状态为：$\overline{M0.1}\cdot\overline{M0.2}\cdot\overline{M0.3}\cdot\ \cdots\ \cdot\overline{M2.7}$

系统总起动脉冲可以用 PLC 内部的特殊标志继电器 SM0.1 位。

$M0.0=(SM0.1\cdot\overline{M0.1}\cdot\overline{M0.2}\cdot\overline{M0.3}\cdot\ \cdots\ \cdot\overline{M2.7}+M3.0+M0.0)\cdot(\overline{M0.1}+\overline{M1.6})$

附加的 M3.0 表示手动调整的结束。

■　手动调整步 15

$M1.6=(I1.0\cdot M0.0+M1.6)\cdot(\overline{M1.7}\cdot\overline{M2.0}\cdot\overline{M2.1}\cdot\ \cdots\ \cdot\overline{M2.7})$

手动操作步 16、17、18、19、20、21、22、23 和 24

$M1.7=(I0.4\cdot M1.6+M1.7)\cdot\overline{M0.0}$　　$M2.0=(I0.5\cdot M1.6+M2.0)\cdot\overline{M0.0}$

$M2.1=(I0.6\cdot M1.6+M2.1)\cdot\overline{M0.0}$　　$M2.2=(I0.7\cdot M1.6+M2.2)\cdot\overline{M0.0}$

$M2.3=(I1.0\cdot M1.6+M2.3)\cdot\overline{M0.0}$　　$M2.4=(I1.1\cdot M1.6+M2.4)\cdot\overline{M0.0}$

$M2.5=(I1.2\cdot M1.6+M2.5)\cdot\overline{M0.0}$　　$M2.6=(I1.3\cdot M1.6+M2.6)\cdot\overline{M0.0}$

$M2.7=(I1.4\cdot M1.6+M2.7)\cdot\overline{M0.0}$

■　由于手动调整结束回到初始步，增加一个存储器位 M3.0 以方便编程。

$$M3.0=[M1.7\cdot\overline{I0.4}+M2.0\cdot\overline{I0.5}+M2.1\cdot\overline{I0.6}+M2.2\cdot\overline{I0.7}+M2.3\cdot\overline{I1.0}+M2.4\cdot\overline{I1.1}$$
$$+M2.5\cdot\overline{I1.2}+M2.6\cdot\overline{I1.3}+M2.7\cdot(\overline{I1.4}+I2.3)]$$

■　自动和半自动调整步 2

启动信号是选择开关处于自动或半自动位置，且所有可动部分均在原位。

$$M0.1=[(I0.1+I0.2)\cdot(I1.6\cdot I2.0\cdot I2.5\cdot I2.2\cdot I2.3)\cdot M0.0+M1.5\cdot I0.1\cdot I2.3+M0.1]\cdot(\overline{M0.2}$$
$$+\overline{M0.5}+\overline{M1.2})$$

■　工位 1

步 3、4、5

$M0.2=(I0.3\cdot M0.1+M1.5\cdot I0.2\cdot I2.3+M0.2)\cdot\overline{M0.3}$

$M0.3=(I1.5\cdot M0.2+M0.3)\cdot\overline{M0.4}$

$M0.4=(I1.6\cdot M0.3+M0.4)\cdot\overline{M1.5}$

■　工位 2

步 6、7、8、9、10

$M0.5=(I0.3\cdot M0.1+M1.5\cdot I0.2\cdot I2.3+M0.5)\cdot\overline{M0.6}$

$M0.6=(I2.4\cdot M0.5+M0.2)\cdot\overline{M0.7}$

$M0.7=(I1.7\cdot M0.6+M0.7)\cdot\overline{M1.0}$

$M1.0=(I2.0\cdot M0.7+M1.0)\cdot\overline{M1.1}$

$M1.1=(I2.5\cdot M1.0+M1.1)\cdot\overline{M1.5}$

■　工位 3

步 11、12、13

$M1.2=(I0.3 \cdot M0.1+M1.5 \cdot I0.2 \cdot I2.3+M1.2) \cdot \overline{M1.3}$

$M1.3=(I2.1 \cdot M1.2+M1.3) \cdot \overline{M1.4}$

$M1.4=(I2.2 \cdot M1.3+M1.4) \cdot \overline{M1.5}$

8）工作台旋转步 14

$M1.5=(M0.4 \cdot M1.1 \cdot M1.4 \cdot 1+M1.5) \cdot \overline{M0.1} \cdot (\overline{M0.2}+\overline{M0.5}+\overline{M1.2})$

（2）执行元件函数式。

Q0.0=M0.2+M1.7

Q0.1=M0.3+M2.0

Q0.2=M0.5+M2.1

Q0.3=M1.0+M2.2

Q0.4=M0.6+M2.3

Q0.5=M0.7+M2.4

Q0.6=M1.2+M2.5

Q0.7=M1.3+M2.6

Q1.0=M1.5+M2.7

8．画梯形图

将所有函数式写出后，很容易就可以用编程软件做出梯形图。梯形图完成后便可以将可编程序控制器与计算机连接，把程序及组态数据下装到 PLC 进行调试，程序无误后即可结合施工设计将系统用于实际。在此不作详细阐述。

补充说明：

（1）从系统的功能流程图可以看出，系统可以实现手动、半自动和自动控制。

（2）如果开始时，方式选择开关置于手动方式，则手动调整结束后，回到初始步，如果满足自动或半自动工作的初始条件，且将方式开关切换到自动或半自动位置时，可以完成手动向自动、半自动的切换。

（3）如果系统已经进入自动或半自动工作状态，一个工作循环完成后，如果选择开关置于半自动位置，可以使被控设备停止工作，但不能直接切换到手动调整方式，必须将 PLC 从 RUN 切换到 STOP 方式，选择开关由半自动切换到手动位置，然后再将 PLC 置于 RUN 方式，这样才能切换到手动调整。

（4）对本系统的功能流程图略作修改，便可以进一步优化，使系统在自动半自动方式下不改变 PLC 的工作状态即可直接切换到手动方式。

（1）PLC 应用设计的过程主要工作包括系统设计、施工设计和安装调试三大部分，系统设计是应用设计的关键，程序设计又是系统设计的核心。

（2）系统设计时应严格按照一定的步骤进行，总的思路是由大到小、由粗到细、由分到合。必须熟悉控制被控对象，将系统分块，每一部分的各个方面进行先粗后细的描述，最后编写控制程序。

（3）系统设计首先要充分了解被控对象，明确控制任务和设计要求，了解工艺过程和部件运动与电气执行机构之间的关系，掌握设备对电气控制系统的控制要求。

（4）控制方案应尽可能的采用模块化设计，对于大规模或位置分散的被控对象可以采用多机联网的控制系统。

（5）控制系统的安全性和可靠性是最首要的方面，系统设计时必须确定控制回路之间逻辑和操作上的互锁关系，设计硬回路以提供对过程中重要设备的手动安全性干预手段。

（6）对控制对象模块和模块之间的关系要进行详细描述，以建立功能规范。

（7）根据被控对象的功能要求，设计操作人员和控制系统的人机接口。

（8）配置可编程控制器和编写控制程序。

1．双面钻孔组合机床用于在工件两相对表面上钻孔。如图 8.7 所示，两台电动机分别驱动动力滑台提供进给运动。两动力滑台对面布置，安装在标准底座上，刀具电动机固定在滑台上，中间底座上装有工件夹具。动作要求：

工作时，工件装入夹具并夹紧，然后左右动力滑台同时进行快速进给，到达位置 B 和 B'开始工作进给，同时刀具电动机也启动工作，冷却泵在工进过程中提供切削液，动力滑台到达位置 C 和 C'后快速退回到原位 A 和 A'，同时松开夹具，完成一次加工的工作。

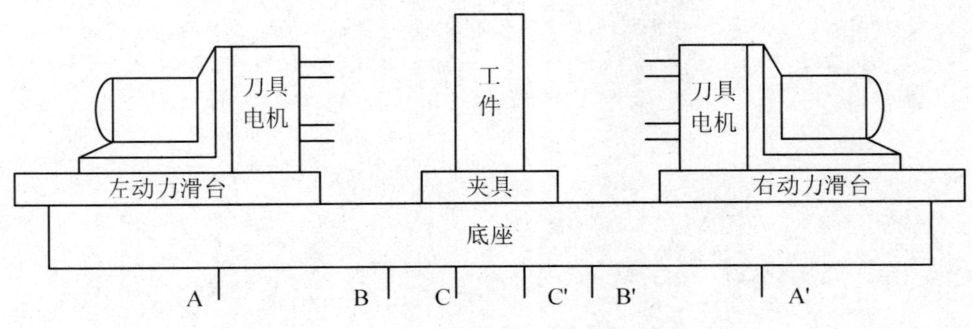

图 8.7　双面钻孔组合机床示意图

（1）画出功能流程图，可以实现手动和自动控制，并可在 PLC 运行状态下实现两种模式的切换。

（2）用置位复位指令法将功能流程图转换为梯形图。

（3）用顺序控制继电器发将功能流程图转换为梯形图。

（4）用起保停电路法将功能流程图转换为梯形图程序。

2．设计一深孔钻二次进给的 PLC 控制方案。动作要求：工作时，主轴带动钻头在固定位置旋转；加工时，滑台带动工件以液压驱动实现进给运动。工作循环：滑台由 A 点开始快进到 B 点，从 B 点工进到 C 点，然后从 C 点快退到 B 点，之后又从 B 点工进到 D 点，钻孔深度达到要求，停留 2 秒后，滑台快速退回到 A 点。

（1）画出功能流程图，可实现自动、半自动和手动控制，并可实现在 PLC 运行方式下的自由切换。

（2）用起保停电路法将功能流程图转换为梯形图程序。

（3）用置位复位指令法将功能流程图转换为梯形图。

（4）用顺序控制继电器法将功能流程图转换为梯形图。

第 9 章　通信及网络

随着计算机技术的发展，工业企业的自动化程度也越来越高，控制系统也变得越来越复杂。由于控制任务复杂，任务之间的数字量和模拟量相互交叉，仅仅依靠单机已经无法胜任大型的控制任务。为此，工业企业通常根据对数据处理量实时性要求不同，将计算机控制系统分为多个不同的等级，并在通信基础上建立多级分级系统并进而形成工厂自动化网络系统。

PLC 通信是指 PLC 与计算机之间、PLC 与 PLC 之间以及 PLC 与其他智能设备之间的数据交换。通信和网络的引入可以大大提高控制系统的可靠性和灵活性，降低成本，是目前中、大型控制系统主流应用形式。

知识要点

- 通信及网络的基本知识
- S7 系列可编程序控制器的通信及网络知识
- 如何实现 S7-200 PLC 的通信及网络
- 网络通信程序
- 自由口模式下通信程序的编制

- 是 PLC 通信的参数设置
- 网络读写指令的应用
- 自由口通信的实现方法

9.1　通信及网络概述

实际应用中，可编程序控制器 PLC 主机与扩展模块之间要进行信息交换，PLC 主机与其他主机或其他设备之间也经常要进行信息交换，所有这些信息交换都称为通信。

9.1.1　通信方式

1．基本通信方式

有两种基本的通信方式：并行通信方式和串行通信方式。

（1）并行通信。

并行通信方式一般发生在可编程序控制器的内部各元件之间、主机与扩展模块或近距离智能模板的处理器之间。

并行接口最基本的特点是在多根数据线上以数据字节为单位与 I/O 设备或被控对象传送信息。通信时，数据在发送设备和接收设备之间的多条传输线上同时传送，如图 9.1 所示。

图 9.1　并行通信

并行通信的特点是：传送速率快，但硬件代价高，不宜于远距离通信。

（2）串行通信。

串行通信多用于可编程序控制器与计算机之间或多台可编程序控制器之间的数据传送。

串行通信一般采用脉冲信号，传送时，数据在单条 1 位宽的传输线上按时间先后一位一位的传送，例如，由设备 1 向设备 2 传送一个 8 位数据 10110011，则传送方式分为 8 个位时间，如图 9.2 所示。

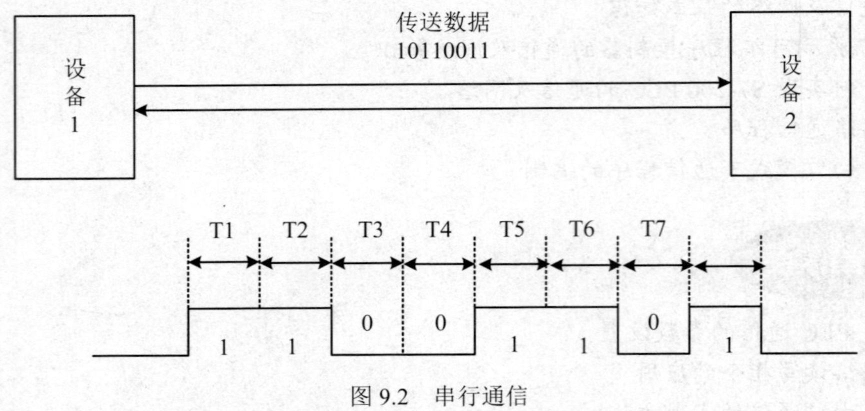

图 9.2　串行通信

串行通信的特点是：传送速度慢，但节省传输线，可以大大降低通信成本，适合远距离、低速率的数据传送。

（3）串行通信分类。

■　按时钟

串行通信按时钟可分为同步传送和异步传送两种方式。

同步传送：传送数据不需要增加冗余的标志位，有利于提高传送速率，但要求有统一的时钟信号来实现发送端和接收端之间的严格同步，而且对同步时钟信号的相位一致性要求非常严格。因此，这种方式硬件设备复杂。限制了不同速度的设备之间的信息传递。

异步传送：允许传输线上的各个部件有各自的时钟，在各部件之间进行通信时没有统一的时间标准，相邻两个字符传送数据之间的停顿时间长短是不一样的，它是靠发送信息时同时发出字符的开始和结束标志信号来实现。

在可编程序控制器与其他设备之间进行串行通信时，大多采用异步通信方式。

■　按方向

串行通信按信息在设备间的传送方向又为分单工、半双工和全双工 3 种方式，分别如图 9.3 中的（a）、（b）和（c）所示。

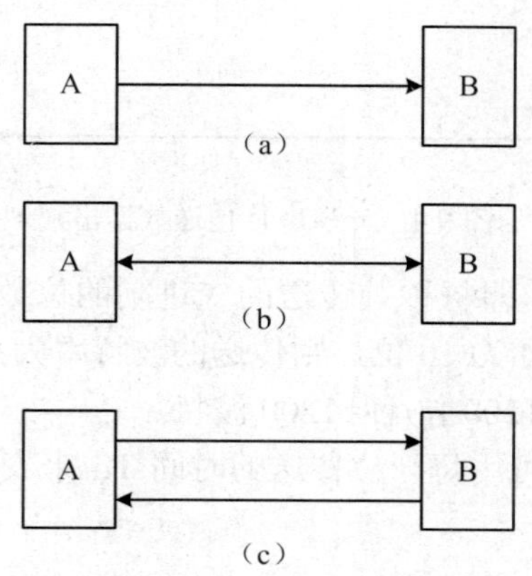

图 9.3　单工、半双工和双工

单工：传输线只有一条，数据只能按固定的单方向传送（如图 9.3（a）所示）。

半双工：传输线只有一条，数据可沿两个方向传送，但不是同时进行。在任一时刻，数据只能沿一个方向传送。因此，双向传送时速度较低（如图 9.3（b）所示）。

全双工：有两条传输线。两设备可以同时接收和发送数据，数据传送快（如图 9.3（c）所示）。

2. 异步串行通信

异步传送以字符为单位一个个地接收和发送，字符开始和结束标志分别用冗余的开始位和停止位实现。通信的设备之间必须有两项约定：相同的传送字符数据格式和一致的传送速率。

（1）传送字符数据格式。

异步串行通信中，以字符为单位传送数据。如图 9.4 所示，这是一个 7 位字符传送格式。

每个字符的组成格式为：首先是一位起始位标志字符的开始，紧跟着是字符数据（数据有效位可以是 5～8 位），随后是奇偶校验位（根据需要可选），最后是一位或多位停止位。这种串行传送的数据加上起始位和停止位就构成了串行字符传送格式。

在进行异步传送时，字符间隔长短不定，在停止后可以加空闲位，空闲位用高电位表示，用于等待下一个字符的传送。接收和发送可以随时或间断进行，不受时间限制。图 9.4 所示的传输过程中两个字符之间有两个空闲位。

（2）波特率。

波特率（Baud Rate）是衡量数据传送速率的指标，它要求发送设备和接收设备都必须以相同的数据传送速率工作。

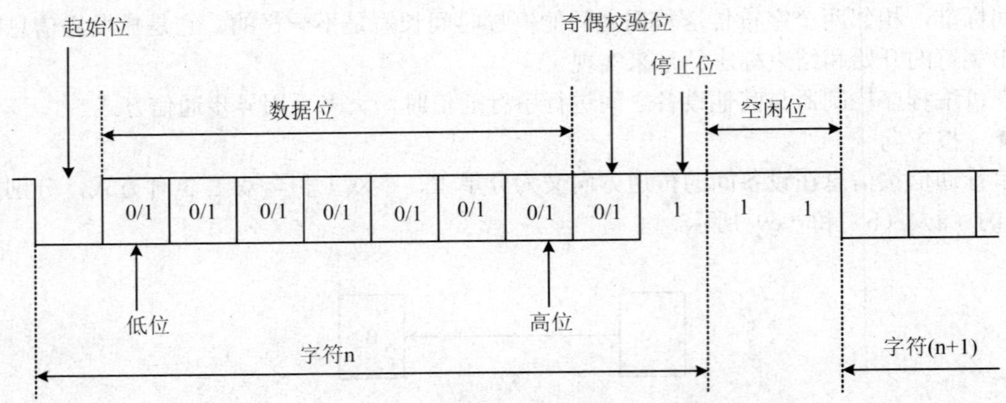

图 9.4　异步串行传送数据格式

波特率的单位是“波特”，即每秒钟传送的二进制的位数。例如，数据传送的速率为每秒钟 120 字符，而每个字符假如为 10 位，则传送的波特率为：

120 字符/秒×10 位/字符=1200 位/秒=1200 波特

衡量数据传送速率有时也可用每一位传送的时间 Td 来表示。Td 就等于波特率的倒数。在上例中：

Td=1/1200=0.833ms

注意

（1）波特率和有效数据的传送速率并不一致。上例中，所传送的字符组成为 10 位，而这 10 位中真正有效的数据只有 7 位，因此有效数据传送速率只有：

120 字符/秒×7 位/字符=840 位/秒

（2）可编程序控制器的波特率一般在 300 波特～38400 波特之间。

3．通信接口

工业网络中大多采用串行通信方式在设备或网络之间传送数据，常用的有以下几种串行通信接口：

（1）RS232 接口。

RS232 接口是计算机普遍配备的接口，采用按位串行的方式，单端发送、单端接收，数据传送速率低，抗干扰能力差，传送的波特率为 300、600、1200、2400、4800、9600、19200 等。适用于通信距离近、传送速率和环境要求不高的场合。

（2）RS485 接口。

RS485 接口的传输线采用差动接收和差动发送的方式传送数据，有较高的通信速率（波特率可达 10M 以上）和较强的抗干扰能力，输出阻抗低，并且无接地回路。用这种接口适合远距离传输，是工厂中应用最多的一种接口。

（3）RS422 接口。

RS422 接口传输线也采用差动接收和差动发送的方式传送数据，也有较高的通信速率（波特率可达 10M 以上）和较强的抗干扰能力，适合远距离传输，工厂中应用较广。

9.1.2 网络概述

1．网络结构概述

（1）简单网络。

多台设备通过传输线相连，可以实现多设备间的通信，就形成网络结构。图 9.5 所示就是一种最简单的网络结构，它由单个主设备和多个从设备构成。

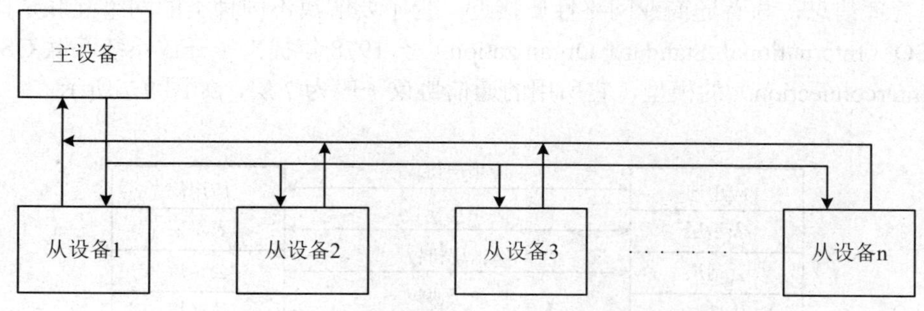

图 9.5 多设备通信（简单网络）

（2）多级网络。

现代大型工业企业中，一般采用多级网络的形式，可编程序控制器制造商经常用生产金字塔结构来描述其产品可实现的功能。这种金字塔结构的特点是：上层负责生产管理，底层负责现场检测与控制，中间层负责生产过程的监控与优化。

国际标准化组织（ISO）对企业自动化系统确立了初步的模型，如图 9.6 所示。但工厂在实际使用中通常采用的是 3 级～4 级子网构成的复合型结构，不同 PLC 厂家提供的自动化系统在网络结构层数及各层的功能分布上都有所不同，但所有的系统都需要 PLC 及其网络在通信基础上相互协调，共同发挥作用。

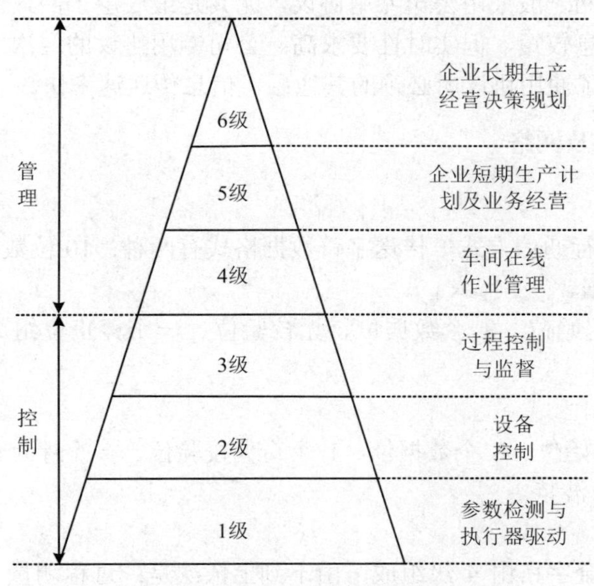

图 9.6 ISO 企业自动化系统模型

2．通信协议

通信双方就如何交换信息所建立的一些规定和过程，称为通信协议。在可编程序控制器网络中配置的通信协议分两大类：通用协议和公司专用协议。

（1）通用协议。

在网络金字塔的各个层次中，高层子网（如 PLC 网之间的互联及 PLC 网与其他局域网）的互联一般采用通用协议，这表明了工业网络向标准化和通用化发展的趋势。高层子网传送的是管理信息，与普通商业网络性质接近。为了要解决不同种类的网络互联，国际标准化组织 ISO（International Standard Organization）于 1978 年提出了开放系统互联 OSI（Open Systems Interconnection）的模型，它所用的通信协议一般为 7 层，如图 9.7 所示。

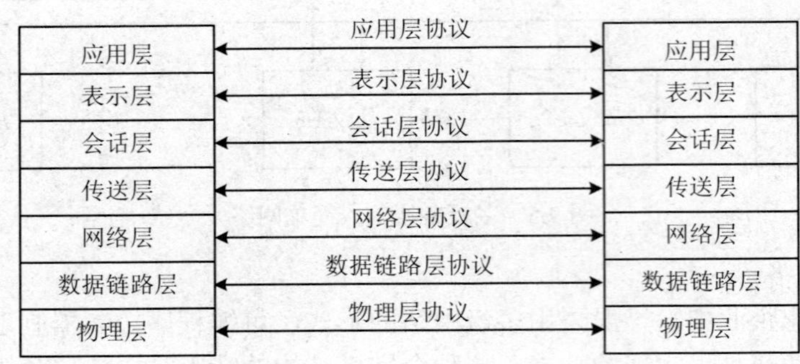

图 9.7　通用协议模型

在该模型中，最低层为物理层，实际通信就是通过物理层在物理互联媒体上进行的，上面的任何层都以物理层为基础，对等层之间可以实现开放系统互联。常用的通用协议有两种：一种是 MAP 协议，一种是 Ethernet 协议。

（2）公司专用协议。

低层子网和中层子网一般采用公司专用协议，尤其是最底层子网，由于传送的是过程数据及控制命令，这种信息较短，但实时性要求高。公司专用协议的层次一般只有物理层、链路层及应用层，而省略了通用协议所必须的其他层，信息传送速率快。

9.1.3　S7–200 通信及网络

1．字符数据格式

S7-200 采用异步串行通信方式，传送字符数据格式有两种：10 位数据和 11 位数据。

（1）10 位字符数据。

传送数据由 1 个起始位、8 个数据位、无校验位、一个停止位组成。传送速率一般为 9600 波特。

（2）11 位字符数据。

传送数据由 1 个起始位、8 个数据位、1 个奇偶校验位、一个停止位组成。传送速率一般为 9600 波特或 19200 波特。

2．网络层次结构

西门子公司的生产金字塔由 4 级组成，由下到上依次是：过程测量与控制级、过程监控级、工厂与过程管理级、公司管理级。S7 系列的网络结构如图 9.8 所示。

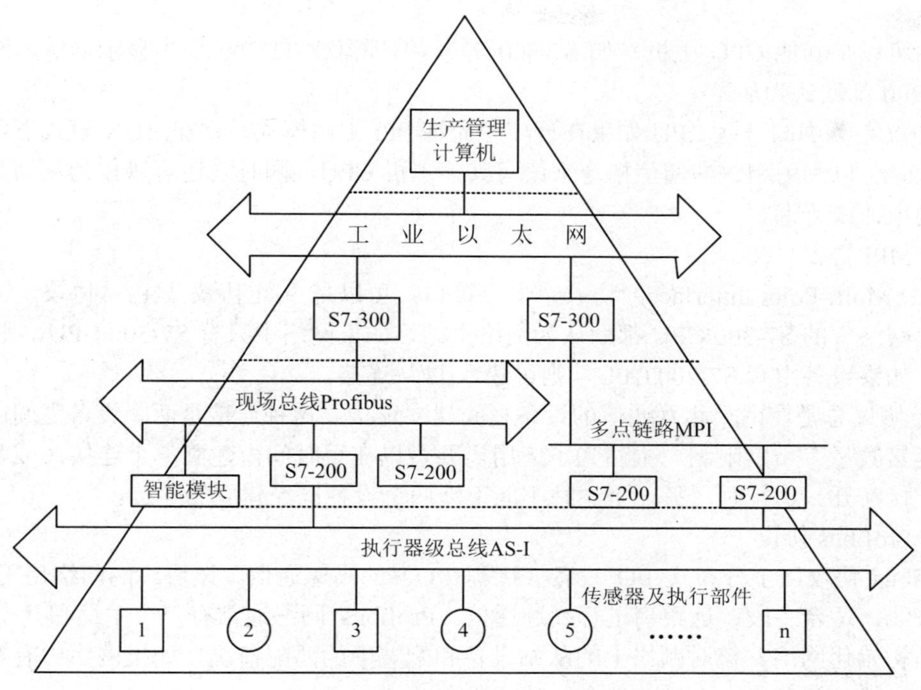

图 9.8 西门子生产金字塔及网络

生产金字塔的 4 个级由 3 级总线复合而成：

最低一级为 AS-I 级总线，负责与现场传感器和执行器的通信，也可以是远程 I/O 总线（负责 PLC 与分布式 I/O 模块之间的通信）。

中间一级是 Profibus 级总线，它是一种新型总线，采用令牌方式和主从轮询相结合的存取控制方式，可实现现场、控制和监控 3 级的通信。中间级也可采用主从轮询存取方式的主从式多点链路。

最高一级为工业以太网（Ethernet），使用通用协议，负责传送生产管理信息。

3. 通信协议及类型

生产金字塔中的通信协议包括通用协议和公司专用协议。不同形式的通信分别使用相应的协议。

（1）通用协议。

Ethernet 协议，用于管理级的信息交换。

（2）公司专用协议。

它基于 OSI 的 7 层通信结构模型，协议定义了两类通信设备：主站与从站。主站可以对网络上另一个设备发出初始化申请。从站只能响应来自主站的申请，不能初始化本身的申请。可编程序控制器的网络系统中主、从站间的专用通信协议有以下 3 个标准协议和 1 个自由口协议。

■ PPI 协议

PPI（Point-to-Point Interface）协议，点对点接口，是一个主/从协议。特点是，主站向从站发送申请，从站进行响应。从站不初始化信息，但当主站发出申请或查询时，从站对其响应。

主站可以是其他 CPU 主机（如 S7-300 等）、编程器或 TD200 文本显示器等。网络中的所有 S7-200 都默认为从站。

S7-200 系列中的一些 CPU 如果在程序中允许 PPI 主站模式，则在 RUN 模式下可以作为主站。此时可以利用相关的通信指令来读写其他主机 CPU，同时它还可以作为从站来响应其他主站的申请或查询。

■ MPI 协议

MPI（Multi-Point Interface）协议，多点接口，可以是主/主协议或主/从协议，由设备类型决定。网络中的 S7-300 CPU 都默认为网络主站，如果网络中只有 S7-300 CPU，则建立主/主连接。如果设备中有 S7-200 CPU，则可建立主/从连接。

MPI 协议总是在两个相互通信的设备之间建立连接。这种连接是两个设备之间的非公用连接，连接数量有一定限制。主站为了应用需要可以在短时间内建立一个连接，或是无限期地保持连接断开。运行时，另一个主站不能干涉两个设备已经建立的连接。

■ Profibus 协议

Profibus 协议用于分布式 I/O 设备（远程 I/O）的高速通信。该协议的网络使用 RS-485 标准双绞线，适合多段、远距离进行高速通信。Profibus 网络通常有一个主站和几个 I/O 从站。主站初始化网络、核对网络上的从站设备和配置中的匹配情况。如果网络中有第二个主站，则它只能访问第一个主站的各个从站。

■ 自由口协议

自由口协议是指通过用户程序控制 CPU 主机通信端口的操作模式来进行通信。用这种自由口模式可以用自定义的通信协议连接多种智能设备。

在自由口模式下，当主机处于 RUN 方式时，用户可以用相关的通信指令编写的程序控制通信口的操作。当主机处于 STOP 方式时，自由口通信被终止，通信口自动切换到正常的 PPI 协议操作。

（3）通信类型。

可编程序控制器常用的通信类型包括把计算机或编程器作为主站、把操作员界面作为主站和把 PLC 作为主站等几种，每种类型又各有单主站和多主站两种连接。

单主站：单主站连接到一个或多个从站。例如，把一台计算机作为主站，与 3 台 S7-200 CPU 从站相连，如图 9.9 所示。

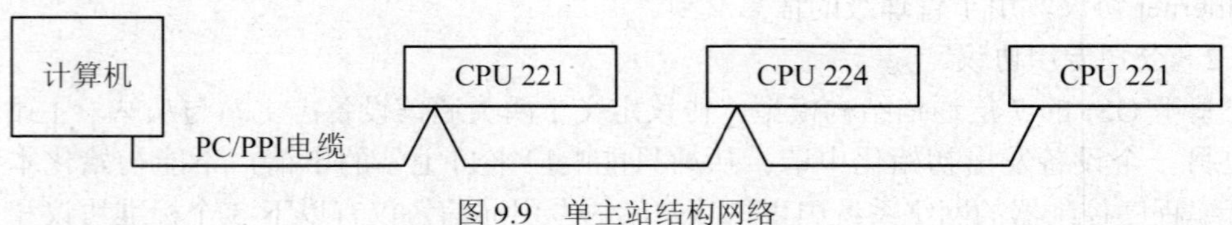

图 9.9 单主站结构网络

多主站：多主站连接到至少一个从站和至少一个主站。例如，把一台计算机作为主站，与之相连的有 3 台 S7-200 CPU 和一台 TD 200 文本显示器。则把 3 台 S7-200 CPU 作为从站，把 TD 200 作为主站，形成多主站，如图 9.10 所示。

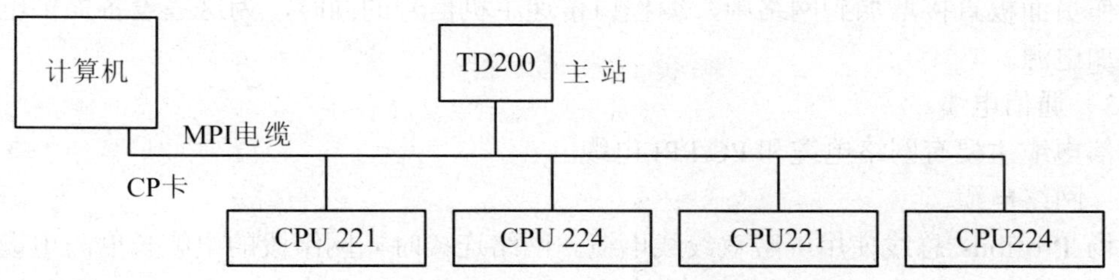

图 9.10　多主站结构网络

由可编程序控制器的 CPU 主机与扩展模块及其他设备构成的控制系统，根据现场 I/O 点的距离远近及分散程度，又可分为集中式结构和分散式结构。

集中式结构中，主机与扩展单元可以安装在同一机箱或相邻的机箱内，主机和扩展单元之间可以采用并行通信。

分散式结构中，主机与各扩展单元距离较远，且分别安装在不同的机箱内，主机与各扩展模块之间的通信只能采用串行方式。分散式结构组成的PLC系统又称为远程I/O系统。

4．通信设备

与 S7-200 CPU 相关主要有以下网络设备及自由口通信设备：

（1）通信口。

S7-200 CPU 主机上的通信口是符合欧洲标准 EN 50170 中 Profibus 标准的 RS-485 兼容 9 针 D 型接口。接口引脚如图 9.11 所示，端口 0/端口 1 的引脚与 Profibus 的名称对应关系如表 9.1 所示。

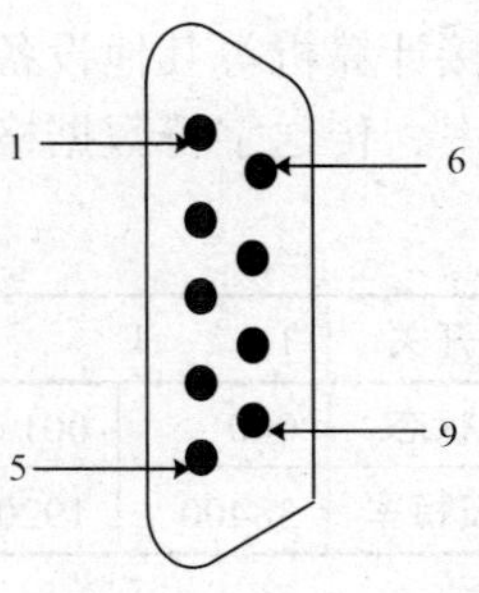

图 9.11　RS-485 引脚

表 9.1　对应关系表

针号	端口 0/端口 1	Profibus 名称
1	逻辑地	屏蔽
2	逻辑地	24V 返回
3	RS-485 信号 B	RS-485 信号 B
4	RTSTTL	发送申请
5	逻辑地	5V 返回
6	+5V,100Ω，串联电阻	+5V
7	+24V	+24V
8	RS-485 信号 A	RS-485 信号 A
9	10 位协议选择	不用
端口外壳	机壳接地	屏蔽

（2）网络连接器。

网络连接器可以用来把多个设备很容易地连接到网络中。网络连接器有两种类型：一种是仅提供连接到主机的接口，另一种增加了一个编程接口。带有编程口的连接器可以把编程器或操作员面板直接增加到网络中，编程口传递主机信号的同时，为这些设备提供电源，而不用另加电源。

（3）通信电缆。

通信电缆主要有网络电缆和PC/PPI电缆。

■ 网络电缆

现场Profibus总线使用屏蔽双绞线电缆。网络连接时，网络段的电缆长度与电缆类型和波特率要求有极大关系。网络段的电缆越长，传送速率越低。

■ PC/PPI电缆

电子设备中许多设备配置RS-232标准接口，如计算机、编程器和调制解调器等。PC/PPI电缆可以用来借助S7-200 CPU的自由口功能把主机和这些设备连接起来。

PC/PPI电缆的一端是RS-485端口，用来连接PLC主机；另一端是RS-232端口，用于连接计算机等其他设备。电缆中部有一个开关盒，上面有4个或5个DIP开关，用来设置波特率、传送字符数据格式和设备模式。以5开关为例，各开关号与参数关系如表9.2所示。

表9.2 各开关与参数关系对应表

开关	1、2、3					4			5		
状态	000	001	010	100	101	状态	0	1	状态	0	1
波特率	38400	19200	9600	2400	1200	格式	11位	10位	类型	DCE	DTE

表中的DCE是数据通信设备，DTE是数据终端设备。

（4）网络中继器。

网络中继器在Profibus可以用来延长网络的距离、允许给网络加入设备、隔离不同网络段，每个中继器为网络段提供偏置和终端匹配。

每个网络中最多可以有9个中继器，每个中继器最多可再增加32个设备。

（5）调制解调器。

用调制解调器可以实现计算机或编程器与PLC主机之间的远距离通信。以11位调制解调器为例，通信连接如图9.12所示。

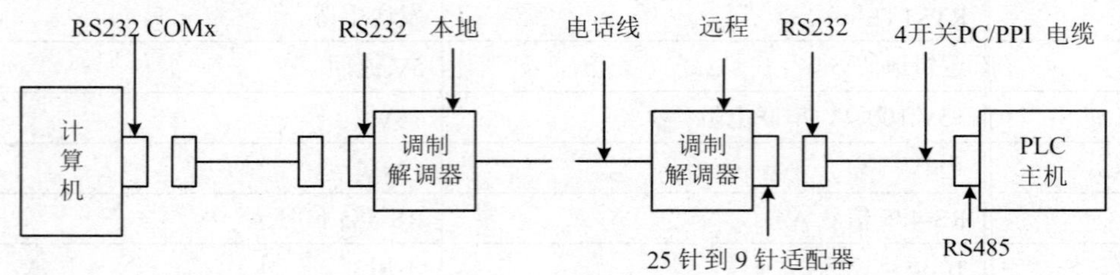

图9.12 调制解调器连接方式

（6）其他设备。

除以上设备之外，常用的还有通信处理器CP、多机接口卡（MPI卡）和EM277通信模块等。

9.2　通信实现

实现 S7-200 CPU 通信需要做的工作主要有以下几方面：确立通信方案、对各硬件参数的组态和硬件的物理连接。

确立网络形式和通信方案后，在装有编程软件的计算机或编程器上安装硬件并设置参数，然后将实际设备进行物理连接，即可对通信进行测试。

本节只介绍在 STEP 7 Micro/Win 中前两步的方法和步骤。

9.2.1　确立通信方案

确立通信方案包括根据实际通信需要选择单主站或多主站，同时确定各站的编号；选择实现通信的硬件，如选择用 PC/PPI 电缆，还是用 CP 卡、MPI 卡、EM 277 通信模块或调制解调器等。

以上几种通信硬件的性能如表 9.3 所示。

表 9.3　STEP 7 Micro/Win32 支持的硬件性能

硬件名称	型号	支持的波特率	支持的协议
PC/PPI 电缆	到 PC 通信口的电缆连接器	9600，19200	PPI
CP 5511	II 型，PCMCIA-卡	9600	PPI，MPI、PROFIBUS
CP 5611	PCI 卡	19200	
MPI	PG 中集成的 PC ISA-卡	187500	

9.2.2　参数组态

对硬件参数的组态主要包含以下工作：通信设置、安装通信口、参数设置。本节以安装设置 PC/PPI 电缆为例，介绍在 STEP 7 Micro/Win 中利用 PC/PPI 电缆、通信处理器和多机接口卡、调制解调器通信的硬件组态方法。

1．通信设置

运行 STEP 7 Micro/Win 软件，使用菜单命令项 View|Component|Communications（或在左侧 View 导引窗口单击 Communications 按钮），则进入通信设置状态对话框，如图 9.13 所示。图的左下部显示已配置的参数。

图中已配置的参数为：

远程设备地址：2

本地设备地址：0

通信模式：PC/PPI 电缆（计算机通信口为 COM 1）

通信协议：PPI 协议

传送波特率：9.6kb/s

传送字符数据格式：11 位

双击右上角的图标，出现设置接口对话框，如图 9.14 所示。则可进行以下两方面的工作。

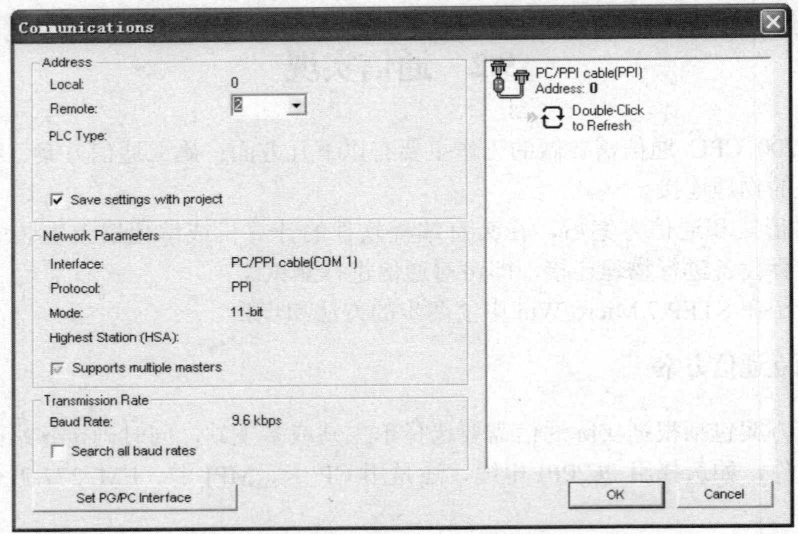

图 9.13 通信设置状态

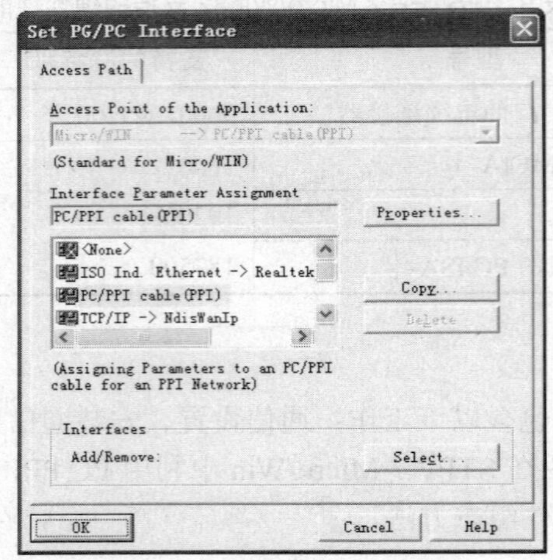

图 9.14 通信设置

添加或删除通信接口、对本硬件进行参数设置或修改。

2．安装或删除通信接口

在图 9.14 Add/Remove 区，单击 Select 按钮，将弹出 Installing/Uninstalling 对话框，如图 9.15 所示。

（1）安装接口。

在左 Selection 窗口选择要安装的接口硬件（如图 9.15 中的 MPI-ISA Card 接口），单击中部的 Install 按钮，然后根据安装向导按步骤进行安装。

安装完成，在对话框右侧的 Installed 窗口将出现安装的硬件。

（2）删除接口。

在对话框右侧的 Installed 窗口选择要删除的接口硬件，单击中部的 Uninstall 按钮，然后根据安装向导按步骤进行删除。删除完成，检查这硬件在 Installed 窗口是否已被删除。

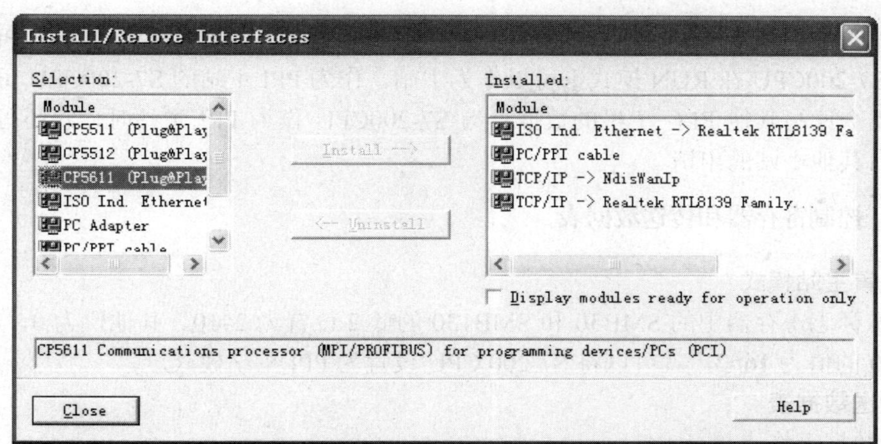

图 9.15　安装/删除

3. 参数设置

在图 9.14 所示的对话框中，单击 Properties 按钮，将弹出参数设置对话框，如图 9.16 所示。其中有两个选项卡：PPI 选项卡和 Local Connection 选项卡。

（1）PPI 选项卡：如图 9.16 所示，用来设置 PPI 通信参数，包括本地设备地址、超时时间、是否多主机网络、波特率和最高站地址。图中的数值为各参数的默认值。

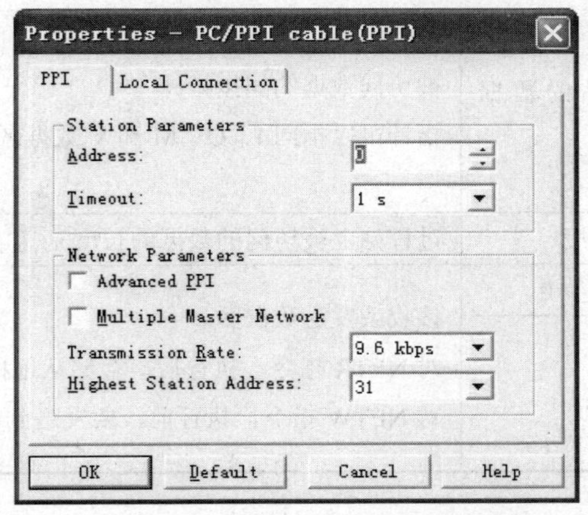

图 9.16　参数设置（PPI 选项卡）

（2）Local Connection 选项卡：用来选择本机（计算机）的连接属性。如通信口 COM1 和 COM2 的选择、是否用调制解调器。

在 STEP 7 Micro/Win32 中安装设置通信处理器和多机接口卡、调制解调器通信的硬件组态方法与 PC/PPI 电缆的基本相同，在此不一一详述。

9.3　点对点网络通信

在点对点的通信网络中，计算机和 PLC 通过一根 PC/PPI 电缆连接，而 PLC 之间则通过网络连接器连接，在通信网络中使用 PPI 协议进行通信。

在点对点的通信网络中，所有的 S7-200CPU 都是从站，如果在程序中运行 PPI 主站模式，一些 S7-200CPU 在 RUN 模式下可以作为主站。作为 PPI 主站的 S7-200CPU 可以通过相关的通信指令读写其他 PLC 主机的数据。当 S7-200CPU 作为 PPI 主站时，它还可以作为从站响应来自其他主站的申请。

9.3.1 控制寄存器和传送数据表

1．设置主站模式

将特殊标志寄存器中的 SMB30 和 SMB130 的低 2 位置为 2#10，其他位为 0，即 SMB30 和 SMB130 的值为 16#2，就可以将 S7-200 CPU 设置为 PPI 主站模式。

2．传送数据表

（1）数据表格式。

执行网络读写指令时，PPI 主站与从站之间根据网络通信数据表中的定义读写数据。网络通信数据表的描述如表 9.4 所示。

表 9.4 传送数据表格式

字节偏移地址	名称	描述
0	状态字节	反映网络指令的执行结果状态及错误码
1	远程站地址	被访问的从 PLC 站的地址
2 3 4 5	远程站的数据的指针	被访问数据的间接指针 指针可以指向 I、Q、M 和 V 数据区
6	数据长度	过程站上被访问的数据的长度
7 8 ⋮ 22	数据字节 0 数据字节 1 ⋮ 数据字节 15	接收或发送数据区 对 NETR 指令，执行后，存储从远程站读的数据至该数据区 对 NETW 指令，执行前，要发送到远程站的数据存至该数据区

（2）状态字节。

网络通信数据表中的第一个字节为状态字节，各位及其的含义如下：

D	A	E	0	E1	E2	E3	E4

D 位：操作完成位。0：未完成；1：已经完成。

A 位：有效位，操作已被排队。0：无效；1：有效。

E 位：错误标志位。0：无错误；1：有错。

E1、E2、E3、E4 错误编码。如果执行指令后 E 位为 1，则由这 4 位返回一个错误码。这 4 位组成的错误编码及含义如表 9.5 所示。

表 9.5　错误编码

E1 E2 E3 E4	错误码	说明
0000	0	无错误
0001	1	时间溢出错误，远程站点不响应
0010	2	接收错误：奇偶校验错，响应时帧或检查时出错
0011	3	离线错误：相同的站地址或无效的硬件引发冲突
0100	4	队列溢出错误：激活了超过 8 个 NETR 和 NETW 指令
0101	5	违反通信协议：没有在 SMB30 中允许 PPI 协议而执行网络指令
0110	6	非法参数：NETR 和 NETW 指令中包含非法或无效的值
0111	7	没有资源：远程站点正在忙中，如上装或下装程序正在处理中
1000	8	第 7 层错误，违反应用协议
1001	9	信息错误：错误的数据地址或不正确的数据长度
1010- 1111	A-F	未用，为将来的使用保留

9.3.2　网络指令

网络指令有两条：NETR 和 NETW。

1．NETR 指令

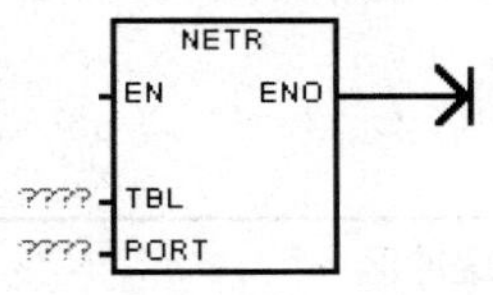

NETR，网络读指令。使能输入有效时，指令初始化通信操作，通过通信端口 PORT 从远程设备上接收数据并形成数据表 TBL。

NETR 指令最多可从远程站点上读 16 个字节的信息。

指令格式：　NETRTBL，PORT

例：　NETRVB200, 0

使能流输出 ENO 为 0 的出错条件为：SM4.3（运行时间）、0006（间接寻址）。

2．NETW 指令

NETW 网络写指令。使能输入有效时，指令初始化通信操作，通过端口 PORT 将数据表 TBL 中的数据发送到从远程设备。

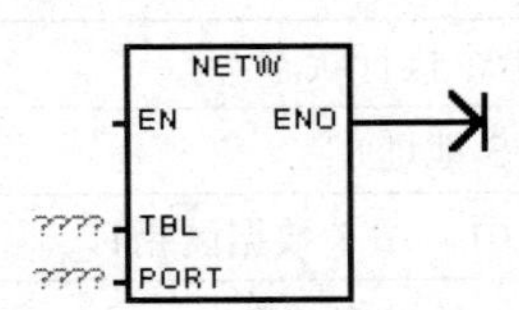

NETW 指令最多可向远程站点上写 16 个字节的信息。

指令格式：NETW　　TBL，PORT

使能流输出 ENO 为 0 的出错条件为：SM4.3（运行时间）、0006（间接寻址）。

（1）任何时刻，NETR 和 NETW 指令的总有效条数不超过 8 条，即不能同时激活 8 条以上网络读写指令，否则出错。

（2）PORT 用于指定通信端口 0 和通信端口 1。

9.3.3 应用实例

有一简单网络，结构如图 9.17 所示。其中 TD200 为主站，在 RUN 模式下，CPU 224 在用户程序中允许 PPI 主站模式，可以利用 NETR 和 NETW 指令来不断读写两个 CPU 221 模块中的数据。

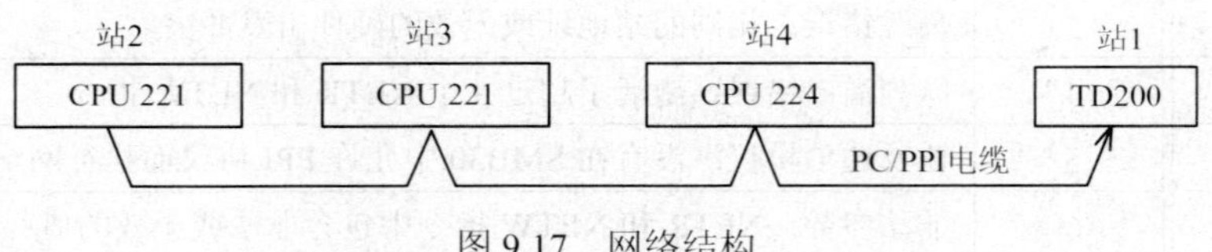

图 9.17 网络结构

操作要求：站 4 要读写两个远程站（站 2 和站 3）的状态字节和计数值（分别放在 VB100 和 VW101 中）。如果某个远程站中的计数值达到 200，站 4 将发生一定动作，并将该远程站的计数值清 0，重新计数。

在网络通信过程中，远程站是被动的，不需要编写程序，只需要针对 CPU224 编写程序就可以了。

设置 CPU 224 通信端口号为 0，从 VB200 开始分别对设置站 2 和站 3 的接收和发送缓冲区。站 2 的接收缓冲区从 VB200 开始，发送缓冲区从 VB250 开始；站 3 的接收缓冲区从 VB210 开始，发送缓冲区从 VB260 开始，内容如表 9.6 所示。该网络通信用户程序如图 9.18 所示。

表 9.6 缓冲区设置

站号	接收缓冲区		发送缓冲区	
站 2	VB200	网络指令执行状态	VB250	网络指令执行状态
	VB201	2，站 2 地址	VB251	2，站 2 地址
	VD202	&VB100，站 2 数据区指针	VD252	&VB101，站 2 数据区指针
	VB206	3，数据长度字节数	VB256	2，数据长度字节数
	VB207	VB100 的内容，控制字节	VW257	0，将计数值清 0
	VW208	VW101 的内容，计数值		
站 3	VB210	网络指令执行状态	VB260	网络指令执行状态
	VB211	3，站 3 地址	VB261	3，站 3 地址
	VD212	&VB100，站 3 数据区指针	VD262	&VB101，站 3 数据区指针
	VB216	3，数据长度字节数	VB266	2，数据长度字节数
	VB217	VB100 的内容，控制字节	VW267	0，将计数值清 0
	VW218	VW101 的内容，计数值		

站 2 和站 3 的接收和发送程序完全一致，为了节省篇幅，只给出对站 2 的读写程序。

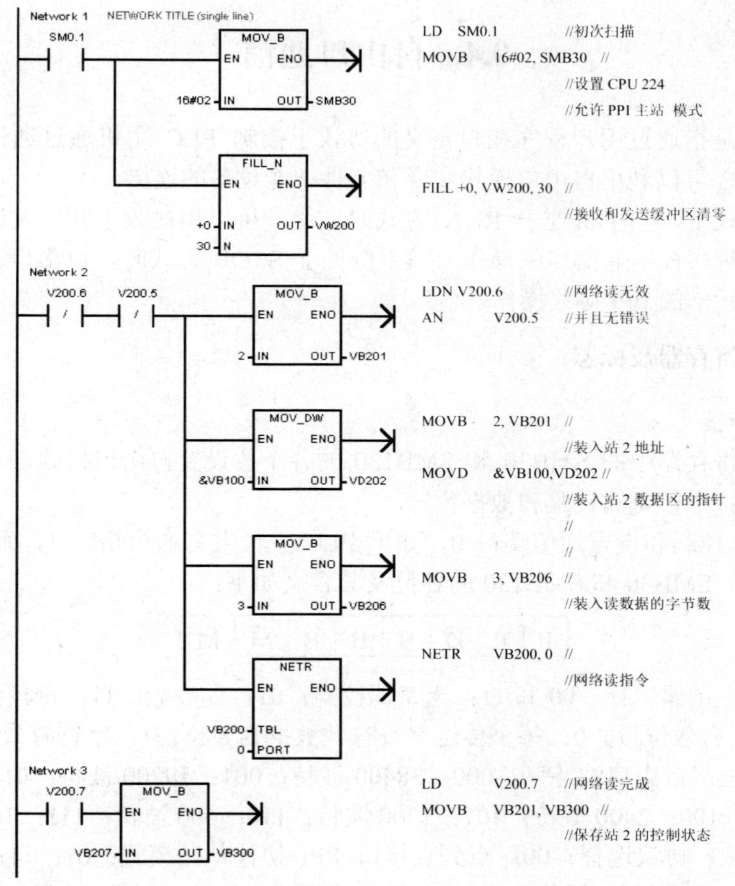

实例（a）

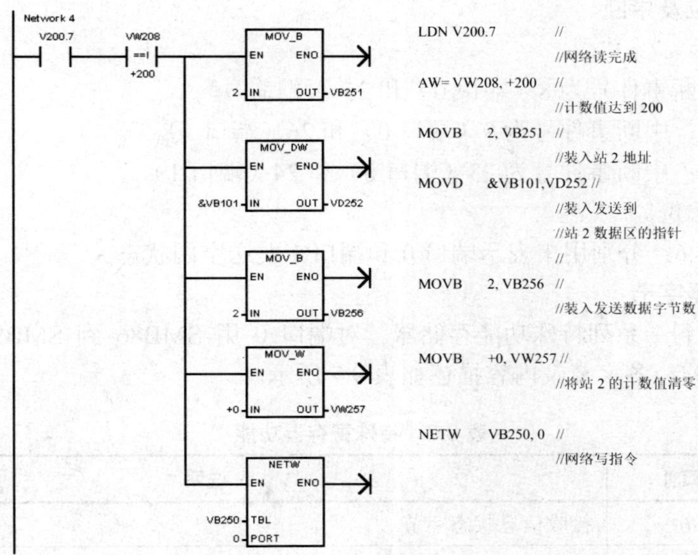

实例（b）

图 9.18 网络程序实例

9.4 自由口通信

自由口模式是指通过用户程序在自定义的协议下控制 PLC 主机通过通信端口与其他设备进行通信。PLC 可以利用自由口模式实现和多种智能设备的连接。

在自由口模式下，当主机处于 RUN 方式时，用户可以用接收中断、发送中断和相关的通信指令来编写程序控制通信口的操作。当主机处于 STOP 方式时，自由口通信被终止，通信口自动切换到正常的 PPI 协议操作。

9.4.1 相关寄存器及标志

1．控制寄存器

用特殊标志寄存器中的 SMB30 和 SMB130 的各个位设置自由口模式，并配置自由口的通信参数，如波特率、奇偶校验和数据位等。

SMB30 用于控制和设置通信端口 0，如果 PLC 主机上有通信端口 1，则用 SMB130 来进行控制和设置。SMB30 和 SMB130 的各位及其含义如下：

P	P	D	B	B	B	M	M

（1）PP 位：奇偶选择。00 和 11：无奇偶校验；01：偶校验；11：奇校验。

（2）D 位：有效位数。0：每个传送字符有效数据为 8 位；1：字符有效数据为 7 位。

（3）BBB 位：自由口波特率。000：38400 波特；001：19200 波特；010：9600 波特；011：4800 波特；100：2400 波特；101：1200 波特；110：600 波特；111：300 波特。

（4）MM 位：协议选择。00：点到点接口 PPI 协议从站模式；01：自由口协议；10：点到点接口 PPI 协议主站模式；11：保留（默认设置为 PPI 从站模式）。

2．特殊标志位及中断

（1）中断。

接收中断：中断事件号为 8（端口 0）和 25（端口 1）。

发送完成中断：中断事件号为 9（端口 0）和 26（端口 1）。

接收完成中断：中断事件号为 23（端口 0）和 24（端口 1）。

（2）特殊标志位。

SM4.5 和 SM4.6：分别用来表示端口 0 和端口 1 发送空闲状态。

3．特殊存储器字节

接收信息时用到一系列特殊功能存储器。对端口 0 用 SMB86 到 SMB94；对端口 1 用 SMB186 到 SMB194。各字节及内容描述如表 9.7 所示。

表 9.7 特殊寄存器功能

端口 0	端口 1	说明
SMB86	SMB186	接收信息状态字节
SMB87	SMB187	接收信息控制字节
SMB88	SMB188	信息字符的开始

续表

端口 0	端口 1	说明
SMB89	SMB189	信息字符的结束
SMD90	SMD190	空闲时间段毫秒设定，空闲后收到的第一个字符是新信息的首字符
SMD92	SMD192	中间字符定时器溢出值按毫秒设定，超过这一时间则终止接收信息
SMB94	SMB194	要接收的最大字符数

（1）信息状态字节。

信息状态字节 SMB86 和 SMB186 格式如下：

N	R	E	0	0	T	C	P

N=1：用户通过禁止命令结束接收信息操作。

R=1：因输入参数错误或缺少起始和结束条件引起的接收信息结束。

E=1：收到结束字符。

T=1：超时，接收信息结束。

C=1：字符数超长，接收信息结束。

P=1：奇偶校验错误，接收信息结束。

（2）接收信息控制字节。

EN	SC	EC	IL	C/M	TMR	BK	0

EN：接收允许。0：禁止接收信息；1：允许接收信息。

SC：是否使用 SMB88 或 SMB188 的值检测起始信息。0：忽略；1：使用。

EC：是否使用 SMB89 或 SMB189 的值检测结束信息。0：忽略；1：使用。

IL：是否使用 SMB90 或 SMB190 的值检测空闲状态。0：忽略；1：使用。

C/M：定时器定时性质。0：内部字符定时器；1：信息定时器。

TMR：是否使用 SMB92 或 SMB192 的值终止接收。0：忽略；1：使用。

BK：是否使用中断条件来检测起始信息。0：忽略；1：使用。

通过对接收控制字节各个位的设置，可以实现多种形式的自由口接收通信。

9.4.2 自由口指令

通信指令包括：XMT，自由口发送指令；RCV，自由口接收指令。

1．XMT 指令

XMT，发送指令。使能输入有效时，指令初始化通信操作，通过通信端口 PORT 将数据表 TBL 中的数据发送到远程设备。

发送缓冲区（数据表）TBL 的格式如表 9.8 所示。

在发送完成时，会产生中断事件 9 或事件 26。如果有一个中断程序连接到发送结束事件上，则可实现相应的操作。

表 9.8 缓冲区格式

发送缓冲区	接收缓冲区
发送字符数	接收字符数
字符 1	字符 1
字符 2	字符 2
⋮	⋮
字符 n	字符 m

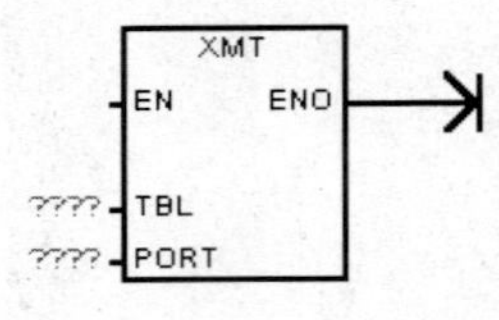

XMT 指令最多可向远程站点上发送 255 个字节的信息。

指令格式：XMT TBL, PORT

例： XMT VB500, 0

使能流输出 ENO 为 0 的出错条件为：SM4.3（运行时间）、0006（间接寻址）、0009（在端口 0 同时激活 XMT 和 RCV）。

2. RCV 指令

RCV，接收指令。使能输入有效时，指令初始化通信操作，通过通信端口 PORT 从远程设备上接收数据并放到缓冲区（数据表）TBL。

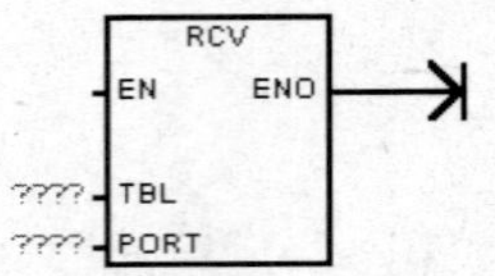

接收缓冲区 TBL 的格式如表 9.8 所示。

RCV 指令最多可从远程站点上接收 255 个字符的信息。

在接收完成时，会产生中断事件 23 或事件 24。如果有一个中断程序连接到发送结束事件上，则可实现相应的操作。

接收信息时提供的另一种中断是，每接收完成一个字符，会产生一个中断，即中断事件 8 和中断事件 25。这一中断在使用时用到的相关特殊寄存器是 SMB2 和 SMB3，用以作为接收数据时的缓冲区。

指令格式：RCV TBL, PORT

使能流输出 ENO 为 0 的出错条件为：SM4.3（运行时间）、0006（间接寻址）、0009（在端口 0 同时激活 XMT 和 RCV）。

9.4.3 应用实例

1. 控制要求

本程序实现的功能是，一台 CPU 224 作为本地 PLC，用另一台 CPU 224 作为远程 PLC，本地 PLC 接收来自远程 PLC 的 20 个字符，接收完成后，信息又发回对方。

要求有一外部脉冲控制接收任务的开始，并且任务完成后用显示灯显示。

2. 参数设置

自由口通信模式。

通信协议为：波特率 9600，无奇偶校验，每字符 8 位。

接收和发送用同一缓冲区，首地址为 VB100。

不设立超时时间。

3. 程序

主程序如图 9.19 所示。实现的功能是初始化通信口及缓冲区，建立中断联系，并开放全局中断。

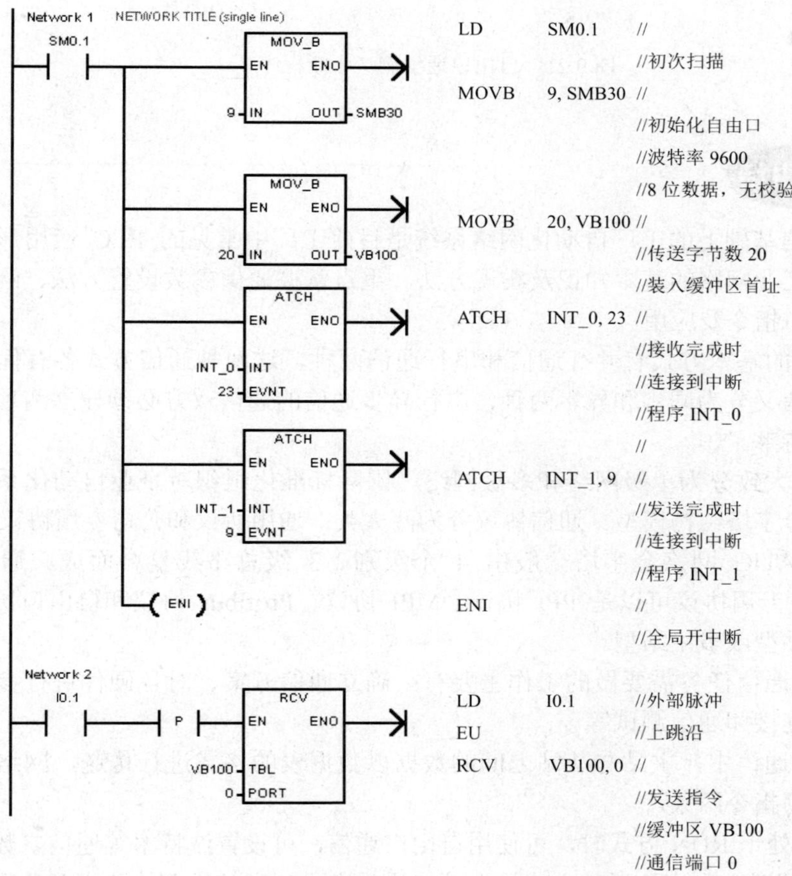

图 9.19 自由口通信例（主程序）

中断程序 INT_0，启动发送指令，如图 9.20 所示。

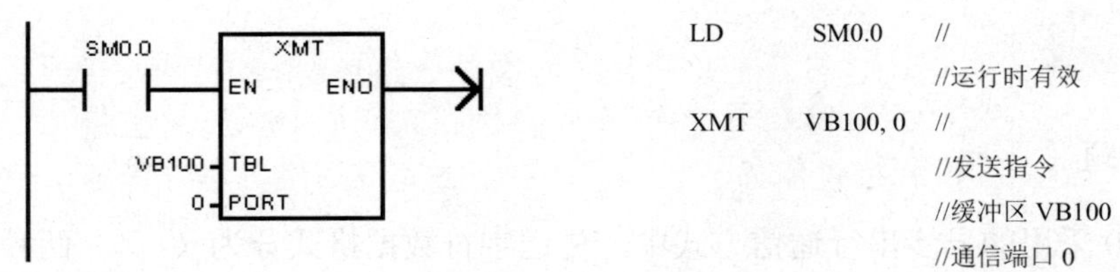

图 9.20 自由口通信例（中断程序 0）

中断程序 INT_1，发送结束时输出，如图 9.21 所示。

SM0.0　　Q1.0

```
LD   SM0.0    //
              //运行时有效
=    Q1.0     //
              //发送完成，
              //经 Q1.0 显示
```

图 9.21　自由口通信例（中断程序 1）

建立在通信基础上的工厂自动化网络系统是目前工厂中常见的 PLC 应用形式。本章简要介绍通信及工业网络的基本知识及实现方法。重点掌握通信参数设置方法、网络读、网络写指令和自由口指令及应用。

（1）通信的基本方式有并行通信和串行通信两种，这两种通信方式各有优缺点和适用领域。串行通信又分为同步和异步两种，串行异步通信的通信双方必须建立两项约定：传送字符格式和波特率。

（2）网络大致分为单级网络和多级网络。国际标准化组织对企业自动化系统初步建立了一个 6 级的金字塔结构模型。通信协议分为两大类：通用协议和公司专用协议。

（3）SIMATIC 网络金字塔一般由 4 个级别、3 级总路线复合而成。通用协议采用 Ethernet 协议，专用协议可以是 PPI 协议、MPI 协议、Profibus 协议和自由口协议。通信类型可以是单主站型或多主站型。

（4）实现通信任务需要做的工作主要有：确立通信方案、对各硬件进行参数组态、对硬件进行物理连接和通信测试等。

（5）网络通信中，主站与从站之间的数据以数据表的格式进行传送。网络指令有网络读指令和网络写指令两条。

（6）主机处于 RUN 方式时，可使用自由口通信，可设置波特率等通信参数。当主机切换为 STOP 方式时，自由口通信方式被自动终止。自由口通信用到一些内部普通和专用寄存器，通过数据缓冲区接收和发送一个或多个数据信息，利用中断进行控制。自由口通信中用到的指令有自由口发送指令和自由口接收指令。

一、选择题

1．S7-200 采用的异步串行通信方式中，传送字符数据格式分为（　　）两种。

A．10 位数据和 11 位数据　　　　B．8 位数据和 12 位数据

C．9 位数据和 10 位数据　　　　D．7 位数据和 11 位数据

2．具有“主站向从站发送申请，从站进行响应。从站不初始化信息，但当主站发出申请或查询时，从站对其响应”特点的协议是（　　）。

A．PPI 协议　　　　B．Ethernet 协议

C．协议　　　　D．Profibus 协议

3．对通讯协议进行设定的是（　　）。

A．SM30.7 和 SM30.6　　　　B．SM30.4、SM30.3 和 SM30.2

C．SM30.0 和 SM30.1　　　　D．SMB30.5 和 SM30.4

4．若波特率为 1200，若每个字符有 12 位二进制数，则每秒钟传送的字符数为（　　）个。

A．120　　　　B．100

C．1000　　　　D．1200

5．任何时刻，NETR 和 NETW 指令的总有效条数不超过（　　）条。

A．6　　　　B．7

C．8　　　　D．9

6．PLC 处于（　　）模式时，允许进行自由端口通信。

A．RUN 模式　　　　B．PROGRAM 模式

C．监控模式　　　　D．都可以

7．自由口模式下对通讯所使用的数据位数进行设定的是（　　）。

A．SM30.5　　　　B．SM30.7 和 SM30.6

C．SMB30.5 和 SM30.4　　　　D．SM30.5 和 SM30.6

二、填空题

1．串行通信按时钟可分为________和________两种方式。

2．串行通信按信息在设备间的传送方向又分为________、________和________3 种方式。

3．通信双方就如何交换信息所建立的一些规定和过程，称为________。

4．将 SMB30 或 SMB130 的值为________，就可以控制将 S7-200 CPU 设置为 PPI 主站模式。

5．点对点通信网络指令包含________和________两条指令。

6．自由通信指令包括________和________两条指令。

7．S7-200 系列 PLC 的串行通信口可以由用户程序来控制，这种由用户程序控制的通信方式称为________。

8．当主机处于________方式时，自由口通信被终止，通信口自动切换到正常的 PPI 协议操作。

9．数据发送指令 XMT 的操作数 PORT 指定通讯端口，取值为________。

三、综合题

1．在串行异步通信中，数据的传送速率为每秒传送 960 字符，一个传送字符由 7 位有效位、1 位起始位、1 位终止位和 1 位奇校验位构成。求波特率。

2．如何进行以下通信设置。要求：

远程设备地址为 4；本地设备地址为 0；用 PC/PPI 电缆连接到本计算机的 COM 2 串行口；传送速率为 19200 波特；传送字符格式为默认值。

3．在图 9.17 所示的网络结构中，如果增加一台远程站 CPU 221，其编号为站 4，原来的 CPU 224 编号变为站 5。此时缓冲区的设置应如何改变？程序应如何改变？

4．编写一段自由口通信的梯形图程序，用一台 CPU 226 作为本地 PLC，一台 CPU 224 作为远程 PLC。由一外部脉冲启动本地 PLC 向远程 PLC 发送 100 个字节的信息，任务完成后用显示灯进行显示。波特率要求为 4800，每个字符 8 位，无奇偶校验，不设立超时时间。

附录 1　错误代码和信息

附表 1.1　致命错误

错误代码	说明	错误代码	说明
0000	无致命错误	000A	存储器卡失灵
0001	用户程序检查和错误	000B	存储器卡上用户程序检查和错误
0002	编译后的梯形图程序检查和错误	000C	存储器卡配置参数检查和错误
0003	扫描看门狗超时错误	000D	存储器卡强制数据检查和错误
0004	内部 EEPROM 错误	000E	存储器卡缺省输出表值检查和错误
0005	内部 EEPROM 用户程序检查错误	000F	存储器卡用户数据、DB1 检查错误
0006	内部 EEPROM 配置参数检查错误	0010	内部软件错误
0007	内部 EEPROM 强制数据检查错误	0011	比较接点间接寻址错误
0008	内部 EEPROM 缺省输出表值检查错误	0012	比较接点非法值错误
0009	内部 EEPROM 用户数据、DB1 检查错误	0013	存储器卡空，或者 CPU 不识别该卡

附表 1.2　运行程序错误

错误代码	说明
0000	无错误
0001	执行 HDEF 之前，HSC 不允许
0002	输入中断分配冲突，已分配给 HSC
0003	到 HSC 的输入分配冲突，已分配给输入中断
0004	在中断程序中企图执行 ENI、DISI 或 HDEF 指令
0005	第一个 HSC/PLS 未执行完之前，又企图执行同编号的第二个 HSC/PLS 指令
0006	间接寻址错误
0007	TODW（写实时时钟）或 TODR（读实时时钟）数据错误
0008	用户子程序嵌套层数据超过最大规定
0009	在程序执行 XMT 或 RCV 时，通讯口 0 又一条 XMT/RCV 指令
000A	在同一 HSC 执行时，又试图用 HDEF 指令再定义该 HSC 计数器
000B	在通信口 1 上同时执行 XMT/RCV 指令
000C	时钟存储卡不存在
000D	重新定义已经使用的脉冲输出
000E	PTO 个数被设定为 0
0091	范围错误（带地址信息）：检查操作数范围
0092	某条指令的计数域错误（带计数信息）：确认最大计数范围

续表

错误代码	说明
0094	范围错误（带地址信息）：写无效存储器
009A	用户中断程序试图因地转换成自由口模式

附表 1.3　编译规则错误

错误代码	说明
0080	程序太大无法编译：必须缩短用户程序
0081	堆栈溢出：必须把一个网络（梯级）分成多个网络（梯级）
0082	非法指令：检查指令助记符
0083	无 MEND 或主程序中有不允许的指令：加条 MEND 或删除不正确的指令
0085	无 FOR 指令：加上 FOR 指令或删除一条 NEXT 指令
0086	无 NEXT 指令：加上 NEXT 指令或删除一条 FOR 指令
0087	无标号（LBL，INT，SBR）：加上合适标号
0088	无 RET，或子程序中有不允许的指令：加一条 RET，或删除不正确的指令
0089	无 RETI，或子程序中有不允许的指令：加一条 RETI，或删除不正确的指令
008C	标号（LBL，INT，SBR）重复：重新命名标号
008D	非法标号（LBL，INT，SBR）：修改标号，确保标号名在允许范围内
0090	非法参数：确认指令所允许的参数
0091	范围错误（带地址信息）：检查操作数范围
0092	指令计数域错误（带计数信息）：确认最大计数范围
0093	FOR/NEXT 嵌套层数超出范围：确认最大层数
0095	无 LSCR 指令（装载 SCR）
0096	无 SCRE 指令（SCR 结束）或 SCRE 指令前面有不允许的指令
0098	在运行模式下进行非法编辑
0099	隐含程序网络太多

附表 1.4　编译规则错误

错误代码	说明
0080	程序太大无法编译：必须缩短用户程序
0081	堆栈溢出：必须把一个网络（梯级）分成多个网络（梯级）
0082	非法指令：检查指令助记符
0083	无 MEND 或主程序中有不允许的指令：加条 MEND 或删除不正确的指令
0085	无 FOR 指令：加上 FOR 指令或删除一条 NEXT 指令
0086	无 NEXT 指令：加上 NEXT 指令或删除一条 FOR 指令
0087	无标号（LBL，INT，SBR）：加上合适标号
0088	无 RET，或子程序中有不允许的指令：加一条 RET，或删除不正确的指令

续表

错误代码	说明
0089	无 RETI，或子程序中有不允许的指令：加一条 RETI，或删除不正确的指令
008C	标号（LBL，INT，SBR）重复：重新命名标号
008D	非法标号（LBL，INT，SBR）：修改标号，确保标号名在允许范围内
0090	非法参数：确认指令所允许的参数
0091	范围错误（带地址信息）：检查操作数范围
0092	指令计数域错误（带计数信息）：确认最大计数范围
0093	FOR/NEXT 嵌套层数超出范围：确认最大层数
0095	无 LSCR 指令（装载 SCR）
0096	无 SCRE 指令（SCR 结束）或 SCRE 指令前面有不允许的指令
0098	在运行模式下进行非法编辑
0099	隐含程序网络太多

附录 2　特殊存储器标志位

特殊存储器标志位提供大量的状态和控制功能，并能起到在 CPU 和用户程序之间交换信息的作用。特殊存储器标志位能以位、字节、字或双字使用。

（1）SMB0：状态位（只读属性）。

SMB0 有 8 个状态位，由 S7-200 在每个扫描周期末尾更新。

附表 2.1　特殊存储字节 SMB0

SM 位	描述
SM0.0	始终为 1
SM0.1	在首次扫描时为 1，通常用于系统的初始化
SM0.2	存储错误状态位，若保持数据丢失，该位在一个扫描周期为 1
SM0.3	开机后进入 RUN 模式，保持一个扫描周期的 1
SM0.4	周期为一分钟的始终脉冲，占空比为 50%
SM0.5	周期为一秒钟的始终脉冲，占空比为 50%
SM0.6	扫描时钟，本次扫描为 1 下次扫描为 0
SM0.7	CPU 工作方式开关位置指示位

（2）SMB1：错误提示位。

可通过指令进行置位或复位操作。

附表 2.2　特殊存储字节 SMB1

SM 位	描述
SM1.0	零标志位，计算结果为 1 时，该位置 1
SM1.1	溢出位，计算结果溢出或有非法数值时，该位置 1
SM1.2	负数标志位，计算结果为负数时，该位置 1
SM1.3	除零标志位，除数为零，该位置 1
SM1.4	表范围超出标志位，执行 ATT 指令，导致超出表范围时，该位置 1
SM1.5	执行 LIFO 或 FIFO，试图从空表中读数时，该位置 1
SM1.6	将非 BCD 数转换为二进制数时，该位置 1
SM1.7	ASCII 码不能转换为有效的 16 进制数时，该位置 1

（3）SMB2 和 SMB3：自由口接收字符缓冲区及奇偶校验错误。

SMB2：自由口接收字符缓冲区，用于保存在自由端口通信方式下接收的字符。

SMB3：自由口奇偶校验错误，接收到的字符发现有奇偶校验错误时，将 SM3.0 置 1。

SMB3.1～SMB3.7 保留未用。

SMB2 和 SMB3 由 0 口和 1 口共用。

（4）SMB4：队列溢出，中断允许和发送空闲标志位。

附表 2.3　特殊存储字节 SMB4

SM 位	描述
SM4.0	通信中断队列溢出标志位，通信中断队列溢出时，该位置 1
SM4.1	输入中断队列溢出标志位，输入中断队列溢出时，该位置 1
SM4.2	定时中断队列溢出标志位，定时中断队列溢出时，该位置 1
SM4.3	运行过程中，发现编程问题时，该位置 1
SM4.4	全局中断运行标志位，运行中断时，该位置 1
SM4.5	口 0 发送空闲标志位，口 0 发送空闲时，该位置 1
SM4.6	口 0 发送空闲标志位，口 0 发送空闲时，该位置 1
SM4.7	发生强置时，该位置 1

（5）SMB5：I/O 系统错误状态位

附表 2.4　特殊存储字节 SMB5

SM 位	描述
SM5.0	当有 I/O 错误时，该位置 1
SM5.1	当 I/O 总线上连接了过多的数字量 I/O 点时，该位置 1
SM5.2	当 I/O 总线上连接了过多的模拟量 I/O 点时，该位置 1
SM5.3	当 I/O 总线上连接了过多的智能 I/O 模块时，该位置 1
SM5.4～SM5.7	保留

（6）SMB6：CPU 识别寄存器（只读属性）。

SB6.0～SM6.3 四位保留未用；利用 SM6.4 至 SM6.74 位数据表示 CPU 类型。

附表 2.5　特殊存储字节 SMB6

SM6.7	SM6.6	SM6.5	SM6.4	CPU 类型
0	0	0	0	CPU222
0	0	1	0	CPU224
0	1	1	0	CPU221
1	0	0	1	CPU226 或 CPU226XM

（7）SMB8 到 SMB21：I/O 模块识别和错误寄存器（只读属性）。

SMB8 到 SMB21 按照字节对的形式使用，每对字节的偶数位字节为模块识别寄存器，用于标记模块类型，I/O 类型和输入输出点数；奇数位字节为模块错误寄存器，提示相应模块的 I/O 错误提示。

偶数字节格式：

msb (7)							lsb(0)
m	t	t	a	i	i	q	q

其中：

- m：模块存在标志位，有模块为 0；无模块为 1
- tt：模块类型标志位，非智能模块为 00；智能模块为 01
- a：I/O 类型标志位，开关量为 0；模拟量为 1
- ii：输入标志位，无输入为 00；2AI/8DI 为 01；4AI/16DI 为 10；8AI/32DI 为 11
- qq：输出标志位，无输出为 00；2AQ/8DQ 为 01；4AQ/16DQ 为 10；8AQ/32DQ 为 11

奇数字节格式：

msb (7)							lsb(0)
c	0	0	b	r	p	f	t
配置错误			总线错误或检验错误	超范围错误	无用户电源错误	熔断器错误	端子块松错误

其中：无错误为 0；有错误为 1。

附表 2.6　特殊存储字节 SMB8 到 SMB21

SM 位	描述
SMB8	模块 0 识别寄存器
SMB9	模块 0 错误寄存器
SMB10	模块 1 识别寄存器
SMB11	模块 1 错误寄存器
SMB12	模块 2 识别寄存器
SMB13	模块 2 错误寄存器
SMB14	模块 3 识别寄存器
SMB15	模块 3 错误寄存器
SMB16	模块 4 识别寄存器
SMB17	模块 4 错误寄存器
SMB18	模块 5 识别寄存器
SMB19	模块 5 错误寄存器
SMB20	模块 6 识别寄存器
SMB21	模块 6 错误寄存器

（8）SMW22～SMW26：提供以毫秒为单位的最短扫描时间、最长扫描时间和上次扫描时间（只读属性）

附表 2.7　特殊存储字节 SMW22～SMW26

SM 位	描述
SMW22	上次扫描时间
SMW24	进入 RUN 模式后，所记录的最短扫描时间
SMW26	进入 RUN 模式后，所记录的最长扫描时间

（9）SMB28 和 SMB29：模拟电位器。

SMB28 和 SMB29 中分别存储调节器 0 和调节器 1 位置的数字值，在 STOP/RUN 方式下，每次扫描时更新其中的内容。

（10）SMB30 和 SMB130：自由端口控制寄存器

SMB30 控制自由端口 0 的通信方式；SMB130 控制自由端口 1 的通信方式。通过对 SMB30 和 SMB130 中数据的设置可以设置自由端口通信的操作方式和选择自由端口或系统支持的通信协议。

SMB30 和 SMB130 的格式：

msb (7)　　　　　　　　　　　　　　　　　　　　lsb(0)

p	p	d	b	b	b	m	m

附表 2.8　特殊存储字节 SMB30 和 SMB130

口 0	口 1	描述
SM30.1、SM30.0	SM130.1、SM130.0	mm：协议选择 00:PPI 协议（从站）　01:自由口协议 10：PPI 协议（从站）　11：保留未用
SM30.4～SM30.2	SM130.4～SM130.2	bbb：自由口波特率 000:38,400　001:19,200　010:9,600　011:4,800 100:2,400　101:1,200　110:115,200　111:57,600
SM30.5	SM130.5	d：每个字符的数据位 0：8 位/字符　　1：7 位/字符
SM30.6、SM30.7	SM130.6、SM130.7	pp:校验选择 00、10：不校验　01:偶校验　11:奇校验

（11）SMB31 和 SMW32：EEPROM 写控制。

在用户程序的控制下，将 V 存储器中的数据保存至 EEPROM，其中保存命令存入 SMB31 中，保存数据的地址存入 SMW32 中，在 CPU 保存数据的过程中，不允许改变 V 存储器中的内容。在每次扫描周期结束时，CPU 检查是否有向 EEPROM 中存储数据的命令，如果有，则保存相应的数据。

（12）SMB34 和 SMB35：定时中断的时间间隔寄存器。

SMB34 和 SMB35 分别定义了定时中断 0 和定时中断 1 的时间间隔，可以在 1ms～255ms 之间进行设定，设定增量为 1ms。如果在中断事件和中断服务程序之间建立了连接，CPU 就会在设定的时间间隔执行中断服务程序。如果需要改变时间间隔，则必须通过中断分离中止定时中断事件或将中断事件分配给原来的中断服务程序或其他中断服务程序。

附表 2.9 特殊存储字节 SMB31 和 SMW32

SM 位	描述
SM31.1 SM31.0	指定保存的数据类型 00：字节 01：字节 10：字 11：双字
SM31.7	0：无存储器操作要求 1：用户程序申请向 EEPROM 保存数据 每次操作完成后，S7—200 自动复位该位
SMW32	保存所存数据的 V 存储器地址，该值是相对于 V0 的偏移量

（13）SMB36～SMB65：HSC0、HSC1 和 HSC2 寄存器。

（14）SMB136～SMB165：HSC3、HSC4 和 HSC5 寄存器。

SMB36～SMB65 用于控制和监视高速计数器 HSC0、HSC1 和 HSC2 的操作；SMB136～SMB165 用于控制和监视高速计数器 HSC3、HSC4 和 HSC5 的操作。具体内容可参照表 5.11～5.13。

（15）SMB66～SMB85：PTO/PWM 寄存器。

（16）SMB166～SMB185：PTO0/PTO1 包络定义表。

SMB66～SMB85 用于控制和监视 PTO 和 PWM 操作；SMB166～SMB185 用于显示包络步的数量、包络表的地址和 V 存储区中表的地址。具体内容可参照表 5.14～5.16。

（17）SMB86～SMB94 和 SMB186～SMB194：接受信息控制。

SMB86～SMB94 和 SMB186～SMB194 分别用于控制和读出口 0 和口 1 接收信息指令的状态。具体内容可参照表 9.7 及相关内容。

（18）SMW98：扩展 I/O 总线错误。

SMW98 给出有关扩展 I/O 总线错误数的信息，当扩展总线出现校验错误时，其中的内容加 1。系统得电时，该数据自动置零，也可以通过用户程序置零。

（19）SMB200～SMB549：智能模块状态。

SMB200～SMB549 预留用于保存智能扩展模块的信息。

附表 2.10 特殊存储字节 SMB200～SMB549

智能模块 0	智能模块 1	智能模块 2	智能模块 3	智能模块 4	智能模块 5	智能模块 6	描述
SMB200～SMB215	SMB250～SMB265	SMB300～SMB315	SMB350～SMB365	SMB400～SMB415	SMB450～SMB465	SMB500～SMB515	模块名称
SMB216～SMB219	SMB266～SMB269	SMB316～SMB319	SMB366～SMB369	SMB416～SMB419	SMB466～SMB469	SMB516～SMB519	S/W 修订号
SMW220	SMW270	SMW320	SMW370	SMW420	SMW470	SMW520	错误代码
SMB222～SMB249	SMB272～SMB299	SMB322～SMB349	SMB372～SMB399	SMB422～SMB449	SMB472～SMB449	SMB522～SMB549	与特定模块类型相关信息

附录 3　PLC 仿真程序使用介绍

本附录中介绍的是 juan luis villanueva 设计的英文版 S7-200 PLC 仿真软件（V2.0），原版为西班牙语。关于本软件的详细介绍，可以参考 http://personales.ya.com/canalPLC。

该仿真软件可以仿真大量的 S7-200 指令（支持常用的位触点指令、定时器指令、计数器指令、比较指令、逻辑运算指令和大部分的数学运算指令等，但部分指令如顺序控制指令、循环指令、高速计数器指令和通讯指令等尚无法支持，仿真软件支持的仿真指令可参考 http://personales.ya.com/canalPLC/interest.htm）。仿真程序提供了数字信号输入开关、两个模拟电位器和 LED 输出显示，仿真程序同时还支持对 TD-200 文本显示器的仿真，在实验条件尚不具备的情况下，完全可以作为学习 S7-200 的一个辅助工具。

1．仿真软件界面介绍

仿真软件的界面如附图 3.1 所示，和所有基于 Windows 的软件一样，仿真软件最上方是菜单，仿真软件的所有功能都有对应的菜单命令；在工具栏中列出了部分常用的命令（如 PLC 程序加载、启动程序、停止程序、AWL、KOP、DB1 和状态观察窗口等）。

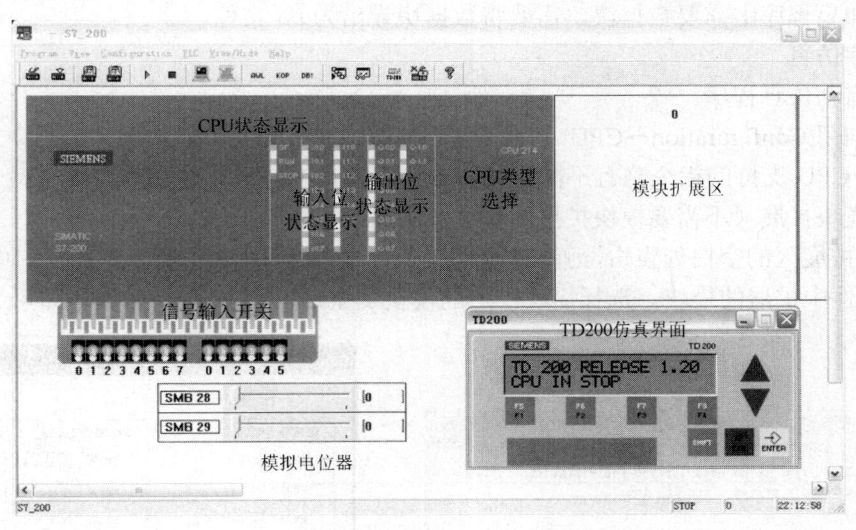

附图 3.1　仿真软件界面

下面介绍常用菜单命令。

- Program→Load Program：加载仿真程序（仿真程序梯形图必须为 awl 文件，数据块必须为 dbl 或 txt 文件）。
- Program→Paste Program（OB1）：粘贴梯形图程序。
- Program→Paste Program（DB1）：粘贴数据块。
- View→Program AWL：查看仿真程序（语句表形式）。
- View→Program KOP：查看仿真程序（梯形图形式）。

- View→Data（DB1）：查看数据块。
- View→State Table：启用状态观察窗口。
- View→TD200：启用 TD200 仿真。
- Configuration→CPU Type：设置 CPU 类型。
- 输入位状态显示：对应的输入端子为 1 时，相应的 LED 变为绿色。
- 输出位状态显示：对应的输出端子为 1 时，相应的 LED 变为绿色。
- CPU 类型选择：点击该区域可以选择仿真所用的 CPU 类型。
- 模块扩展区：在空白区域点击，可以加载数字和模拟 I/O 模块。
- 信号输入开关：用于提供仿真需要的外部数字量输入信号。
- 模拟电位器：用于提供 0～255 连续变化的数字信号。
- TD200 仿真界面：仿真 TD200 文本显示器（该版本 TD200 只具有文本显示功能，不支持数据编辑功能）。

2．准备工作

仿真软件不提供源程序的编辑功能，因此必须和 STEP7 Micro/Win 程序编辑软件配合使用，即在 STEP7 Micro/Win 中编辑好源程序，然后加载到仿真程序中执行。

（1）在 STEP7 Micro/Win 中编辑好梯形图。

（2）利用 File|Export 命令将梯形图程序导出为扩展名为 awl 的文件。

（3）如果程序中需要数据块，需要将数据块导出为 txt 文件。

3．程序仿真

（1）启动仿真程序。

（2）利用 Configuration→CPU Type 选择合适的 CPU 类型，如附图 3.2 所示（仿真软件不同类型的 CPU 支持的指令略有不同，某些 214 不支持的仿真指令 226 可能支持）。

（3）模块扩展（不需要模块扩展的程序该步骤可以省略）。

在模块扩展区的空白处点击，弹出模块组态窗口，如附图 3.3 所示。在窗口中列出了可以在仿真软件中扩展的模块。选择需要扩展的模块类型后，单击 Accept 按钮即可。

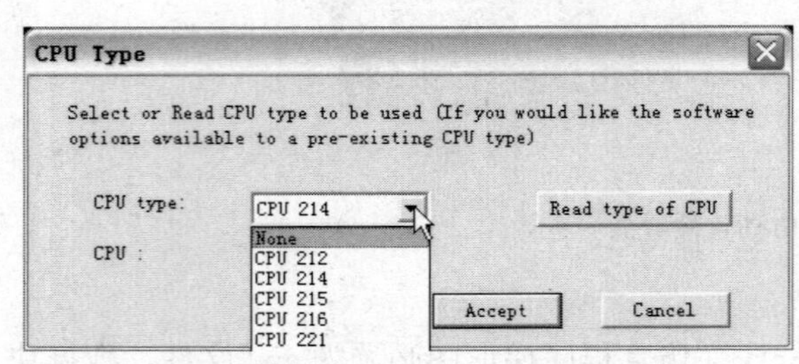

附图 3.2　CPU 类型的选择

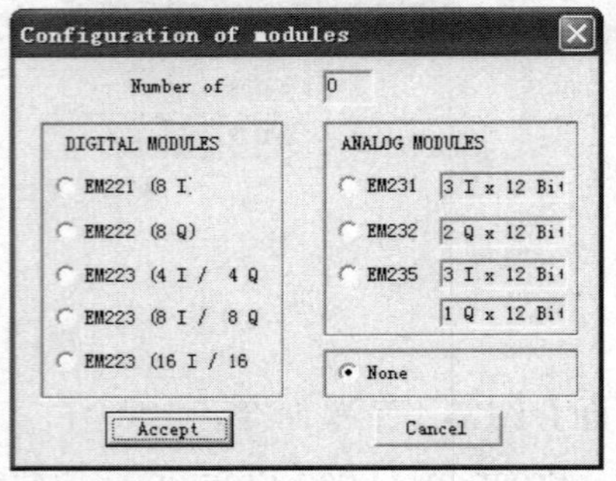

附图 3.3　模块组态窗口

不同类型 CPU 可扩展的模块数量是不同的，每一处空白只能添加一种模块。

扩展模块后的仿真软件界面如附图 3.4 所示。

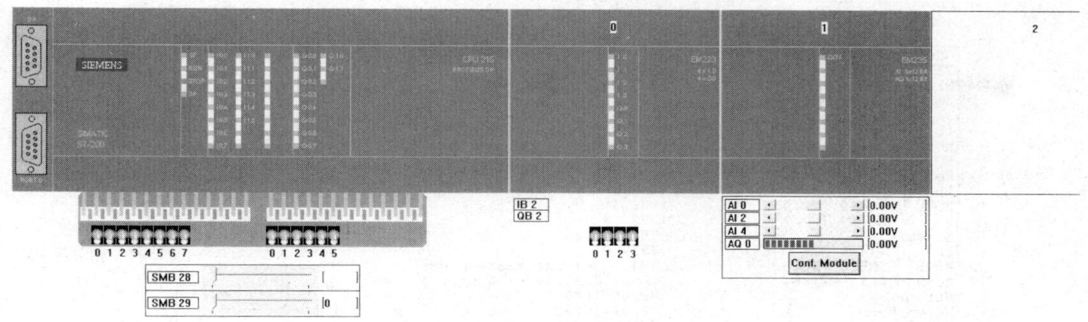

附图 3.4　扩展模块后的仿真界面

（4）程序加载。

选择仿真程序中的 Program→Load Program 命令，打开加载梯形图程序窗口如附图 3.5 所示，仅选择 Logic Block（梯形图程序）和 Data Block（数据块）。

单击 Accept 按钮，从文件列表框分别选择 awl 文件和文本文件（数据块默认的文件格式为 dbl 文件，可在文件类型选择框中选择 txt 文件），如附图 3.6 所示。

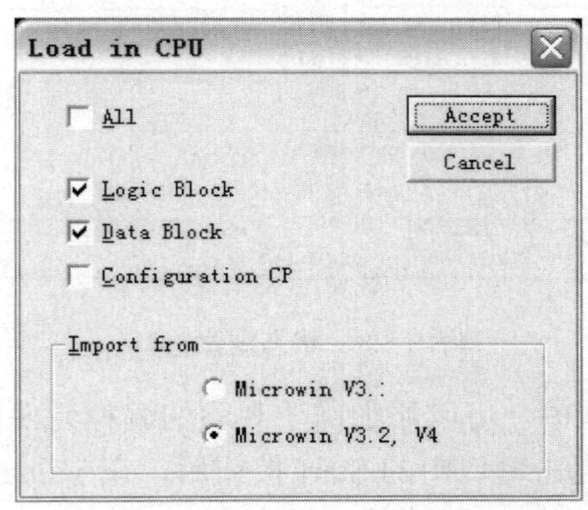

附图 3.5　程序加载窗口

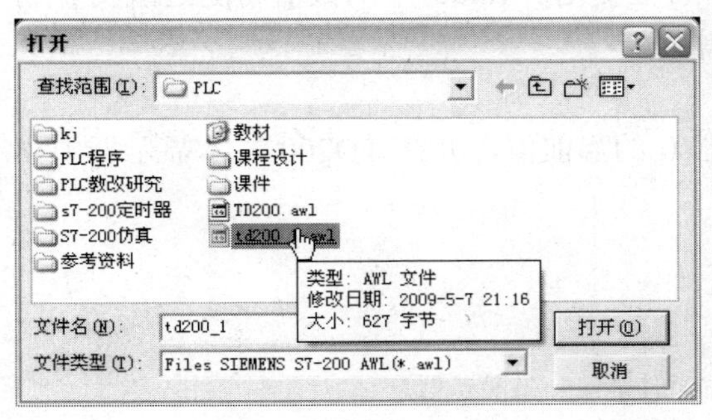

（a）梯形图文件选择　　（b）数据块文件选择

附图 3.6　梯形图文件和数据块文件选择

加载成功后，在仿真软件中的 AWL、KOP 和 DB1 观察窗口中就可以分别观察到加载的语句表程序、梯形图程序和数据块，如附图 3.7 所示。

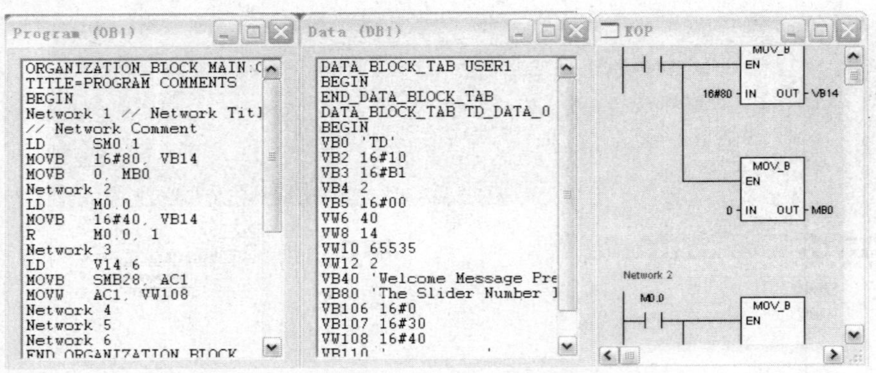

附图 3.7 仿真软件的 AWL、DB1 和 KOP 观察窗口

（5）单击工具栏中的按钮，启动仿真。

（6）仿真启动后，利用工具栏中的按钮，启动状态观察窗口，如附图 3.8 所示。

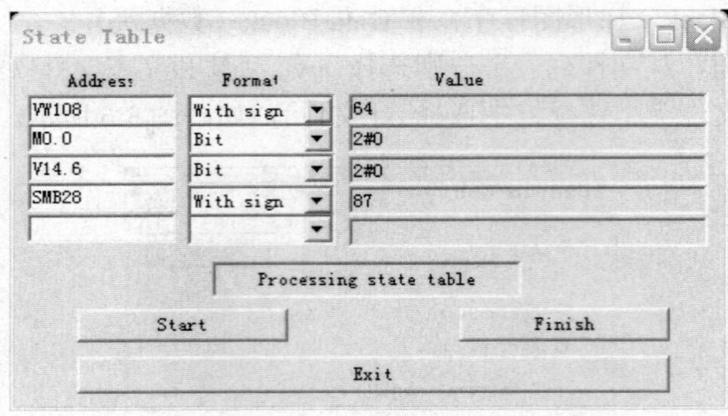

附图 3.8 状态观察窗口

在 Address 对应的对话框中，可以添加需要观察的编程元件的地址，在 Format 对应的对话框中选择数据显示模式。点击窗口中的 Start 按钮后，在 Value 对应的对话框中可以观察按照指定格式显示的指定编程元件当前数值。

在程序执行过程中，如果编程元件的数据发生变化，Value 中的数值将随之改变。利用状态观察窗口可以非常方便的监控程序的执行情况。

4．仿真软件应用实例介绍

要求：设计一 PLC 程序，读出模拟电位器 0 的当前值，并在 TD200 文本显示器中显示出来。

梯形图文件如下：

```
Network 1 // TD200    Demo
LD      SM0.1
MOVB    16#80, VB14          //首次扫描，使能第一条显示信息
MOVB    0, MB0               //清除功能键位
Network 2
LD      M0.0                 //F1 键已经按下
MOVB    16#40, VB14          //显示第二条消息
R       M0.0, 1              //复位 F1 键 M 位
```

```
Network 3
LD      V14.6                        //第二条信息已经显示
MOVB    SMB28, AC1                   //读模拟电位器 0
MOVW    AC1, VW108                   //在 TD200 显示模拟电位器 0 的值
```

数据块文件

```
DATA    BLOCK
VB0     'TD'                         //
VB2     16#10                        //显示语言为英语，更新速度为尽可能快
VB3     16#B1                        //显示模式为 40 个字符;
VB4     2                            //消息条数为 2
VB5     16#00                        //功能键标志位为 M0.0 - M0.7
VW6     40                           //消息起始地址设置为 VB40
VW8     14                           //消息使能位的起始地址设置为 VB14
VW10    65535                        //全局密码（如果应用密码）
VW12    2                            //字符集设置为 Latin 1 (Bold)
//消息 1      消息使能位为 V14.7
VB40    'Welcome Message Press F1 Continue  ' //消息 1 内容
//消息 2      消息使能位为 V14.6
VB80    'The Slider Number Is'       // 消息 2 内容
VB106   16#0                         //不允许编辑；无应答；无密码;
VB107   16#30                        //无符号整数；无小数位;
VW108   16#00                        //数据嵌入地址及嵌入的的数据
VB110   '          '                 //
//END TD200_BLOCK -----------------------------
//DATA PAGE COMMENTS
```

程序说明：

（1）单击工具栏中的按钮，就可以调出人机接口 TD200 的仿真界面，如附图 3.9 所示。

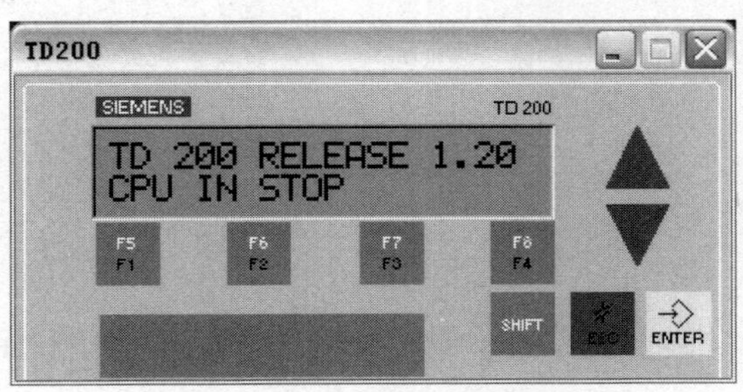

附图 3.9　TD200 仿真界面

（2）程序运行后，在 TD200 上首先显示欢迎信息“Welcome Message Press F1 Continue”，如附图 3.10 所示。

（2）按下 F1 键后，显示信息“The Slider Number Is　　0”。

（3）移动模拟电位器 0 的滑动块，可以观察到 TD200 上显示的数值随滑动块的移动而变化，且和仿真软件界面上显示的数值一致，如附图 3.11 所示。

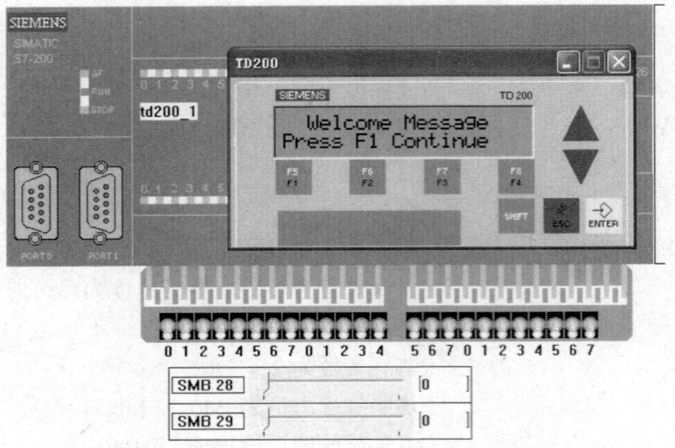

附图 3.10　程序运行截图 1

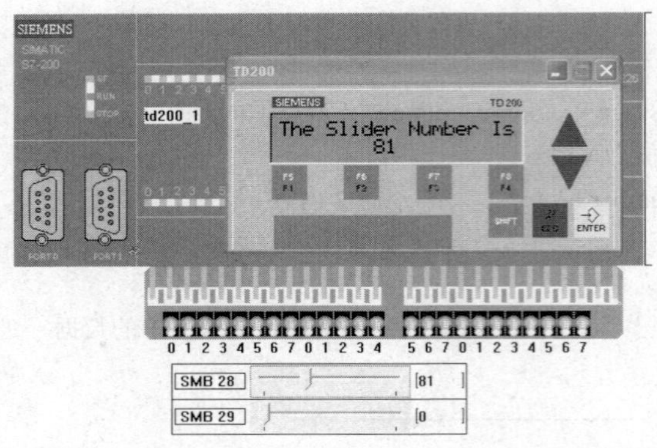

附图 3.11　程序运行截图 2

参考文献

[1] 台方主编．可编程序控制器应用教程．北京：中国水利水电出版社，2001.
[2] 廖常初编著．PLC 编程及应用（第二版）．北京：机械工业出版社，2005.
[3] 常斗南编著．可编程序控制器原理、应用及通信．北京：机械工业出版社，1997.
[4] 赵明等编著．工厂电气控制设备．北京：机械工业出版社．1996.
[5] 朱善君，翁樟等编著．可编程序控制器系统原理、应用、维护．北京：清华大学出版社，1992.
[6] 田瑞庭编著．可编程序控制器应用技术．北京：机械工业出版社，1994.
[7] 机械电子工业部天津电气传动设计研究所编著．电气传动自动化技术手册．北京：机械工业出版社，1992.
[8] 国家机械工业委员会统编．机床电气控制．北京：机械工业出版社，1988.
[9] GB4728.1～4728.13—85 电气图用图形符号．北京：中国标准出版社，1986.
[10] GB6988.1～6988.7—86 电气制图．北京：中国标准出版社，1987.
[11] 邱公伟编著．可编程控制器网络通信及应用．北京：清华大学出版社，2000.
[12] 周天明，汪文勇编著．TCP/IP 网络原理与技术．北京：清华大学出版社，1993.

参考资料

[1] SIMATIC S7-200 Programmable Controller Manual．西门子公司，2005.
[2] PROFIBUS & AS-Interface．西门子公司，2000.
[3] S7-200 可编程控制器系统手册．西门子公司，2007.
[4] http://www.ad.siemens.com.cn/download/.
[5] S7-200 CN 可编程控制器产品目录．西门子公司，2005.